해로와 포구

강봉룡·고석규·김건수·김경옥·김재은
문병채·이기훈·정병준·홍선기 지음

景仁文化社

이 저서는 2005년 정부재원(교육과학기술부 학술연구조성사업비)으로
한국학술진흥재단(현 한국연구재단)의 지원을 받아
출간하였습니다(KRF-2005-005-J13701).

서 문

이 책은 한국학술진흥재단 2005년 중점연구소 지원 과제 9년 중 1단계 3년간(2005.12~2008.11)의 연구 성과를 모은 것이다. 「국가 해양력 강화를 위한 도서·해양문화 심층연구」라는 과제명 아래 수행된 중점연구소의 두 세부 과제(유형문화자원 분야, 무형문화자원 분야) 중 제1세부과제 유형문화자원 분야의 대표 성과물을 선정해서 하나의 단행본으로 엮었다. 제1세부의 연구는 역사학(강봉룡·고석규·김경옥·정병준·이기훈)을 위시로 하여 고고학(김건수), 생태학(홍선기·김재은), 지리학(문병채)에 이르는 4개 학문 분야 9명의 연구자가 참여하였다. 1단계의 연구 대상지역은 서해권으로 설정하였지만, 일부는 서남해지역까지 확대되기도 하였다.

서해권은 역사적으로 국내 연안항로에서 뿐 아니라 동아시아 해상교통로에서도 중요한 역할을 담당하였다. 동아시아 연안항로의 중심축이었고, 황해를 횡단하여 중국과 직통하는 황해 횡단항로의 거점이기도 했다. 이로 인해 서해권은 국내외 해로와 포구의 역사적 흔적들이 즐비하게 찾아진다. 또한 서해권의 섬들에는 인간 군상의 다양한 삶의 문화를 찾아볼 수 있으며, 그런 인간의 삶과 조응하여 형성된 독특한 생태 환경도 눈여겨 볼만하다. 이 책은 '해로와 포구'라는 제하에, 이렇듯 다양한 서해권의 역사문화 및 생태지리적 논점들을 선별해서 제기하려는 것이다.

이 책은 3부로 구성하였다. 제1부는 '해로와 공간'의 문제를 다루었다. 신라말~고려시대의 한·중 해상교통로 및 거점포구의 문제와 그 교통로 상에 나타나는 특이한 신앙형태로서의 철마신앙의 문제, 그리고 조선시대 서해권 읍성 축조의 역사적 의미와 그 구체적 사례로서 조선 후기 태안 안흥진 설치의 문제를 다루었다.

제2부는 '표류와 인간'의 문제를 다루었다. 조선시대에는 '海禁'의 정책을 썼기 때문에 바닷길이 외부세계와 차단되어 있었다. 따라서 외부세계와의 접촉은 표류를 통해서만이 가능하였다. 서해를 통해 외부세계로 표류해간 사례와 외국인이 서해권으로 표류해온 사례가 그것이다. 이 두 측면에서 표류의 문제를 다룬 두 논고를 우선 제2부에 편입하였다. 그리고 이와 함께 임자도에서의 유배생활, 암태도에서의 소작쟁의, 강화도에서의 계몽운동 등의 세 사례를 통해서, 서해권 섬에서 이루어진 인간 삶의 다양한 모습을 엿보고자 하였다.

제3부는 '포구와 생활'의 문제를 다루었다. 먼저 고고학적으로 금강 하구역에 산재한 패총을 소개하면서 그 성격을 다루었고, 포구의 생태 환경으로서의 마을숲 문제와 섬의 생태적 활용방안의 문제를 제기했는가 하면, 무안 옹기마을(석정포)의 포구를 구체적 사례로 삼아 그 기능과 역할을 지리학적 관점에서 살펴보고 그 활용방안을 타진해 보기도 하였다.

이번 연구를 통해서 확인한 서해권의 다양한 해양문화적 특징을 다시 한번 정리하면 다음과 같다. ① 서해권은 국내외 해로의 중핵적 위치를 차지한다는 점, ② 그에 상응하여 조선시대에 서해안에 읍성 도시들이 건설되었다는 점, ③ 조선시대에 서해를 통해서 외부세계로, 그리고 외부세계에서 서해권으로 표류가 빈번하게 발생했다는 점, ④ 유배문화, 소작쟁의, 계몽운동 등의 다양한 역사 경험이 서해권 섬에서 이루어지고 있었다는 점, ⑤ 서해권에 패총 등의 선사 해양문화가 크게 발달했다는 점, ⑥ 포구와 관련한 생태지리적 환경이 주목된다는 점 등이다.

이 책은 서해권의 도서·해양문화를 망라적으로 정리한 것이 아니다. 4개 학문 분야에서 몇 가지 논점들을 선정하여 독립적인 논문으로 작성한 것을 몇 개의 소주제로 분류하여 재편집한 논문집의 성격이 강하다. 그렇지만 1세부 연구진은 이와 병행하여 서해권 유형문화자원의 자료들을 수집하여 별도의 자료집으로 편집하였을 뿐 아니라, 이를 D/B화하여 이후의 다각적이고 심층적인 연구에 활용할 수 있도록 하였다.

우리연구소는 1999년도에 한국학술진흥재단으로부터 중점연구소로 지정되어 6년간 서남해권 도서·해양문화 조사 연구사업을 성공적으로 수행한 바 있다. 그 후 2005년에 중점연구소로 두 번째 선정되어 향후 3단계 9년간 한국의 도서·해양문화를 보다 심층적으로 연구할 수 있는 기회를 다시 갖게 되었다. 1단계 3년은 서해권 연구를, 2단계는 남해권 연구를, 3단계는 동해권 연구를 하기로 하였는바, 이 책은 제1단계 연구사업의 성과물에 해당한다. 그런데 2009년에 우리연구소가 한국연구재단으로부터 중점연구소를 대체하는 '인문한국(HK) 연구소'로 선정되어 '섬의 인문학'이라는 아젠다를 수행하는데 향후 10년간 연구지원을 받게 됨에 따라, 중점연구소 2단계 및 3단계 연구는 HK 연구소의 아젠다에 포괄되어 수행하기로 하였다. 따라서 아쉽게도 이 책이 중점연구소의 성과물로는 마지막이 될 것 같다.

이번에 중점연구소 1단계 과제를 마무리하면서 도움 주신 분들께 감사의 인사를 드려야겠다. 먼저 도서문화연구소의 연구의지를 높이 평가하고 도서해양문화 연구의 중요성을 인정하여 두 차례나 중점연구소로 선정해 주었고, 이어서 더 큰 규모의 HK 연구소로까지 선정해준 한국학술진흥재단과 그 후신인 한국연구재단의 관계자 및 심사위원님들께 심심한 감사의 마음을 전한다. 그리고 서해권의 섬과 바다를 종횡무진 내왕하면서 소중한 자료를 발굴하고 이를 토대로 옥고를 작성해준 연구진 여러분의 노고에 심심한 위로의 말씀을 올린다. 또한 연구 과정에서 연구원들에게 협조와 지원, 그리고 소중한 제보를 해주신 서해권 군청 및 면사무소의 관계자 여러분, 그리고 도서연안의 주민들께 특별한 감사의 마음을 전하지 않을 수 없다. 이제 우리연구소가 HK 연구소로 거듭나면서, 몇 단계 업그레이드되어 세계 수준의 연구소로 도약하는 계기가 될 것을 기약해 본다.

2010년 4월
제1세부 연구책임자
강 봉 룡

<목차>

제1장 강과 바다, 그리고 해로

■ 신라 말~고려시대 서남해지역의 한·중 해상교통로와 거점포구 // 강봉룡
  1. 머리말 ·· 3
  2. 한·중 해상교통로 ·· 5
  3. 거점포구 ·· 11
  4. 맺음말 ·· 19

■ 한국 서남해 도서·연안지역의 鐵馬信仰 // 강봉룡
  1. 머리말 ·· 21
  2. 철마신앙의 역사적 연원 ·· 22
  3. 철마신앙의 사상적 배경 : 天馬思想 ·· 25
  4. 서남해 도서·연안지역의 철마신앙과 해양신앙 ································ 32
  5. 맺음말 ·· 36

■ 조선초기 서남해안 지방 읍성의 축조와 도시화 요소 // 고석규
  1. 머리말 ·· 39
  2. 연해 읍성의 축조 ·· 41
  3. 읍성 축조의 실태 ·· 54
  4. 읍성의 공간구조 ·· 66
  5. 읍성의 도시화 요소와 그 한계 ·· 70
  6. 맺음말 ·· 77

■ 조선후기 태안 안흥진의 설치와 성안마을의 공간구조 // 김경옥
  1. 머리말 ·· 81
  2. 安興梁의 입지환경과 漕運路 ·· 84
  3. 安興鎭의 설치와 鎭城의 축조 ·· 91
  4. 성안마을의 공간구조 ·· 99
  5. 맺음말 ·· 105

제2장 표류와 인간 ☞ 109

■ 조선시기 표류경험의 기록과 활용 // 고석규
 1. 머리말 ··· 111
 2. 표류인 송환과 추이 ··· 112
 3. 표류 경험의 기록 ··· 120
 4. 표류 기록의 활용과 한계 ··· 127
 5. 맺음말 ··· 133

■ 18~19세기 서남해 도서지역 漂到民들의 추이 // 김경옥
 - 『備邊司謄錄』 「問情別單」을 중심으로
 1. 머리말 ··· 137
 2. 異國人이 표착한 서남해 도서지역의 실태 ························· 140
 3. 서남해 도서지역 漂到民들의 현황과 추이 ························· 145
 4. 표도민들의 출항지와 표착지를 연계한 海路 ····················· 158
 5. 맺음말 ··· 161

■ 조희룡의 임자도 유배생활에 대하여 // 고석규
 1. 머리말 ··· 167
 2. 유배여정 ··· 170
 3. 유배생활 ··· 174
 4. 임자도와 맺은 인연 ··· 187
 5. 해배 ··· 201
 6. 맺음말 ··· 203

■ 암태도 소작쟁의 주역의 세 가지 길 : 서태석·박복영·문재철 // 정병준
 1. 머리말 ··· 207
 2. 서태석의 길: 면장에서 공산주의자로 ································· 210
 3. 박복영의 길: 임정에서 국민회까지 ····································· 219
 4. 문재철의 길: 친일 지주와 학교설립자의 간극 ················· 232
 5. 맺음말 ··· 243

■ 강화도에서 이동휘의 계몽운동 // 이기훈
 1. 머리말 ··· 247
 2. 강화도와 이동휘 ··· 248
 3. 강화도 시기(103~1908) 이동휘의 정치 사회 활동 ··········· 251
 4. 강화도 시기(1903~1908) 이동휘의 계몽운동의 성격 ······· 259
 5. 맺음말 ··· 270

제3장 포구와 생활 ☞ 273

■ 금강하구역의 패총 성격 // 김건수
   1. 머리말 ……………………………………………………………… 275
   2. 금강유역의 패총현황 ……………………………………………… 276
   3. 자연유물로 본 패총 성격 ………………………………………… 278
   4. 맺음말 ……………………………………………………………… 280

■ 포구와 마을숲 // 홍선기·김재은
   1. 서론 ………………………………………………………………… 285
   2. 마을숲의 종류 ……………………………………………………… 287
   3. 전통숲의 생태문화적 특성 ……………………………………… 290
   4. 포구 전통 마을숲의 보전을 위한 논의 ………………………… 298
   5. 생태경관요소로서의 포구 마을의 자연숲과 전통숲 ………… 300
   6. 포구 숲의 기본관리방향 ………………………………………… 301

■ 섬의 생태적 특성 활용과 지역 활성화 // 홍선기
   1. 서론 ………………………………………………………………… 309
   2. 도서연안자원을 이용한 생태관광의 필요성 …………………… 311
   3. 생태관광자원의 개발 ……………………………………………… 313
   4. 사례 연구 …………………………………………………………… 320
   5. 결론 ………………………………………………………………… 327

■ 영산강 하류지역에 있어서 포구의 기능과 역할 // 문병채
  - 무안 옹기마을(석정포)를 중심으로
   1. 들어가며 …………………………………………………………… 333
   2. 영산강 본류(지류)의 역할과 기능 ……………………………… 334
   3. 포구(나루)의 역할과 기능 ……………………………………… 336
   4. 간척과 자연경관의 변화 ………………………………………… 338
   5. 사례연구 : 무안 옹기마을(석정포)의 기능과 역할 …………… 340

■ 찾아보기 // 349

제1장 강과 바다, 그리고 해로

강봉룡 / 신라 말~고려시대 서남해지역의
         한·중 해상교통로와 거점포구
강봉룡 / 한국 서남해 도서·연안지역의 鐵馬信仰
고석규 / 조선초기 서남해안 지방 읍성의 축조와 도시화 요소
김경옥 / 조선후기 태안 안흥진의 설치와 성안마을의 공간구조

신라 말~고려시대 서남해지역의 한·중 해상교통로와 거점포구

강 봉 룡

1. 머리말

　장보고가 828년 완도에 청해진을 설치한 것은 서남해지역이 동북아 해상 교통의 허브로 본격 부상하는 계기가 되었다. 그렇다고 그렇게 된 것이 장보고에 의해 갑자기 이루어진 것은 결코 아니었다. 이 지역엔 그럴만한 지정학적 조건과 역사적 내력이 내재되어 있었던 것이다.
　서해와 남해가 만나고 서남해 바다를 통해 중국대륙과 한반도와 일본열도를 연결해주는 곳에 위치한 서남해지역은 일찍부터 동북아 해상 교통로에서 중요한 위치를 차지하였다. 이 지역에 그 흔적이 즐비하게 남아있다. 우선『삼국지』위지 왜인전에 연안항로의 코스가 소개되어 있는데,[1] 거기에 서남해지역의 구체적 지점은 거명되지 않았지만, 해남 송지면의 군곡리패총[2] 등으로 미루어 볼 때 백포만 일대가

---

[1]『삼국지』위서 동이전에 나오는 연안항로의 코스는 다음과 같다. '낙랑·대방군 →(서해 남행)→한국→(서해 남행)→(남해 동행)→구야한국→(바다)→대마도'

1~3세기에 중요한 무역거점으로 활용되었을 것만은 인정할 수 있다. 영산강유역에 옹관고분이 본격 조영되기 시작하는 4세기 이후에는 현산면 일대가 '옹관고분사회'의 주요 해양거점으로 대두되었고,[3] 백제가 근초고왕 대에 동북아 국제 해상무역을 주도함에 따라 그 일대가 백제의 해양거점으로 이양되었던 것으로 보인다.

5세기 고구려와 백제의 치열한 각축으로 연안항로가 경색되는 국면에 처하게 되었을 때, 영산강유역 '옹관고분사회'는 왜와의 적극 교류를 통해 이를 타개하려는 시도를 하기도 하였지만, 6세기 이후 백제가 전남지역을 점령·지배하여 5방의 지방제로써 편제하게 되면서 서남해지역은 백제 해상 교통로상의 요충지로 본격 개발되었다. 즉 서남해지역의 여러 섬에 백제계 횡혈식석실분과 그에 짝하여 성곽시설이 남아있는 것으로 보아, 백제가 이 지역 섬들을 연안항로를 鎭守하는 거점으로 활용하였음을 알 수 있다.[4]

해상 교통로의 요충지로서의 전통은 통일신라시대에도 발전적으로 이어졌다. 삼국 통일전쟁의 와중에서 황해횡단항로가 본격 개척됨에 따라[5] 서남해지역의 중요성은 더욱 높아졌던 것이다. 황해횡단항로를 통해 중국 산동반도나 절강지역에서 한반도 서남해지역으로 직통하는 항로가 일반화되면서, 이 지역은 점차 동북아 해상교통의 허브로 떠올랐던 것이다. 이러한 서남해지역의 허브 기능은 828년 완도에 청해진이 설치되면서 더욱 본격화되었던 것이니, 이런 점에서 청해진의 건설이 결코 우연은 아니라 할 것이다.

---

2) 최성락, 1987~89, 『海南郡谷里貝塚』Ⅰ~Ⅲ, 목포대박물관.
3) 송태갑, 2002, 「해남반도의 고대사회와 대외관계」『전남사학』 18.
4) 강봉룡, 2003, 「영산강유역 '옹관고분사회'의 형성과 전개」『강좌 한국고대사』 10, 가락국사적개발연구원.
5) 강봉룡, 2004, 「7세기 '제1차 동북아대전'의 勃發과 海戰」『海洋史를 통해서 본 東北亞細亞의 葛藤과 和解』(목포대 도서문화연구소 국제학술대회 발표문)

장보고가 청해진을 근거로 동북아 해상무역을 주도적으로 전개해 갔다는 것은 이미 잘 알려진 사실이 되었다. 그렇지만 정작 그가 택한 해상교통로에 대한 연구는 거의 이루어지지 못하고 있다. 문헌 자료가 불비한 때문일 것이다. 다만 최근에 흑산도 서북부 바닷가에 위치한 읍동마을에서 완도에서 출토된 통일신라시기의 도기 편이 수습되어, 장보고 세력이 읍동마을을 중국과 통하는 중요 해양거점으로 활용했을 가능성이 제기된 바 있다.6) 앞으로 해양사적 안목을 가지고 서남해 도서·연안지역에 대한 고고학적 조사를 꾸준히 진행하게 된다면 장보고의 항로에 대한 의미있는 발견들이 속속 드러날 것이 예상되는데, 현재로서는 추후의 조사를 기대할 수밖에 없다.

본고에서는 구체적인 한·중 간 항해의 기록과 고고학적 조사 자료를 중심으로 장보고 이후의 신라 말~고려시대 서남해지역의 해양사적 위치를 가늠해 보기로 한다. 이는 장보고 세력의 몰락 이후에도 서남해지역이 의연히 동북아 해상 교통의 허브로 기능했으리라는 필자의 평소 지견을 확인하는 작업이 될 것이다. 동북아 해상교역이 단절되지 않는 한, 서남해지역의 지정학적 위치는 퇴색되지 않을 것이고, 한번 개척되어 일상화된 항로는 쉽게 바뀌지 않는 속성을 염두에 둔 것이다. 필자의 이런 생각을 ①해상교통로, ②거점포구라는 두 측면에서 확인해 보려 한다.

2. 한·중 해상교통로

신라 말~고려시대 한·중 간의 해상교통로를 구체적으로 기록한 문헌 자료로는 엔닌(圓仁)의 『입당구법순례행기』, 이중환의 『택리지』,

---

6) 목포대 도서문화연구소, 2000, 『흑산도 상라산성 연구』

徐兢의 『고려도경』이 저명하다. 먼저 엔닌이 취항한 해상교통로를 살펴보자.

엔닌(794~864)은 838년부터 847년까지 9년여 동안 당에 건너가 구법활동을 전개하다가 일본으로 돌아와 일본 천태종의 수좌에까지 오른 일본 불교계의 대성자이다. 그는 당에 유학을 떠나기 위해 배에 오른 838년 6월 13일부터 큐슈 하카다에 도착하여 귀국 보고행사를 마무리한 847년 12월 14일까지 자신의 활동상을 일기 형식으로 기록한『입당구법순례행기』를 남겼다. 그가 취항한 해상교통로는, 귀국선에 몸을 실은 847년 9월 2일부터 쓰시마섬에 도착하는 9월 10일까지의 일기에 자세히 기록되어 있다. 이를 적기해 보면 다음과 같다.

> A. 산동반도 赤山 莫耶口 출발(847년 9월 2일 정오)→(동행)→서웅주 서해(9월 4일 새벽)→(동남행)→高移島(9월 4일 오후 9시경)→무주 黃茅島[一云 丘草島](9월 6일 오전 6시경)→(동행)→雁島(9월 8일 오전 9시경)→(동남행)→對馬島(9월 10일 오전)→九州 肥前國 松浦郡 鹿島(9월 10일 초저녁)

여기에 나타나 있는 바와 같이, 엔닌을 태운 배는 적산포를 출발한 지 불과 이틀만에 서웅주 서해(충청도 먼 바다)에 이르렀고, 여기에서 다시 동남쪽으로 항해하여 高移島에 도착하였으며, 이어 黃茅島(丘草島)와 雁島를 거쳐 일본 큐슈에 도착하고 있음을 알 수 있다. 여기에서 高移島는 영산강 하구에 위치한 압해도의 북변에 접해 있는 古耳島를 지칭하는 것으로 보이며, 雁島는 여수 남쪽에 위치한 安島를 지칭하는 것으로 보아 좋을 것이다. 다만 황모도(구초도)의 위치는 비정하기 어려운데, 비정에 도움이 될 만한 지형 관련 기술 부분을 인용하면 다음과 같다.

> A-1. 고이도에서 구초도에 이르기까지 산과 섬이 이어져 있고 동남쪽 멀리 탐

라도가 보인다. 이 구초도로부터 신라의 육지까지 가는 데는 바람이 좋은 날이면 하루가 걸린다.7)

윗 구절에서 고이도에서 구초도에 이르는 과정이 산과 섬으로 이어져 있다고 한 것은 연안 육지부의 산과 신안군의 섬 사이로 남하한 것을 의미하는 것으로 이해할 수 있게 한다. 그리고 동남쪽에 탐라도(제주도)가 보이고 육지에까지 이르는데 하루가 걸린다고 한 것으로 보아 구초도는 육지에서 비교적 멀리 떨어진 서남단의 섬일 가능성을 시사한다. 이런 점들을 염두에 둘 때, 진도 서남단에 위치한 巨次島가 눈에 띈다. 丘草島에서 동쪽으로 항해하여 安島에 이르렀다는 항해의 방향을 감안해도, 구초도를 거차도에 비정하는 것이 무난할 듯 싶다. 거기다가 구초도와 거차도는 음도 서로 유사하므로, 이 비정에 더욱 애착이 간다.

그렇다면 엔닌의 항로는 산동반도에서 동쪽으로 항해하여 황해를 횡단함으로써 충청도의 먼 바다에 이르고, 여기에서 동남쪽으로 꺾어 항해를 계속하여 고이도에, 다시 연안을 따라 남으로 항해하여 진도 서남단의 거차도에, 그리고 다시 동쪽으로 꺾어 항해하여 안도에 이르렀으며, 여기에서 동남쪽으로 항해하여 쓰시마섬을 경유, 큐슈 하카다에 귀환한 것으로 정리할 수 있겠다.

바로 이러한 엔닌의 항로는 장보고 선단의 해상교통로와 크게 다르지 않았을 것으로 보인다. 잠시 그 이유를 따져보자. 엔닌의 귀국은 중국 내 장보고의 주요 대리인격인 유신언과 장영의 도움으로 이루어졌다.8) 초주에서는 유신언이 등주에까지 가는 배편을 마련해 주었고, 등주에서는 장영이 전적으로 귀국 과정을 챙겨주어, 847년 9월 2일에 적

---

7) 『入唐求法巡禮行記』卷4, 會昌 7年 9月 6日條.
8) 『입당구법순례행기』847년 6월 9일~9월 2일의 일기 참조.

산 막야구를 출발할 수 있었다. 이와 함께 장보고가 당에 파견한 交關船(무역선)이 發着한 포구가 항상 적산포였고,9) 엔닌이 장보고 대표대리인의 도움을 받아 적산 막야구(적산포)에서 출발했다는 것을 염두에 둘 때, 적산포를 출발하여 서남해 도서·연안을 지나 일본으로 건너간 엔닌의 항로는 장보고 선단의 그것과 일치했을 것으로 보아 좋을 것이다.10)

이후에도 서남해지역은 대중국 해상통로에서 중요한 위치를 유지하였다. 이러한 사정은 이중환의 『택리지』에 나타나 있다.

> B. 나주의 서남쪽에 영암군이 있는데 월출산 밑에 위치하였다. 월출산은 한껏 깨끗하고 수려하여 火星이 하늘에 오르는 산세이다. 산 남쪽은 월남촌이고 서쪽은 구림촌이다. (구림촌은) 신라 때 이름난 마을로서 지역이 서해와 남해가 맞닿는 곳에 위치하였다. 신라에서 당나라로 조공갈 때 모두 이 고을 바닷가에서 배로 떠났다. 바닷길을 하루 가면 흑산도에 이르고, 흑산도에서 또 하루 가면 紅衣島에 이른다. 다시 하루를 가면 可佳島에 이르며, 艮方 바람을 만나면 3일이면 台州 寧波府 定海縣에 도착하게 되는데, 실제로 순풍을 만나기만 하면 하루만에 도착할 수도 있다. 남송이 고려와 통행할 때 정해현 바닷가에서 배를 출발시켜 7일만에 고려 경계에 이르고 뭍에 올랐다는 것이 바로 이 지역이다. 당나라 때 신라 사람이 바다를 건너서 당나라에 들어간 것이 지금 通津 건널목에 배가 잇닿아 있는 것 같았다. 그 당시에 최치원, 김가기, 최승우는 장삿배를 편승하고 당나라에 들어가 당나라 과거에 합격하였다.11)

---

9) 강봉룡, 2005, 『바다에 새겨진 한국사』, 한얼미디어, 117쪽.
10) 엔닌이 귀국길에 오를 때 그의 강력한 후원자 장보고는 이미 암살당하여 이 세상 사람이 아니었다. 이 때문에 엔닌은 신라의 동정에 촉각을 곤두세우며 가능한 신라 당국에 발각되지 않으려 애쓰는 모습을 곳곳에서 보여주고 있다. 따라서 엔닌의 항로가 장보고 선단의 항로와 완전히 일치한다고는 할 수 없겠지만, 큰 방향은 일치하는 것으로 보는 것이 합리적이다.
11) 『擇里志』 八道總論 全羅道篇.

이중환은 신라 말에 구림촌(오늘날 영암 구림마을)에서 중국으로 떠나는 배가 성황을 이루고 있었던 것을, 그의 시대에 통진에서 강화도에 왕래하는 배가 잇닿아 있던 형상에 비유하여 묘사하고 있다. 최치원, 김가기, 최승우 같은 대학자들이 구림촌에서 당으로 유학을 떠난 것을 지목하기도 했다. 더 나아가 이곳에서 출발하여 중국에 이르는 해상 교통로로「구림촌→흑산도→홍의도→가가도→영파」의 코스를 소개하기도 했다. 이는 곧 신라 말 구림촌에 중국과 통하는 큰 포구가 있었다는 것을 의미한다. 홍의도란 홍도를, 가가도란 가거도를 지칭하는 것이 분명하므로 이 기록을 그대로 신뢰할 수 있다면 신라 말의 가장 중요한 해상 교통로를 복원할 수 있게 된다.[12]

『택리지』에 기술된 한·중 항로(B 자료)를 장보고의 항로(A 자료)와 비교해 보면, 서남해지역이 여전히 중요한 위치를 유지하고 있다는 것을 알 수 있고, 가장 큰 차이점이라면 중국의 상대 포구가 산동반도의 적산포에서 강남 절강성의 영파로 바뀌었다는 점을 지적할 수 있겠다. 그렇지만 고려시대까지도 산동반도의 등주(오늘날의 봉래)와 밀주 판교진(오늘날의 교주) 등의 포구가 명주(오늘날의 절강성 영파)와 함께 중요한 교역항으로 기능한 것으로 나타나고 있어,[13] 산동반도의 기능이 크게 저하되었다고 보기는 힘들다. 이와 함께 서남해지역 역시 대중국 해상교통로상의 중요한 위치를 의연히 유지해갔으니, 서긍의『고려도경』에서 그 실례를 살필 수 있다.

『고려도경』은 서긍이 1123년에 正使 路允迪과 副使 傅墨卿 등을 수행하여 고려에 건너와 개경에 약 1개월 간 머무르며 항해의 일정과 고려에 대한 견문을 기록, 成册하여 송 휘종 황제에게 奉獻한 고려 견문

---

12) 『택리지』에 기술된 신라 말 한·중 항로의 신빙성에 대해서는 다음 장에서 살피는 것으로 하겠다.
13) 강봉룡, 2005, 앞 책, 195쪽.

록이다. 여기에 나타난 서긍 일행의 주요 항해 일정을 적기하면 다음과 같다.14)

C. 1123년 3월 14일 汴京 출발→5월 3일 四明 도착→5월 16일 明州 출발→5월 19일 定海縣 도착→5월 24일 招寶山·松柏灣·蘆浦→5월 25일 沈家門 도착→5월 26일 梅岑→5월 28일 海驢焦·牛洋焦→5월 29일 白水洋·黃水洋·黑水洋→6월 2일 夾界山→6월 3일 白山·黑山·月嶼·闌山島·白衣島·跪苫·春秋苫→6월 4일 檳榔焦·菩薩苫·竹島→6월 5일 苦苫苫→6월 6일 群山島→6월 7일 橫嶼→6월 8일 紫雲苫·芙蓉山·洪州山·鴉子苫·馬島→6월 9일 九頭山·唐人島·雙女焦·大靑嶼·和尙島·牛心嶼·聶公嶼·小靑嶼·紫燕島→6월 10일 急水門·蛤窟→6월 11일 龍骨→6월 12일 벽란정→(육로)6월 13일 개성

이에 의하면 서긍의 사신선이 변경을 출발해 본격 항해에 나서기까지 무려 2개월 보름가까이 소요되었음을 알 수 있는데, 이는 중국 연안 지역을 항해하는 기간이 그만큼 많이 소요되었고, 또한 명주(영파) 앞바다에서 황해의 큰 바다를 무난히 통과하기 위해 어향을 태우는 등의 제사 의식을 거행하면서 순풍을 기다리는데 상당 기간동안 소일했음을 알 수 있다. 그렇듯 준비가 철저했음인지, 서긍의 사신선이 5월 28일에 본격 항해를 시작한 이후에 큰 어려움 없이 불과 5일만에 흑산도 앞을 지나게 되었고, 여기에서 서해의 연안을 따라 항해를 계속하여 10일만에 개경에 당도할 수 있었다. 서긍의 사신선은 이와 역순으로 귀환 길에 올랐다.

서긍 일행이 6월 3일에서 5일 사이에 거쳐간 서남해 경유지 중에서 일부 비정되고 있는 섬은 백산도=홍도, 흑산=흑산도, 월서=영광군 낙월도, 죽도=부안군 위도, 고점점=식도 정도이다.15) 이에 의거한다면

---

14) 『高麗圖經』卷39, 海道6.
15) 祈慶富, 1997, 「10~11세기 한중 해상교통로」『한중문화교류와 남방해로』, 국학자료원, 186~187쪽.

서긍의 항로는 명주에서 출발하여 흑산도를 거쳐 낙월도로 나아가고, 여기에서 서해안을 따라 위도→식도→군산도로 북상한 셈이 된다. 이는 엔닌이 적산포를 출발하여 충청도 먼 바다를 거쳐 고이도에 이르고, 여기에서 서남해안을 따라 거차도→안도를 경유해서 일본으로 건너간 것을 연상케 한다. 결국 서남해지역은 중국의 명주나 적산포에서 출발하여 개경이나 일본으로 향해가는 동북아 해상교통로 상에서 가장 중요한 경유처였음을 알 수 있다. 이런 맥락에서 볼 때, 신라 말 구림촌에 큰 국제항구가 있었다고 한 『택지지』의 기사는 주목해볼 만한 가치가 충분하다.[16]

3. 거점포구

1) 구림에서 우이도까지

서남해지역의 무역거점으로는 『택지지』에 큰 포구가 있었던 것으로 기술되어 있는 구림촌을 우선 주목해야겠다. 여기에는 상대포라는 포구가 있었던 곳으로 전해지고 있어 구림촌의 큰 포구란 곧 상대포를 지칭한다고 할 수 있다. 상대포는 월출산 서쪽과 영산강 하구의 마지막 지류인 영암천 사이에 위치하고 있어, 전형적인 배산임수의 지리적

---

[16] 13세기에 영파에서 출발하여 일본으로 향하다가 신안군 증도 앞 바다에 침몰한 '신안선'의 항로를 주목해볼 필요가 있다. 기왕의 견해에서는 명주에서 한반도를 거치지 않고 동중국해 사단항로를 통과해 일본 큐슈로 직항하는 항로를 상정하고, '신안선'이 이 항로를 항해하다가 이탈하여 증도 앞 바다에 이르러 침몰한 것으로 파악하는 것이 일반적이지만, '명주→한반도 서남해→일본'의 항로가 '신안선'의 원래 항로였을 가능성을 제기하고자 한다. 최근 필자가 증도를 답사하면서 '신안선' 침몰 지점에 인근한 곳에서 유력한 포구의 흔적을 포착한 바가 있는데, 앞으로 이에 대한 정밀 조사를 진행하게 되면 '신안선'의 항로에 대한 새로운 가능성이 제기될 수도 있을 것이다.

형세를 이루고 있다. 상대포는, 1944년부터 시작하여 1961년에 완료한 간척사업으로 거대한 평야(학파농장)로 다시 태어나기[17] 전까지는, 말이 영산강이고 영암천이지 실은 바다에 접해 있는 항구나 마찬가지였다. 이곳에는 왕인이 떠났다는 설화가 전해지기도 하여, 상대포는 중국 뿐 아니라 일본과도 통하는 동북아의 국제항구였음을 알 수 있다.

구림은 통일신라시대 도기의 최대 생산지였을 뿐 아니라,[18] 장보고가 대규모 초기청자 생산단지를 조성한 것으로 추정되는 해남군 화원면 신덕리 일대와 고려 초에 대규모 녹청자 생산단지가 조성된 것으로 보이는 산이면 일대와도 물길로 가까이 통하는 곳에 위치하고 있어, 큰 포구가 들어설만한 자연·인문지리적 조건을 갖추고 있다고 할 수 있다.[19] 또한 구림과 화원면 신덕과 산이면의 세 물길이 합류하여 바다로 통하는 화원반도의 끄트머리에 '唐浦'라는 지명이 있어,[20] 구림을 떠난 배가 당포를 거쳐 바다로 나갔을 가능성을 시사한다.

그렇다면 중국을 향해 구림과 당포를 출발한 상선과 사신선은 어떤 항로를 택하고, 어떤 포구를 거쳤을까? 결론부터 말하자면 당포에서 곧바로 西進하여 안좌도·팔금도 사이의 해협과 비금도·도초도 사이의 해협을 지나 큰 바다로 나가는 첫 번째 섬인 우이도에 이르는 항로를 택했을 것이고,[21] 안좌도 금산과 비금도 수도와 우이도 진리 등의

---

17) 김경수, 1999,「영산강 주변의 干潟地 개간과정과 경관변화」『문화역사지리』 11, 88~89쪽.
18) 梨花女大 博物館, 1988,『靈巖 鳩林里 土器窯址 發掘調査』참조.
19) 강봉룡, 2002,「해남 화원·산이면 일대 靑磁窯群의 계통과 조성 주체세력」『전남사학』19.
20) 강봉룡 외, 1995,『장보고 관련 유물·유적 지표조사보고서』, 재단법인해상왕장보고기념사업회, 240~241쪽.
21) 오늘날에도 이 항로는 목포에서 흑산도에 이르는 여객선의 주요 항로로 이용되고 있다.

포구를 거쳤을 것으로 보인다. 이에 대해 좀더 부연해 보기로 한다.

먼저 안좌도 금산의 사례를 보자. 최근 팔금도가 바라다 보이는 안좌도 금산의 앞 바다에서 고려시대 배가 발견되어 국립해양유물전시관에서 이를 발굴하였다. 배의 노출 규모는 길이 13.6m, 중앙폭 5m, 선수폭 0.96m, 선미폭 1m 정도로 지금까지 발굴된 韓船 중에서 그 규모가 가장 큰 것으로 알려지고 있다. 노출 선체는 평저형의 전통한선구조를 갖추고 있어 금산의 배가 중국까지 항해하였는지는 의문이지만, 당포에서 서쪽으로 바라다 보이는 안좌도·팔금도 해협의 초입부에 위치해 있는 금산이 한·중 항로상의 거점 포구의 하나였을 가능성을 시사받을 수 있다.

비금도 수도와 우이도 진리에는 최치원과 관련된 설화가 전해져 오고 있어 역시 한·중 항로의 주요 거점이었을 가능성이 점쳐지고 있다.[22] 최치원이 구림의 포구에서 중국 유학을 떠났다는 『택리지』의 기사(B 기사)를 염두에 둔다면, 항로상에 위치한 비금도와 우이도에 전해져 오는 최치원 설화가 무언가 역사적 내력을 반영하는 것으로 유념할 필요가 있다. 더욱이 唐浦에 인접해 있는 화원반도 雲居山에 최치원이 창건했다는 설화가 전하는 瑞東寺라는 절이 있어, 한·중 항로와 최치원 설화가 전혀 관련이 없는 것은 아닐 성 싶다.[23]

먼저 비금도 수도마을에 전해오는 최치원 설화를 보자. 바다 건너 도초도가 바라다 보이는 비금도 최남단의 수도마을 뒷산(해발 95m) 8부 능선 지점에 '孤雲井'이라 불리는 우물이 하나 있다. 이 우물에 얽혀 전해오는 설화에 의하면 고운 최치원이 이곳을 지나다가 배에 물이 떨어지자 섬에 내려서 이 산에 우물을 파고 샘물을 취했다고 한다. 혹

---

22) 강봉룡, 2002, 「고대·중세초의 한·중 항로와 비금도」 『도서문화』 19, 37~41쪽.
23) 서동사가 위치한 雲居山과 최치원의 호 孤雲은 의미상 절묘하게 매치되고 있어, 더욱 의미심장하게 여겨진다.

은 원래 있던 이 우물에서 최치원이 물을 길어 마시고 쉬었다고도 전한다. 또한 비금도에 들른 최치원은 주민들의 요청에 따라 仙王山 산정에서 기우제를 지내 비를 내리게 해주었다는 설화가 전하기도 한다.24)

본래 이곳은 '官廳島'라는 조그만 섬으로 떨어져 있었으나, 인근의 제방 축조로 본섬과 연결됨으로써 지금은 관청동이라 불리고 있다. 관청도나 관청동이라는 지명은 최치원이 이곳에 관청이 들어설 곳이라 예언하면서 붙여졌다는 것이다. 이러한 최치원의 설화는 이곳이 한·중 항로의 거점 포구였을 가능성을 시사해 준다.

최치원과 관련된 설화는 우이도 진리에도 전하는데, 우이도의 최치원 설화는 조선시대의 한문소설 『최치원전』에도 기록되어 있을 정도로 연원이 깊고 널리 알려져 있다. 설화의 내용은 대략 다음과 같다.

> 신라 말 고운 최치원 선생이 중국으로 유학 가던 중에 우이도 상산에 도착한다. 때 마침 우이도에는 가뭄이 극심하였는데 고운 선생을 본 주민들은 가뭄을 물리치고 비를 내려주도록 간청한다. 고운선생은 즉시 바다 용왕을 불러서 가뭄을 해결하라고 했으나 옥황상제의 명령이 아니면 용왕의 마음대로 비를 내릴 수 없다고 난색을 표한다. 용왕의 말을 듣고 고운 선생이 화를 내면서 속히 비를 내리라고 호령하자, 기가 꺾인 용왕은 하는 수 없이 고운 선생의 명령대로 비를 내려 가뭄을 해결한다. 하늘에 있는 옥황상제가 뒤늦게 이 사실을 알고 화를 내면서 용왕을 잡아 죽이라고 명령하자, 고운 선생은 용왕을 도마뱀으로 변신시켜 무릎 밑에 감추어 죽음을 면하게 한다.25)

최치원이 우이도 상산봉에서 주민들을 위해서 가뭄을 해결해주었다는 설화는 비금도의 그것과 닮아 있지만, 그보다는 훨씬 더 생생하

---

24) 이준곤, 2001, 「비금도 설화의 의미와 해석」 『도서문화』 19, 352~359쪽.
25) 신안군, 1998, 『우리고장의 문화유적』 참조.

고 흥미진진한 줄거리를 포함한다. 여기에 덧붙여서 현지에 최치원이 남겼다는 설화상의 '물증'도 제시되고 있다. 고운 선생이 이곳에 머물면서 상산봉 제2봉에 있는 바위에다 바둑판을 만들어 바둑을 즐겼으며, 지금도 바둑판의 흔적이 남아 있다는 것, 고운 선생이 남겨놓고 간 鐵馬와 은접시가 상산봉의 당집에 남아 있었다는 것이 그것이다. 주민들의 전언에 의하면 은접시는 어떤 주민이 가져가 버렸다 하고, 철마는 계속 전해오다가 고인이 된 주민 문모씨가 대장간에 가지고 가서 늘리려고 하다가 뜻을 이루지 못하고 가산을 탕진하는 등 큰 피해를 입은 이후로 철마마저 온데간데없이 사라져 버렸다고 하는 것으로 보아, 실제 최근까지 전해져 왔던 모양이다.

철마를 神體로 서낭당에 봉안하여 제를 올리는 것은 유서 깊은 민속신앙으로 널리 행해지고 있다. 우이도 진리의 철마신앙 역시 그런 사례의 하나로서, 최치원과 무관하게 그보다 훨씬 이전에 상산봉 서낭당에서 행해졌을 가능성이 크다.[26] 도서·연안지역에서 행해지는 철마신앙은 뱃사람들이 안전항해와 운수대통을 기원하는 해양신앙의 일종으로 행해졌으며, 바로 이점에서 우이도 진리의 철마는 최치원 설화와 무관하게 진리가 항로의 거점 포구였을 가능성을 내포한다. 앞에서 국제포구가 있었을 것으로 본 구림의 월출산 천황봉과 또 하나의 국제포구가 있었을 것으로 보이는 흑산도 읍동마을 상라봉의 제사지에서 철마가 수습된 것을 염두에 두게 되면, 철마신앙이 행해진 우이도 진리 역시 구림 및 읍동마을과 함께 유력한 거점 포구였을 가능성이 높다고 할 것이다.[27]

---

26) 우이도의 철마는 최치원의 설화적 행적과 결부되어 설화적 '물증'으로 제시되면서 그 자체 또 하나의 2차 설화로 전성된 사례라 할 수 있겠다.
27) 강봉룡, 2005, 「한국 서남해 도서·연안지역의 鐵馬信仰」『동아시아 해양신앙과 '해신' 장보고』(도서문화연구소 국제학술회의 발표논문집)

2) 흑산도 읍동마을

흑산도가 한·중 항로에서 중요한 거점포구의 기능을 수행했음은 문헌과 고고 자료를 통해서 확인할 수 있다. 먼저 『택리지』에서 신라 말 한·중 항로로 제시한 '구림촌→흑산도→홍도→가거도→영파'의 코스에 흑산도가 적기되어 있을 뿐 아니라, 엔닌의 『입당구법순례행기』와 서긍의 『고려도경』에도 흑산도에 대한 기록이 나온다.

엔닌은 귀국 길에 고이도에 정박해 있을 때 주민에게 전해들은 흑산도에 대한 이야기를 다음과 같이 소개하고 있다.

> 고이도의 서북쪽으로 백리 남짓한 곳에 흑산도가 있는데 섬의 모습은 동서로 다소 길다. 듣자니 이곳은 백제의 제3 왕자가 도망하여 피난한 곳이라 한다. 오늘날에는 삼사백 가구가 산속에서 살고 있다.[28]

비록 엔닌이 흑산도는 거치지 않았어도, 흑산도에 대한 전언을 기술한 것은 흑산도가 당시 항로의 중간 기착지로 널리 알려져 있음을 시사해 준다. 당시 흑산도에 3~400가구가 살고 있었다고 한 것으로 보아 상당한 성황을 누리고 있었음을 알 수 있다.

서긍의 『고려도경』에도 다음과 같이 흑산도에 관한 기사가 나온다.

①흑산은 … 처음 바라보면 극히 높고 험준하고, 바싹 다가가면 산세가 중복되어 있다. 앞의 한 작은 봉우리는 가운데가 굴같이 비어 있고 양쪽 사이가 만 입했는데, 배를 감출 만하다. ②옛날에는 바닷길을 지날 때 이곳에다 선박을 머물게 하였다. 館舍가 아직 남아 있다. ③그런데 이번 길에는 여기에 정박하지 않았다. 여기에는 주민의 부락이 있다. 나라 안의 대죄인으로 죽음을 면한 자들이 흔히 이곳으로 유배되어 온다. 언제나 중국 사신의 배가 이르

---

28) 『入唐求法巡禮行記』卷4, 會昌 7年 9月 4日條.

렀을 때 밤이 되면 산마루에서 봉화불을 밝히고 여러 산들이 차례로 서로 호응하여 왕성에까지 이르는데, 그 일이 이 산에서 시작된다.29)

서긍이 고려에 방문한 것은 1123년의 일이며, 그가 택한 항로는 명주 정해현(오늘날의 영파)에서 출발하여 흑산도 근처를 지나 서남해지역을 거쳐 서해를 북상하여 개경에 이르는 길이었다. 그런데 서긍은 흑산도 인근을 지나면서 이곳에 거치지 않고 지나쳐 버렸다. 그러면서도 그는 ① 흑산도의 지형과 ② 지나는 배들이 이곳에 머무르곤 하여 館舍가 있었는데 아직도 남아 있다는 것, 그리고 ③ 이곳에 주민이 살고 있고, 대죄인의 유배처이며, 사신이 오면 산마루에 봉화를 피워 왕성에 알린다는 당시의 상황을 기록으로 자세히 남기고 있다. 아마도 지체된 여정을 단축하기 위해 일부러 흑산도를 들르지 않고 지나친 것이 아닐까 하는 생각이 든다. '이번 길에는 여기에 정박하지 않았다'는 구절은 흑산도에 정박하지 않은 것이 예외적인 일이었음을 암시하는 듯하다. 또한 중국 사신의 배가 이르렀을 때 왕성에 알리는 첫 봉화불을 흑산도 산마루에서 올렸다는 것은 흑산도가 첫 관문의 기능을 수행했음을 시사한다.

이처럼 세 문헌에서 모두 흑산도를 기술하고 있다는 것은 신라 말~고려시대에 한·중 항로상의 매우 중요한 거점포구가 흑산도에 있었던 것을 보여준다고 해야겠다. 실제 최근의 조사에서 흑산도 읍동마을에서 거점포구였던 흔적이 확인되면서 그 물증을 확보할 수 있게 되었다.30) 읍동마을은 흑산도의 북서쪽 바닷가에 자리잡은 작은 마을이다. 앞 바다의 대영산도·소영산도 등의 섬이 자연방파제의 역할을 하고 있어 자연 항구로서 적합한 지형을 이루는 가운데, 상라봉에서 흘러내

---

29) 『高麗圖經』第35卷, 黑山條.
30) 목포대 도서문화연구소, 2000 『흑산도 상라산성 연구』.

린 두 산줄기가 바다를 향하여 뻗어내린 사이에 마을이 형성되어 있다. 읍동마을에 대한 조사내용을 잠시 부연하기로 한다.

먼저 읍동마을의 중심부에 절터가 자리잡고 있는데, 현재 삼층석탑과 석등이 남아 있어 그곳이 절터였음을 말해주고 있다. 또한 주위에 치석한 석재와 기와편, 도자기편, 와전 등이 무수히 散布해 있어 전성기의 번영상을 엿보게 한다. 조사 과정에서 '无心寺禪院'이라 양각된 수키와를 찾아냄으로써, 지금까지 알려지지 않은 절 이름을 확인할 수 있게 되었다.

기와편과 도자기편, 와전 등이 마을 전역에 산포해 있을 뿐 아니라, 옛 건물터의 존재를 알려주는 초석과 문초석이 군데군데 확인되고 있어, 잘나가던 거점포구의 실상을 엿보게 한다. 그 건물터 중에는『고려도경』에서 말한 館舍址도 포함되어 있을 것임은 물론이다.

상라산에는 산성(상라산성)이 반월 형태로 축조되어 있는데, 이는 마을을 진수하기 위한 관방시설로 축조된 것일 것이다. 상라봉 정상에는 철마 3점을 위시하여 깨진 도자기 조각이 확인되고 있어, 이곳이 제사터였음을 알 수 있다. 동시에 이곳은『고려도경』에서 중국 사신의 배가 당도했음을 왕도에 알리기 위해 봉화불을 올렸다고 하는 봉화대도 있었을 것으로 보인다.

이렇듯 지표면에 무수히 산포해 있는 유물들을 위시하여, 절터, 건물터, 산성, 그리고 제사터의 존재는 한 때 읍동마을이 도시적 면모를 이루고 있었을 것임을 보여준다. 그렇다면 읍동마을은 한·중 해상교통로 상에서 사신선과 상선이 중간 기착하던 거점포구로서 국제 해상도시의 기능을 수행했을 가능성이 높다고 할 것이다. 현재 읍동마을에 새 건물이 속속 들어서면서 지금까지 유지되어온 그 나마의 원형조차 훼손되어가는 실정이다. 그 실체 해명을 위한 발굴이 매우 시급한 일임은 이 때문이다. 빠른 시일 내에 읍동마을에 대한 정밀발굴이 추진되기를 강력히 희망하는 바이다.

4. 맺음말

　서남해지역은 장보고가 청해진을 설치하면서 동북아 해상교역의 중심지로 부상하였다. 본고에서는 그 준비가 장보고 이전에 이미 진행되고 있었고, 장보고의 암살 이후에도 크게 위축되지 않고 그 위상을 상당정도 유지하였음을 살피고자 하였다.

　먼저 엔닌의 『입당구법순례행기』와 이중환의 『택리지』, 그리고 서긍의 『고려도경』 등의 관련 기사를 검토하면서 서남해지역이 신라 말~고려시대에 한·중 해상교통로 상에서 중요한 위치에 있었음을 살펴보았다. 『입당구법순례행기』에 의하면 엔닌은 산동반도의 적산포에서 출발하여 충청도 먼 바다에 이르고 여기에서 고이도(신안군)→거차도(진도군)→안도(여수) 등을 거쳐 일본으로 건너가는 항로를 이용하고 있는 것으로 되어 있다. 그리고 『택리지』에 의하면 신라 말의 항로는 「영암 구림→흑산도→홍도→가거도→영파」의 코스가 주로 이용된 것으로 되어 있다. 또한 『고려도경』에 의하면 서긍 일행이 '영파→흑산도→낙월도→위도→식도→군산도…'의 코스로 운항한 것으로 되어 있다. 이러한 기록을 통괄해 볼 때, 서남해지역은 신라말~고려시대 한·중 해상교통로 상에서 매우 중요한 위치에 있었음을 알 수 있다.

　따라서 서남해지역에는 한·중 항로의 주요 거점포구들이 있었다. 구림마을의 상대포와 흑산도의 읍동마을이 그 대표적인 사례이고, 안좌도의 금산, 비금도의 수도, 우이도의 진리 등도 거점포구의 사례로 들 수 있다. 특히 구림마을과 읍동마을은 당시 국제항구로서의 면모를 갖추고 있었다.

앞으로 해양사적 안목을 견지하면서 서남해 도서·연안지역에 대한 폭넓은 조사가 진행되어야할 필요가 절실하며, 특히 흑산도 읍동마을에 대한 대대적인 발굴조사가 시급히 진행될 수 있기를 강력히 희망한다.

◇ 이 글은 「신라말~고려시대 서남해지역의 한중 해상교통로와 거점포구」(『한국사학보』 23, 고려사학회, 2006)를 보완한 것이다.

한국 서남해 도서·연안지역의 鐵馬信仰

강 봉 룡

1. 머리말

말을 숭배하는 馬信仰은 우리나라 전역에서 광범위하게 찾아진다. 馬像을 만들어 神體로 봉안하고[1] 이를 숭배하는 민속신앙의 독특한 한 형태이다. 신체로 봉안하는 마상의 종류는 그 재료에 따라 鐵製馬, 銅製馬, 石製馬, 木製馬, 陶製馬, 瓦製馬 등 다양하다. 그렇지만 철제마가 압도적으로 많고, 이와 관련하여 철마산, 철마봉, 철마산성 등의 산이름 역시 전국적으로 퍼져 있을 뿐 아니라,[2] 철물을 다루는 대장장이와 관련한 마신앙 설화가 전해오는 경우가 있음을 주목하여, 본고에서는 다양한 마상과 마신앙을 대표하여 '鐵馬'와 '鐵馬信仰'이라 총칭하기로 한다.

지금까지 철마신앙에 대한 연구는 그리 많지 않은 편인데, 그것도 대부분 서낭당신앙과 관련하여 민속학 분야에서 이루어져왔다. 서낭

---

[1] 드물게는 말그림(馬圖)을 봉안한 사례도 보인다.
[2] 눈에 띄는 것만 들어봐도 인천의 철마산, 태안의 철마산, 무안 몽탄면의 철마봉, 진도의 철마산성 등을 들 수 있다.

당에 철마를 신체로 모셔놓고 제를 지내는 철마신앙이 민속신앙의 중요한 부류로 간주되었기 때문이다. 이처럼 민속학적 연구에 치중하다 보니 평면적 분석에 그치고 그 역사적 계통과 연원이 제대로 따져지지 못한 감이 있다. 그리하여 철마신앙의 성격에 대한 다양한 견해가 제기되었지만, 현상적으로 나타난 바에 따라 제각기 다른 견해를 피력하는데 그친 경향이 있다고 생각된다.

철마신앙이 오랫동안 광범한 민속신앙으로 존속해왔다고 한다면, 이에 대한 역사문화적 의미 천착 작업을 더욱 다양하고 구체적으로 진행할 필요가 있다. 민속학적 천착을 더욱 깊이 하는 것은 물론 다양한 학문 분야에서 접근하는 것도 필요하다. 이런 측면에서 본고는 철마신앙에 대한 역사적 접근을 시도하고, 그에 대한 계통적 성격을 규명하려 한다. 더 나아가 이를 토대로 서남해지역 철마신앙의 성격을 해양신앙의 관점에서 논할 것이다.

2. 철마신앙의 역사적 연원

철마신앙은 우리나라 전역에서 찾아진다. 그런데 특히 산악지역과 도서·연안지역에 집중 분포되어 있는 것으로 나타나는 경향이 있음은[3] 주목되는 현상이다. 이는 많은 다른 민속 사례에서도 살필 수 있는 바와 같이, 조선시대에 유교적 '敎化'의 영향이 비교적 적게 미쳤던 지역을 중심으로 살아남은 사례라 할 것으로서, 그런 만큼 철마신앙의 역사적 연원은 오래되었다고 할 수 있다.

조선 후기에 밀어닥친 유교의 敎化力이 우리 문화에 끼친 영향은

---

3) 장정룡, 「강원도의 마신앙고」; 표인주, 「민속문화에 나타난 말의 의미」; 천진기, 「말에 대한 한국인의 관념과 태도」(『韓國의 馬 민속』, 집문당, 1999에 수록됨) 참조.

그야말로 태풍이었다. 고대부터 조선전기까지 이어오던 男歸女家의 혼인풍속이 유교적 교화의 대상으로 집요하게 지목받더니 조선후기에 중국식 친영혼으로 급속하게 귀착되어 버린 것이 그 하나의 사례이다. 또한 남녀가 群聚하여 신에게 제사지내던 洞祭의 오랜 풍속이 淫祀로 규정되더니 조선후기에 양반 남정네 중심의 유교식 祭法으로 변모해버린 것 역시 또 하나의 현저한 사례이다. 그렇지만 유교적 교화가 비교적 덜 미친 산악지대나 도서·연안지역에는 남귀여가의 혼인풍속이나 남녀 군취의 동제 풍속이 그나마 근래에까지 잔존해 왔다. 이런 사실을 감안할 때, 주로 산악지역과 도서·연안지역에 집중 분포하는 것으로 나타나는 철마신앙의 역사적 연원이 상고의 시대까지 올라갈 수 있으리라는 추정은 정당하다.

실제 철마신앙의 연원은 멀리 상고의 시대로 거슬러 올라가 확인할 수 있다. 馬形帶鉤, 靑銅製馬, 銅製馬形劍把頭飾 등의 유물은 철마신앙의 연원이 청동기시대까지 올라갈 수 있음을 보여준다. 말 그림을 線刻한 토기, 마형토기 등이 고분에서 출토되고 있고, 신라 천마총의 白樺樹皮 障泥에 그려진 천마도나 鎧馬塚 등의 고구려 고분벽화에 그려진 말 그림 등이 확인되는 것 역시 철마신앙의 연원이 고대에까지 올라갈 수 있음은 물론, 당시에 매우 성행했음을 보여주는 사례들이다.

사서의 기록에서도 이를 쉽게 확인할 수 있다. 신라 시조 박혁거세의 탄생에 백마가 개입하고 있는 것은 그 저명한 사례이다.[4] 국가의 흥망이나[5] 국왕의 승하를 암시하는[6] 신성한 존재로서 말이 출현한다는 대목이 자주 보이는 것도 철마신앙의 오랜 연원을 시사한다. 백마를 잡아 제를 지내거나[7] 맹세를 했다는 것[8] 역시 그런 사례에 속한다.

---

4) 『三國史記』卷1, 新羅本紀 赫居世居西干 卽位年條
5) 『三國史記』卷23, 百濟本紀 溫祚王 25年條 ; 卷28, 百濟本紀 12年 5月條
6) 『三國史記』卷3, 新羅本紀 奈勿尼師今 45年 10月條
7) 『三國史記』卷41, 列傳 金庾信 上條.

이처럼 유물과 사서를 통해 고대 철마신앙이 개인적 차원의 다양한 형태로 수용되고 있었음을 알 수 있다. 그런데 통일신라 때부터 돌연 개인적 차원의 철마신앙의 흔적은 급격히 감소되는 것으로 나타난다. 그 대신 고려시대에는 국가적 차원에서 馬祖神, 先牧神, 馬社神, 馬步神9) 등 여러 마신에게 제를 올려 말의 번식과 성장을 기원하는 馬神祭를 小祀로 지정하여 지냈다는 것이 사서에 특필되어 있고,10) 이런 마신제는 조선시대에도 계속되었던 것으로 전해진다.11) 경제적·군사적으로 말의 중요성이 증대되고 馬政이 중시되면서 점차 국가적 차원에서 중국의 제도를 수용하여 말의 번식과 성장을 기원하는 마신제를 지내는 것으로 정착되고, 개인적 차원에서의 철마신앙에 대한 관심은 점차 사라진 결과가 아닌가 한다. 그런데 유물과 사서에서 개인적 차원의 철마신앙의 흔적이 통일신라 때부터 급감하는 것을 보면, 국가적 차원의 마신제가 통일신라시대부터 시작되었을 가능성이 있다.12)

그렇지만 고대의 유물이나 사서가 주로 지배층의 관심사만을 반영하는 속성이 있음을 고려할 때, 유물과 사서에 나타난 개인적 차원의 관심이란 어디까지나 지배층에 한정된 것임을 직시할 필요가 있다. 따라서 통일신라 이후에 철마신앙에 대한 흔적이 감소한 것 역시 지배층과 관련된 사안일 뿐이고 민중들과는 무관한 일이다. 결국 유물과 사서를 통해서는 민중들의 철마에 대한 관심을 알 길이 없다.

---

8) 『三國史記』 卷6, 新羅本紀 文武王 5年 8月條.
9) 마조신은 房星이라는 이름의 이름을 가진 별의 神인 天駟를 지칭한다. 선목신은 사람에게 처음으로 養馬하는 것을 가르쳐준 양마의 신을, 마사신은 사람에게 처음으로 乘馬하는 것을 가르쳐준 승마의 신을, 마보신은 말에게 재해를 주는 신을 이른다.
10) 『高麗史』 卷63, ; 世家 卷6, 毅宗 12年 2月 壬申 ; 卷17, 禮志5 馬祖
11) 『시용향악보』, 『太常誌』, 『王朝實錄』 등.
12) 김정숙, 「신라 사회에서 말의 사육과 상징에 관한 연구」 『한국사연구』 123, 2003, 31~32쪽.

그렇다면 민중들의 관심사는 어떠했을까? 단언컨대 그들은 고래로 소촌락 단위로 혹은 개인적 차원에서 철마신앙을 유지해 왔을 가능성이 크다. 왜냐하면 그들의 철마신앙의 흔적들이 조선후기 유교적 교화라는 격랑을 거친 이후에도 산악지역과 도서·연안지역을 중심으로 근래에까지 당신앙 등의 형태로 의연히 전해져 오는 것을 통해서 유추할 수 있기 때문이다.

이처럼 철마신앙은 유구한 역사를 지나왔던 것이다. 이제 이런 역사적 관점을 토대로 철마신앙의 성격에 대한 논의로 들어가 보자.

3. 철마신앙의 사상적 배경 : 天馬思想

그간 철마신앙의 성격에 대한 견해는 다양하게 제기되어 왔다. 그런데 이들은 마을 서낭당에 봉안된 철마의 유래와 관련하여 전해지는 설화에 의거한 민속학적 견해들이 대부분이다. 대표적인 견해를 들면 다음과 같다.[13] ①마을의 수호신인 동신의 신격이 타고 다니는 신성동물로서의 말에 대한 신앙이 생겼다는 견해, ②주로 목장이나 馬驛이 있던 곳을 중심으로 말의 성장·번식을 염원하면서 말에 대한 신앙이 발생했다는 견해, ③호랑이를 퇴치한 말을 받들어 신앙하게 되었다는 견해, ④솥 공장이나 옹기공장을 차릴 때 사업이 번창하게 해달라고 철마나 陶馬를 만들어 봉안하게 되었다는 견해 등이 그것이다.

이중 ③과 ④의 견해는 철마신앙의 원형태라기 보다는 2차적으로 파생된 설화에 의거한 것이 분명하다. 즉 ③의 견해는 虎患이 극심한 산악지역에서 철마신앙이 호환을 막아줄 수 있으리라는 염원에서 만들어진 2차 설화에 의거한 것이고, ④의 견해는 馬像을 철이나 옹기로

---

13) 천진기, 앞 논문 「말에 대한 한국인의 관념과 태도」, 294쪽.

만들어온 관행과 마을의 대장장이 및 옹기장이가 정착하게 된 사건이 결합되어 만들어진 2차 설화에 의거한 것으로 판단되기 때문이다.

　문제는 ①과 ②의 견해이다. ①의 견해는 말을 신의 神乘物로 간주하여 말 자체를 신성시하게 된 것을 강조하는 것이라고 한다면 ②의 견해는 경제적·군사적 효용성이 높은 말의 무탈한 번식과 성장에 대한 염원을 강조한 것이라 할 수 있다. 그런데 앞 절에서 살핀 바에 의하면 철마신앙의 원형태는 말 자체의 신성성에서 연원하는 것이고, 통일신라 혹은 고려시대부터 말의 경제·군사적 효용성이 높아지고 馬政의 중요성이 증대함에 따라 말의 무탈한 성장·번식을 염원하는 마신제가 국가적 차원에서 봉행되기 시작하였음을 살핀 바 있다. 더구나 오늘날 철마신앙의 흔적이 목장이나 마역이 설치되지 않은 지역에서도 찾아지고 있는 것으로 보아, ②의 견해 역시 철마신앙 자체의 본질적 성격을 적시한 것이라기보다는, 목장이나 마역이 설치된 지역에 한정하여 철마신앙과 관련하여 파생되어진 2차 설화에 의거한 것이라는 혐의를 지울 수 없다.[14] 그렇다면 역시 신의 신승물이기에 말을 신성시하고 이를 신앙하게 되었다는 ①의 견해가 철마신앙의 원형태에 가깝다고 할 수 있겠고, ②·③·④의 견해는 철마신앙을 통해서 각 지역의 특색에 따라, 혹은 말의 무탈한 성장과 번식을, 혹은 솥공장과 옹기공장의 번창을, 혹은 호환 퇴치를 염원하는 각기 다른 파생적 설화에 의거한 것일 뿐이라는 결론에 다다르게 된다. 다시 말해 이런 파생적 설화에 담겨져 있는 각 지역의 염원들은 철마신앙을 통해서 성취할 수 있다고 믿어지는 총체적 염원의 부분들에 불과한 것이라 할 것이다.

　그렇다면 인간의 총체적 염원 성취를 기대할 수 있게 한 철마신앙

---

14) 이와 반대로 목장이나 마역이 설치된 지역에서 인간의 생계와 밀접한 관련이 있는 마신을 좌정시키는 것에서 철마신앙이 성립하고 말을 신격화하게 된 것으로 파악한 견해도 있다(표인주, 앞 논문 「민속문화에 나타난 말의 의미」, 69쪽).

의 근원적 힘은 어디에서 나오는 것일까? 그것은 곧 인간을 하늘과 통하게 할 수 있다는 天馬思想에서 찾을 수 있다. 인간은 하늘로부터 절대성을 구하는 경향이 있다. 특히 고대의 절대 권력자들은 그들의 근원적 힘이 자신을 하늘(=태양)과 동일시함으로써 얻어진 것임을 선언한다. 그리고 그것을 설명하는 과정에서 하늘(=태양)과 자신을 연결해주는 靈媒를 제시하게 되는데, 천상과 지상을 연결해주는 영매로 새와 함께 말이 자주 등장한다. 따라서 말을 신성시하고 이를 신봉하게 되면 하늘에 자신의 염원을 전달하여 모든 소원이 성취된다는 믿음체계가 형성될 수 있는 것이다.

박혁거세 탄생설화에서 이러한 믿음체계를 여실히 볼 수 있다. 그 설화의 요지는 다음과 같다.

> 사로국 6촌장들이 알천의 언덕에서 자신들을 다스릴 군왕을 세우고자 논의할 때 양산 아래 蘿井 옆에 백마 한 마리가 꿇어 앉아 있는 것을 발견하게 된다. 그에 다가가니 백마는 하늘로 날아가 버리고 앉아 있던 자리에 붉은 알이 있었다. 이 알을 깨고 나온 아이를 추대하니 그가 바로 신라의 시조 박혁거세이다.[15]

이는 박혁거세가 나라를 세운 연후에 그의 절대 권력을 주창하기 위해 자신과 하늘이 일체임을 선언하는 과정에서 만든 설화(신화)라 할 것이다. 여기에서 백마는 박혁거세를 하늘로부터 모셔온 신승물로 묘사되어 있다. 곧 박혁거세와 하늘을 이어주는 영매인 것이다. 그런데 백마에 의해서 하늘에서 지상에 내려온 박혁거세의 원 모습은 붉은 알이었다. 그것은 곧 하늘=태양의 형상을 묘사한 것이다. 곧 박혁거세는 백마를 타고 하늘에서 지상에 내려온 하늘=태양의 화신이라는 스

---

15) 주 4)와 같음.

토리다.

　따라서 하늘=태양의 화신인 왕이 죽으면 다시 하늘로 올라간다는 것은 착상의 당연한 귀결이다. 왕의 무덤에 그 왕이 타고 하늘로 올라갈 靈媒의 상징물을 부장한다는 생각은 이로부터 비롯한다. 왕의 무덤으로 간주되는 경주의 천마총에 하늘을 나는 천마의 그림을 그려 넣은 白樺樹皮 障泥를 부장한 것은 이 때문이다. 장니란 말이 달릴 때 튀기는 흙탕물을 차단하기 위해 부착하는 것으로, 여기에 천마도를 그려 넣은 것은 왕을 하늘로 인도할 영매로서의 천마의 상징성을 극대화한 것이다. 고구려 고분벽화에서 종종 발견되는 말 그림16) 역시 같은 맥락에서 이해할 것이다. 왕 뿐만 아니라 유력 귀족들 역시 죽은 후에 하늘로 올라가야 한다는 강렬한 염원이 천마사상과 결부되어 영매로서의 천마의 상징물들을 무덤에 부장하게 하였던 것이다.

　이미 그 이전 청동기시대에 馬形帶鉤, 靑銅製馬, 銅製馬形劍把頭飾 등을 제작하여 소지하거나 고대시대에 말 그림을 線刻한 토기, 마형토기 등을 무덤에 부장하였던 것 역시 천마사상에서 연원하는 철마신앙의 근원적 사례이다.

　고대의 왕이 태양의 화신임을 표방하는 것은 신라에만 국한되는 것이 아니라 세계적 현상이다. 또한 태양과 말이 긴밀한 관련성을 가지는 것으로 보는 것 역시 동서를 막론하고 일반적으로 나타나는 고대 사유체계의 공통성이다. 예컨대 태양신 헬리오스(Helios)가 馬頭로 표상된 것은, 태양이 말이 끄는 수레를 타고 동쪽에서 서쪽으로 운행한다는 고대 그리이스인의 천체에 대한 사상을 나타낸다는 것이다.17) 이는 이규보가 동명왕편에서 解慕漱가 五龍車를 타고 하늘에서 내려와

---

16) 말그림이 그려진 고구려 고분벽화로는 안악3호분, 삼실총, 쌍영총, 무용총, 무용총, 개마총 등이 있다(천진기, 앞 논문, 284쪽).
17) 홍순영, 「중국의 천마사상」『동양사학연구』12·13합집, 1978.

인간세상을 다스렸다는 이야기를 소개하면서 '아침에는 인간세상 저녁에는 하늘나라'라고 노래했던 대목과[18] 유사하다. 해모수가 아침에 인간세상에 내려와서 다스리다가 저녁에 하늘로 올라갔다는 발상은, 해모수 곧 태양이 하루의 운행을 의미하는 것을 염두에 둔 것이다. 다만 해모수를 하늘과 인간세상을 연결해주는 영매가 말 대신 용으로 쓰인 것만이 다를 뿐이다. 그렇지만 우리나라에서 용이 말 대신 하늘과 지상을 연결해주는 靈媒로서 종종 등장하고, 또한 용과 말이 일체화되어 龍馬라는 표현으로 나오는 경우도 흔히 볼 수 있다는 것을 생각하면, 이상한 일도 아니다.

전국적으로 분포상을 보이는 아기장수 설화에 등장하는 것이 백마 혹은 용마이다. 아기장수 설화는 지역에 따라 약간의 차이가 있지만 그 전형적인 것의 줄거리를 요약하면 다음과 같다.

> 아기가 태어났는데 특별한 신통력을 나타낸다. 이기장수이다. 부모는 이 아기가 나중에 반역아가 될 것을 염려하여 죽이고 만다. 이 때 봉대산에서 아기장수를 기다리고 있던 백마(혹은 용마)가 울음소리와 함께 하늘로 날아가 버렸다.[19]

아기장수의 죽음과 함께 백마(혹은 용마)가 하늘로 날아가 버렸다는 대목은, 백마가 아기장수의 영혼을 하늘로 모셔갔고, 따라서 하늘로부터 그를 모셔온 것 역시 백마임을 암시는 것이다. 아기장수의 신분은 평민 출신이었지만 그의 탄생과 죽음의 과정은 백마의 영매를 통해서 이루어진 것으로, 즉 왕과 대등한 것으로 묘사하고 있는 것이다. 따라서 아기장수는 왕과 대적할 수 있는 신통력을 가진 민중의 대변자로 이해될 수 있다. 따라서 아기장수 설화가 만들어지고 유포된 것은,

---

18) 『東國李相國集』 卷3, 古律詩 東明王篇.
19) 표인주, 앞 논문 「민속문화에 나타난 말의 의미」, 79쪽 참조.

왕으로 상징되는 정치권력의 횡포에 대적하고픈 민중들의 '발칙한' 상상의 결과물이라 할 수 있다.

그러나 민중들의 '발칙한' 상상도 여기에서 더 나아가지 못한다. 백마(용마)로 하여금 하늘의 절대자를 모셔다 놓게 한 데까지는 나아갔지만, 결국 그를 죽여서 하늘로 되돌려 보낼 수밖에 없다. 상상 속에서나마 아기장수를 정치권력에 차마 대적시키지 못한다. 역사 경험에서 반역아의 비참한 최후를 너무도 많이 보아왔기 때문이다. 정치권력에 관한한 그들은 상상력에서조차 가위눌려있다. 그 정도로 민중들의 상상은 소심하기 짝이 없다. 그렇지만 아기장수를 왕과 동일한 존재로 탄생시킨 것만은 평가해 주어야겠다. 적어도 그만큼은 민중들의 자의식이 성장한 셈이기 때문이다.

결국 그들은 그 이상 넘어서지 못하고 백마를 통해 자신들의 염원을 하늘에 있는 그들의 영웅 아기장수에게 호소하는 것에 만족한다. 아기장수 설화는 상고 이래 민중들의 염원을 전달하는 철마신앙이 오늘날까지 이어지게 한 징검다리인 셈이다.

말이 하늘과 지상을 이어주는 영매라는 민중들의 일반적인 관념은 철마신앙의 사상적 배경이다. 이러한 민중들의 관념은 전국적으로 유포되어 전하는 선녀와 나무꾼의 설화에도 나타나 있다. 그 줄거리는 다음과 같다.

> 나무꾼은 구해준 사슴의 말에 따라 선녀와 혼인한다. 선녀가 아들 셋을 날 때까지 날개옷을 주지 말라는 사슴의 지시를 지키지 못하여 선녀는 날개옷을 입고 두 아들을 데리고 하늘나라로 올라간다. 나중에 나무꾼은 다시 사슴의 도움으로 하늘나라로 올라가서 처자식과 행복하게 산다. 그런데 나무꾼은 고향과 어머니가 그리워 병이 날 지경에 이르게 되고 선녀는 나무꾼에게 말 한 필을 주면서 고향에 다녀오라고 한다. 나무꾼은 그 말을 타고 지상에 내려와 어머니를 만난다.

선녀와 나무꾼 설화는 말을 타고 지상에 내려온 나무꾼이 선녀가 지시한 금기를 지키지 못하고 결국 죽어서 수탉이 되었다는 이야기로 끝을 맺는다. 여기에서 관심은 이야기의 결말이 아니라 말이 하늘나라와 지상을 연결해주는 영매로 등장한다는 구절이다. 아기장수와 같이 특별한 능력을 소지한 그들의 영웅만이 말을 통해 하늘과 통할 수 있는 것이 아니라 평범한 나무꾼 같은 사람도 금기만 잘 지키면 하늘과 통할 수 있다는 간절한 염원이 담겨져 있다. 이러한 그들의 염원이 철마를 신체로 모시고 철마신앙을 유지하게 한 원동력이 되었을 것이다.

민중들은 철마신앙의 영험을 극대화하기 위해 가능하면 하늘에 가까이 다가가려 한다. 그리하여 굳이 산 정상에 올라가 철마를 안치하고 제를 올린다. 그들이 통일신라 이후에 영암 월출산 최고봉인 천황봉에 철마를 안치하고 하늘에 제를 지낸 흔적이 확인된 바 있고,[20] 흑산도 읍동마을의 상라봉 정상에서도 철마가 확인되었다.[21] 뱃길의 요충지인 부안의 죽막동에서도 삼국시대 이래 철마를 안치하고 제를 지낸 흔적이 확인되었다.[22] 최근 발굴한 광양의 마로산성에서도 수많은 철마들이 발견되었다.[23] 민중들이 저마다 철마에 그들의 염원을 실어 하늘에 전달하고자 했던 흔적들인 것이다.

민중들은 철마신앙을 통해서 마을의 평안, 무병장수, 사업번창 등 모든 종류의 소박한 염원을 하늘에 간구했다. 뱃사람들은 철마신앙을

---

20) 목포대 박물관,『영암 월출산 제사유적』, 1996, 34~39쪽.
21) 목포대 도서문화연구소,『흑산도 상라산성 연구』, 2000.
22) 국립전주박물관,『부안 죽막동 제사유적』, 1994.
23) 철마는 광양의 중심지가 내려다보이는 마로산성 서남쪽에 위치한 제사지에서 총292점(철제마 1점, 토제마 285점, 청동마 6점)이 출토되었다. 철마 안치시기는 고려말~조선초로 추정되며, 산성이 사수되기를 간절히 바라는 염원을 담고 있다고 할 수 있다. 이밖에 철마가 출토된 산성으로는 당성, 이성산성, 천안 위례산성, 월성 해자, 양주 대모산성, 포천 반월산성 등이 있다.(순천대 박물관,「광양 마로산성 3차 발굴조사 현상설명회 자료」, 2004년 8월 20일)

통해 무사항해와 운수대통을 염원했을 것이다. 이제 서남해 도서·연안지역에서 뱃사람들이 봉행한 철마신앙의 모습을 엿보기로 하자.

4. 서남해 도서·연안지역의 철마신앙과 해양신앙

고려시대까지 서남해 도서·연안지역은 동아시아 국제해상교역의 중심 요지였다.24) 한·중·일의 사신과 상인들이 배에 몸을 싣고 서남해 지역을 빈번히 왕래하였다. 장보고가 완도 청해진을 중심으로 동북아 해상무역을 주도했던 역사적 사실로 비추어 볼 때, 이중환이『택리지』에서 신라·고려시대에 영산강 하구에 위치한 영암 구림리 상대포에서 중국과 일본으로 왕래하는 배가 꼬리에 꼬리를 물었으며, 최치원·김가기·최승우 등의 대학자들이 당으로 유학을 떠난 곳도 이곳이라 기록한 것이25) 단순한 허언은 아닐 것이다.

청해진이나 상대포에서 중국을 향해서 위험한 항해를 시작한 상선·사신선들은 서남해지역의 수많은 섬들을 징검다리 삼아 바람을 기다리며 위험을 감소시키는 해양신앙을 계발해 냈다. 자애롭게 인간을 돌보아 준다는 관음보살께 기원하는 관음신앙, 철마에 염원을 실어 하늘에 기원하는 철마신앙, 여기에 새에 염원을 실어 하늘에 기원하는 솟대신앙까지 보태어졌다. 그들은 위험을 감소시키고 무역의 성공을 이끌어내기 위해서는 할 수 있는 모든 신앙을 동원했을 것이다. 따라서 주요 포구에는 그들의 신앙처의 흔적이 남아있다.

먼저 영암 구림리의 상대포를 보자. 월출산 서쪽 기슭에 위치한 구림리는 앞에 영산강의 하구와 인접해 있어 배산임수라는 최고의 풍수지리적 형국을 이루고 있다. 이곳에서 풍수지리의 대가로 명성을 날린

---

24) 강봉룡,『바다에 새겨진 한국사』, 한얼미디어, 1995, 128~130쪽.
25)『擇里志』八道總論 全羅道.

도선국사가 탄생한 것도 우연이 아닐 듯 싶다. 당시 상대포에서 중국으로, 일본으로 떠나는 뱃사람들은 우선 철마를 만들어 모시고 월출산 천황봉에 올라 하늘에 제를 지냈던 것으로 보인다. 굳이 하늘에 가장 가까운 지점까지 올라 철마를 통해서 자신들의 염원을 하늘에 전하려 했던 것을 엿볼 수 있다.

그들은 이것으로 만족하지 않았을 것이다. 구림이란 '비둘기가 날아오르는 성스러운 숲'이란 뜻이다. 경주의 鷄林도 그런 곳이었다. 계림을 始林이라고도 불리는 것에서 알 수 있듯이 계림의 '계'는 '시=식=새'에 대응되는 것이다.[26] 결국 계림은 새를 통해서 하늘과 이어지는 성소였던 셈이다. 김씨의 시조 알지의 탄생이 닭소리와 함께 이곳에서 이루어졌던 것은 새의 영매를 통해 하늘로부터 탄강한 것을 의미한다. 백마를 통해서 탄강한 박혁거세와 비견될 만하다. 새 역시 하늘에 인간의 마음을 전하는 영매의 기능을 담당하는 것으로 간주되었음을 알 수 있다. 솟대신앙이다.

구림 역시 새의 영매를 통해 하늘과 이어진 성소였던 것이다. 뱃사람들은 구림의 성소에서 새의 영매를 통해 자신들의 염원을 하늘에 전하는 솟대신앙의 의식을 중첩적으로 행했을 것이다. 구림마을에서 최근 貞元銘 古碑가 발견되었는데, 8세기에 세워진 매향비로 추정되고 있다. 매향 의식 역시 자신의 염원을 비는 미륵신앙의 방편이라는 견해가 유력하다는 것을 염두에 둘 때, 이 역시 뱃사람들이 철마신앙과 솟대신앙와 함께 중첩적으로 제를 올린 미륵신앙의 반영으로 볼 것이다.

구림 상대포에서 출범한 상선은 영산강 하구의 세 물길이 합쳐지는 唐浦를 거쳐 바다로 나아간다. 안좌도와 팔금도 사이 해역을 거쳐,[27]

---

26) 양주동,『朝鮮古歌硏究』, 박문서관, 1942, 386쪽.
27) 팔금도가 마주 보이는 안좌도 금산리 해안에서 고려시대 배가 발굴된 적이 있다.

비금도와 도초도 사이의 해역을 지나, 큰 바다로 나가는 첫 번째 섬 우이도에 다다른다.[28] 지금은 없어졌지만 우이도 진리 포구의 진산 상산봉에 여지없이 철마가 모셔져 있었다 한다. 이곳에서 뱃사람들은 또 한 차례 철마신앙을 행했음을 알 수 있다. 그런데 이 진리 마을에 철마를 처음 모신 이가 바로 최치원이라는 설화가 전해져 온다. 이는 최치원에 의해서 처음으로 철마신앙이 시작되었다는 것을 의미하는 것으로 보기보다는, 원래부터 행해지던 철마신앙에 그곳을 거쳐간 불세출의 천재 학자 최치원이 가탁되어 파생되어진 2차 설화로 보는 것이 온당할 것이다.

여기에서 잠시 방향을 바꾸어 상대포로 돌아가서 서해안 항로로 나가보자. 상대포-당포를 거쳐 개경을 향해 서해안을 따라가다 보면 임자도와 지도 사이의 해협을 지나게 된다. 그 해협 중간에 수도라는 조그만 섬이 있는데, 그곳에 철마가 모셔져 있었다 한다. 그런데 엉뚱하게도 그곳의 철마는 사도세자의 계시를 받아 모시게 되었다는 설화가 전한다. 우이도 진리 상산봉의 철마가 최치원에 가탁된 것은 충분히 이해될 만한 소지가 있지만, 수도의 철마가 사도세자와 가탁되어 2차 파생 설화가 만들어진 것은 언뜻 이해하기 어렵다. 그런데 그에 인접한 무안 운남면 동암리에 사도세자를 모신 동암묘라는 사당이 있는 것으로 보아 이 지역이 사도세자와 무언가의 인연이 있었던 듯싶다.[29]

수도를 지나 서해를 북상하다 보면 부안의 위도와 죽막동 사이의 바다를 지나게 된다. 이곳 바닷길을 지나는 배는 으레 죽막동에 상륙하여 제를 올렸다. 이곳엔 해신 개양할미를 모시는 수성당이라는 당집이 있고, 좁다랗게 만입한 특이한 지형이 형성되어 있어 개양할미에

---

28) 비금도와 우이도에 고운 최치원 설화가 전해지는 것은 최치원의 도당 항로를 시사해 준다.
29) 사도세자와의 인연에 대한 문제는 추후에 다시 정리할 기회를 갖고자 한다.

대한 신앙과 함께 관음신앙이 행해진 곳으로 추정되고 있다.30) 수성당 앞 마당에 대한 대대적인 발굴조사를 한 결과 삼국시대에서 조선시대에 걸쳐 장기간 제를 올렸던 제사지의 흔적이 드러났다.31) 수습된 유물 중에서 철마도 포함되어 있어, 이곳에서 철마신앙이 중첩적으로 행해졌다는 것을 알 수 있다.

여기에서 다시 우이도로 돌아가 보자. 우이도에서 본격 시작되는 큰 바다를 이어주는 가장 큰 징검다리 섬이 흑산도이다. 흑산도의 북서쪽 해안에 읍동마을이라는 마을이 있는데, 이곳은 신라~고려시대에 국제 해상도시가 자리하고 있었을 가능성이 타진되는 곳이다. 이곳에 사신들이 쉬어가는 관사가 있었다고 전해지고 있고,32) 실제 지금도 읍동마을의 지표면에는 수많은 기와편과 토기 및 자기편들, 와전과 초석과 문초석들, 그리고 건물지 등이 즐비하여 盛世의 모습을 떠올리게 한다. 그곳에 최근 조사에서 기와명문의 발견으로 '무심사선원'으로 이름을 확인하게 된 절터가 있고, 뒷산 상라봉 정상에 제사터가 확인되었는데, 제사터에서 3기의 철마도 수습되었다.33) 결국 큰 바다를 지나는 무역선, 사신선들이 이곳 읍동마을에 들러 무심사선원에서, 제사터에서 무사항해와 운수대통 염원하는 아마도 관음신앙과 철마신앙의 중첩된 제의를 행했을 것임을 알 수 있다. 바로 이곳 국제 해상도시 읍동마을을 지키는 관방시설로 상라산성이 남아 있다.

월출산 천황봉, 우이도 산상봉, 흑산도 상라봉, 그리고 수도의 철마는 목장이나 馬驛과는 무관하다. 호환 방지나 대장장이 및 도공의 사업 번창과도 관련이 없어 보인다. 생명의 위험을 무릅쓰며 험한 바다와 싸우지 않으면 안되었던 바닷사람들이 바닷길의 요소요소에서 철

---

30) 송화섭, 「변산반도의 관음신앙」 『지방사와 지방문화』 5-2, 2002.
31) 주 22)와 같음.
32) 『高麗圖經』 卷35, 黑山條.
33) 목포대 도서문화연구소, 『흑산도 상라산성 연구』, 2000.

마를 통해서 자신의 무사항해와 운수대통의 염원을 하늘에 전하며 간구했던 철마신앙의 본질을 다시 한번 확인이나 하듯이 잘 보여주고 있다.

이밖에도 철마신앙의 흔적은 서남해 도서·연안지역 도처에서 찾아 볼 수 있다.[34] 그 중에서 특히 주목을 끄는 것은 신안의 고이도와 무안 운남반도 사이의 바다에서 주민에 의해 수습된 두 점의 철마이다.[35] 이 두 점의 철마는 바다에서 수습되었다는 점에서 이례적이다. 이 일대의 바다가 예부터 주요 연안항로로 활용되었고, 더욱이 도자기를 위시로 많은 해저유물이 건져지는 곳이라는 점을 감안하면, 이 철마는 배에 탑재되었다가 배가 침몰하면서 많은 물건과 함께 바다에 수장된 해저유물의 일부일 가능성이 크다. 그렇다면 철마는 뱃사람들이 안전 운항을 기원하기 위해 관음보살상처럼 소재하여 배에 탑재했던 해양신앙의 표지로 간주되었다는 것일까? 아무튼 철마신앙의 새로운 면모를 엿볼 수 있게 하는 진귀한 사례임은 분명하다.

5. 맺음말

전국적으로 馬像이나 馬圖를 안치하고 神體로 삼아 받들어 모시는 철마신앙의 연원은 유구하여 상고시대에까지 올라간다. 그 사상적 배경은 하늘을 난다는 천마사상에서 찾을 수 있다. 자고로 인간은 하늘을 절대시하여 하늘로부터 권위와 복을 얻을 수 있다고 생각해 왔다.

---

34) 필자가 견문한 바에 의하면, 완도 생일도 서낭당에 철마를 봉안하고 '馬姑할 멈'이라 부르며 모셨다 하며, 가거도에도 철마가 있었다 한다. 서남해 도서·연안지역의 철마신앙에 대한 사례는 앞으로 주의깊게 수집되어야 할 것이다.
35) 철마를 바다에서 수습하여 소장하고 있는 분은 채태병씨(65세, 무안군 운남면 성내리 원성내마을)이다. 채태병씨는 바다에서 수습한 3점의 철마와 수편의 백제 토기편을 소장하고 있다.

그리하여 고대의 왕들은 하늘로부터 내려온 천신족임을 선언하면서 자신의 절대적 권위를 과시하곤 한다. 또한 죽은 후에는 하늘로 올라가는 것으로 선전한다. 그리고 하늘에서 내려오고 하늘로 올라가는 과정에서 神乘物로서 말을 타고 왕래한다는 믿음체계를 유포한다.

이러한 믿음체계가 민중의 차원으로까지 유포되어 말에 대한 신앙, 곧 鐵馬信仰이 민속신앙으로 자리잡게 된다. 아기장수 설화나 나무꾼과 선녀 설화에서 민중들은 말이 천상과 지상을 연결해주는 영매라는 관념을 드러낸다. 이러한 天馬의 관념이야말로 곧 철마신앙를 민간에 유지시켜온 배경이다.

철마신앙은 주로 산악지역과 도서·지역에 분포한다. 이는 철마신앙이 유구한 역사 전통을 가지고 있음을 암시하는 것이다. 도서·연안지역의 철마신앙은 주로 뱃사람들의 안전항해와 운수대통의 염원과 관련이 있다. 따라서 신라~고려시대의 국제 항구였던 지점에는 여지없이 철마신앙이 남아 있다. 그것도 하늘에 가장 가까운 산봉우리에서 찾아진다.

당시 국제항구였던 영암 구림마을 상대포와 월출산 천황봉의 철마신앙, 당시 국제 해상도시였던 흑산도 읍동마을과 상라봉의 철마신앙의 조합은 가장 대표적인 사례이다. 뱃사람들이 철마를 불상처럼 배에 싣고 소지하고 다니며 하늘에 복을 빌기도 했던 사례가 발견되기도 하였다.

◇ 이 글은 「한국 서남해 도서·연안지역의 철마신앙」(『도서문화』 27, 도서문화연구원, 2006)을 보완한 것이다.

조선초기 서남해안 지방 읍성의 축조와 도시화 요소

고 석 규

1. 머리말

 읍성은 군현의 治所인 읍을 둘러싼 성을 말한다. 해미읍성이나 고창읍성, 그리고 낙안읍성 등에서 그 모습을 쉽게 연상할 수 있어 읍성 자체는 그리 낯설지 않다. 하지만 여기서 보고자 하는 것은 읍성 그 자체보다는 "도시로서의 읍성"이다. 전통사회에서 도시로 발전할 수 있는 지방 공간을 찾는다면 당연히 치소를 꼽는데, 주요 치소에는 읍성이 있었기 때문에 읍성을 도시 내지 잠재 도시로 보는데 그리 큰 문제는 없어 보인다. 따라서 읍성의 입지 선정부터 築造, 그리고 발전, 해체의 전 과정을 살피는 일은 곧 중세 지방도시의 역사를 밝히는 일이 된다.[1]

---

1) "지방공동체의 전체사 즉, 그 지방 공동체의 기원, 성장, 해체를 연구하는 역사"라고 지방사를 정의한다면 그런 역사의 대상으로 가장 걸맞는 것 중의 하나가 읍성이다. 이런 지방사의 관점에 대하여는 고석규,「지방사 연구의 새로운 모색」『지방사와 지방문화』1, 역사문화학회, 1998, 24~28쪽 참조.

읍성에 대한 연구는 지금까지 주로 읍성의 건축사적 의미를 구명하려는 건축학 분야의 연구가 많았다.[2] 역사 쪽에서는 치소 移設의 문제를 다룰 때, 아니면 군사시설로서의 측면에 주목하거나 성곽 자체에 대한 고고학적 관점에서 연구할 때 다루었다.[3] 여기서는 이들 읍성을 중세도시라는 관점에서 접근해 봄으로써 기존의 시야를 벗어나 읍성을 도시사의 영역에서 새롭게 자리매김하고자 한다.

읍성을 도시사의 측면에서 다룰 때 먼저 부딪히는 문제는 "도시란 무엇인가?"라는 질문이다. 도시에 대한 정의는 문화에 대한 정의만큼이나 내리기 어렵다고 한다. 도시는 흔히 "多人口의 밀집거주지역"으로 정의하기도 하고 도시적 형태에 따라 구별하기도 한다. 하지만 얼마나 많은 도시 시설이 있는가 또는 얼마나 많은 사람들이 모여 살고 있는가만을 가지고 도시냐 아니냐를 정할 수는 없다. 그러므로 삶의 특징을 찾아 도시의 정의를 내리는 것이 바람직해 보인다. 그러나 이 또한 그리 쉽지는 않다. 그중 하나는 "도시란 그 주민의 압도적 대부분이 공업적 또는 상업적 영리로부터의 수입에 의하여 생활하는 정주형태"라고 한다. 하지만 여전히 부분적일뿐 아니라 주로 근대도시에 해당하는 정의이다. 그밖에도 여러 정의들이 있지만, 모두를 만족시킬 그런 정의를 찾기는 어렵다. 그리하여 "도시를 정의한다는 것은 하느님을 정의하는 것만큼 어렵다"고 개탄하기도 한다.[4]

---

2) 姜賢, 「邑城의 空間構造 및 建築物 變遷에 關한 硏究: 朝鮮中期 社會變動에 따른 都市化 過程을 中心으로」, 서울대학교 건축학과 석사학위논문, 1995 ; 임동일, 「조선시대 관아의 입지와 좌향을 통해 본 도·읍 조영논리 연구」, 한양대학교 박사학위논문, 1996.
3) 김동수, 「朝鮮初期 郡縣治所의 移設」 『全南史學』 6, 전남사학회, 1992; 車勇杰, 「朝鮮前期 關防施設의 整備過程」 『韓國史論』 7(朝鮮前期 國防體制의 諸問題), 국사편찬위원회, 1981 ; 沈正輔, 『韓國 邑城의 硏究 - 忠南地方을 中心으로』, 學硏文化社, 1995.
4) 孫禎睦, 『朝鮮時代 都市社會硏究』, 일지사, 1977, 23~24쪽.

여기서는 일단 가장 중요한 도시적 현상은 집중 내지 중심이란 점에 있다는 전제 위에서 읍성을 통해 그 실체에 접근하고자 한다.[5] 따라서 집중을 일으키는 요소, 중심으로서의 역할 등에서 도시화의 요소를 찾아보고, 아울러 그 한계도 점검하면서 한국 중세 도시사의 특징을 살펴보고자 한다.

하지만 이제 겨우 첫걸음인데 중세 도시사 즉 읍성 역사의 전 과정을 다룰 수는 없었다. 그러므로 여기서는 읍성의 초기 모습, 즉 조선 초기의 읍성을 중심으로 입지 선정부터 읍성 축조의 각 단계와 공간구조 형성에 주목하고, 비록 초기이지만 확인할 수 있는 도시화의 요소 등을 살펴보고자 한다. 이 읍성이 어떻게 발전·해체되어가는가에 대해서는 추후 과제로 미룬다. 그리고 검토대상지역은 우선 서남해 연안의 읍성, 즉 해양도시적 성격을 지닌 곳들에 주목하였다. 부족한 점이 많다. 질정을 바란다.

2. 연해 읍성의 축조

1) 산성에서 읍성으로

『湖南廳事例』「刱設」조(1657년, 효종 8)에 따르면 연읍은 나주 등 27읍이고 산군은 장성 등 26읍이다. 이중 산군에는 전주, 금산, 남원, 광주, 구례 등 5곳에만 읍성이 있는데 비해, 연읍은 27곳 중 21곳에 있다. 그만큼 읍성은 연읍과 상관성이 높다. 한편 1447년(세종 29) 9월 연변 군현을 도에 따라 원래의 鎭과 上·中·下緊으로 구분한 기록이 있는데, 전라도에는 순천, 부안, 옥구, 무장, 흥양을 진으로 하고, 진도를 상긴

---

5) 이 점에 대하여는 고석규, 『근대도시 목포의 역사·공간·문화』, 서울대학교 출판부, 2004, 9쪽 참조.

으로, 영암, 강진, 해남을 중긴으로, 나주와 장흥, 보성, 영광, 낙안, 광양, 함평, 무안을 하긴으로 각각 구분하고 있다.6) 이들 군현은 모두 연읍일 뿐 아니라, 이중 함평을 제외하고는 모두 읍성이 있다. 따라서 읍성은 방어가 긴밀한 연읍을 우선하여 축조되었다고 볼 수 있다. 어떻게 그렇게 되었는가? 조선초기로 올라가 그 과정을 살펴 보자.

1407년(태종 7) 領議政府事 成石璘이 上書하여 시무 20조를 진달하였는데, 그 상서에 이르기를,

> 1. 갑병이 堅利하고 行陣이 정제하며, 分數가 밝고 호령이 엄하며, 상벌이 적당하고 양식[糧餉]이 풍족하며, 謀策을 좋아하여 反間을 쓰고, 시일을 오래 끌며 여러 길로 아울러 나가서 승리를 취하는 것은 중국 사람[華人]의 장기이고, 말[馬]이 튼튼하고 활[弓]이 강하며, 양식을 가볍게 싸 가지고 날[日]을 어울러 행하며, 天時를 타고 지리를 헤아려서 馳突하여 힘껏 싸워 승리를 취하는 것은 胡人의 장기이고, 견고한 것을 의지하고 험한 것을 믿어, 병법에 의하지 않고 깊고 험한 곳을 택하여 산성을 쌓아, 늙은이와 어린이를 安置하고 콩[菽]과 조[粟]를 거두어 들이고, 봉화를 들어 서로 응하며 사잇길로 가만히 통하여 불의에 출격하여 승리를 취하는 것은 동방 사람[東人]의 장기입니다. 평지의 성은 없을 수는 없지마는, 자고로 동방 사람이 잘 지키는 자가 적사오니, 오로지 읍성만 믿을 수는 없습니다.7)

라 하였다. 화인과 호인 그리고 동인 즉 우리의 장기를 군사적 측면에서 비교하였는데, 우리의 장기를 '山城入堡'에서 찾고 있다. 그렇기 때문에 평지의 읍성만을 믿을 수는 없다고 하였다. 이런 의견에 대하여 정부에서도 "前朝의 盛時에 여러 번 (산성의-필자) 수축을 더하여 寇亂을 피하였으니, 지금 각도 관찰사에게 移文을 보내어 매양 농사 틈을 당하면 미리 방비하여 튼튼하게 수축하는 것이 어떠합니까?"8) 라

---

6) 『세종실록』 권117, 세종 29년 9월 4일(계사).
7) 『태종실록』 권13, 태종 7년 1월 19일(갑술).

하여 산성 수축에 동의하고 있다. 그리하여 1410년(태종 10)에는 경상도와 전라도의 여러 산성을 수축하였다. 이중 전라도에 수축한 산성은 남원의 蛟龍山城, 담양의 金山城, 정읍의 笠巖山城, 고산의 伊訖音山城, 도강의 修因山城, 나주의 錦城山城 등이었다.[9)]

이처럼 산성입보론이 여전히 우세하던 논의 구조 속에서 조선에 들어와 연해 읍성을 수축하자는 제의가 처음 나오는 것은 1415년(태종 15)에 가서였다. 즉 그 해 8월에 호조와 병조에서 벽골제와 장흥·고흥·광양 등 세 읍의 성을 수축할 것을 건의하였다. 이에 대하여 전라도 都觀察使 朴習이 순시하여 계하기를, 세 읍이 모두 바닷가에 있어 왜구가 배를 대는 곳인데, 전에 설치한 성자가 모두 애착하고, 나무나 흙 등이 오래되어 무너지거나 기울어진 것이 심하며, 혹은 井泉이 없으니 먼저 수축하자고 건의하였다.[10)] 이 건의가 있었다고 당장 읍성 축조가 이루어지지는 않았다. 하지만 전통적인 산성입보론에서 벗어나 연해 읍성에 대한 건의가 병조로부터 나왔다는데 의미가 크다. 그리하여 1417년(태종 17)에는 전라도에 長沙邑城(곧 무장읍성)을 쌓기 시작하였고, 강진 병영성도 축조하였다.[11)] 이처럼 태조에서 태종대까지 산성의 유리함을 내세워 높고 험한 산성을 중심으로 한 청야입보방책이 계속되다가, 1415년(동 15)부터 연해 읍성 축조에 관심을 갖게 되었고 이때부터 하삼도에 읍성 축조가 이루어지게 되었다.

연해 지역의 경제적 가치는 고려말에도 알고 있었다. 창왕대에 趙浚은 압록강 이남은 대개가 모두 산이요 기름진 밭은 해변에 있는데,

---

8) 위와 같음.
9) 『태종실록』 권19, 태종 10년 2월 29일(병인).
10) 『태종실록』 권30, 태종 15년 8월 1일(을축).
11) 『태종실록』 권33, 태종 17년 2월 1일(무오). 여말선초 읍성 축조에 대한 일반적인 과정에 대하여는 沈正輔, 『韓國 邑城의 硏究 -忠南地方을 中心으로-』, 학연문화사, 1995 중 Ⅱ장 「文獻에 收錄된 邑城의 築造記事」, 39~98쪽 참조.

沃野 수천리가 왜노에게 함몰되어 갈대가 하늘 끝에 덮여 있다고 하여, 해변 옥야의 중요성을 부각시키면서 이 지역이 왜구로 인하여 무인지경이 된 것을 애석해 하였다. 그리고 이에 대한 대비책으로 폐허가 된 읍에서 황무지를 개간하는 자는 20년간 세금과 부역을 면제해 주고, 그 백성들은 오로지 수군만호부에 속하게 하여 성보를 축조하고 노약자들을 거주시키며, 경계를 엄히 하여 무사할 때에는 밭을 갈고, 고기를 잡고, 소금을 생산하며, 철을 주조하는 등의 생업을 일으키고, 때에 따라 배를 만들어 왜구가 이르면 청야입보하여 수군으로 치게 하는 방책을 내세우고 있다.12) 이렇게 연해지역의 경제가치와 개발의 중요성을 인식하고 있었다. 그러나 그 가치는 잠재적인 것이었다. 따라서 이때만 해도 방어의 기조는 여전히 종전대로 산성입보에 머물러 있었다.13)

하지만 조선초기에 들어오면 사정이 크게 달라진다. 연해지역은 이미 개발되어 그 경제적 가치가 현실로 바뀌었다. 따라서 연해를 버리는 청야는 취할 수 없는 전략이었다. 때문에 이를 보호하기 위하여 읍성의 축조라는 적극적인 방안을 모색하지 않을 수 없었다. 이 점이 여

---

12) 『高麗史』 권118, 열전 31, 趙浚傳.
13) 공민왕대에는 연해의 백성을 보호하기 위해 엄폐물을 구축할 필요성을 말하고 있다. 즉 偰長壽가 陣地를 구축하지 않았기 때문에 엄폐할 방도가 없으니, 연해 100리 사이에 이미 옮겨버린 백성과 현재 거주하고 있는 백성들을 추쇄하여, 사방 30리 또는 50리의 비옥하고 경작할 만한 땅들 중에서 지형이 평탄하고 땔나무와 물이 있는 곳을 택하여, 그 호수의 많고 적음을 살펴 城堡를 축조하고 대체로 200~300家를 비율로 設官하여 머물러 지키게 하며, 가옥은 서로 이어서 짓게 하여 겨우 그 주민들만 수용하도록 하고 屋舍를 제외하고 곡물을 두지 못하게 하며, 園圃를 성밖에 갖추어 공급하게 하며, 성은 높게 참호는 깊게 하고, 성 위에는 망루를 설치하고, 문에는 釣橋를 설치하며, 성과 참호 사이에는 品字형의 작은 구덩이를 많이 파고 鹿角을 세워 왕래를 엄히 할 것을 건의하였다(『高麗史』 卷112, 列傳 25 偰遜 附 偰長壽條). 연해 100리 사이를 대상으로 한 이때의 성은 선초 바닷가와 직접 연해 있는 곳에 쌓은 연변 읍성과는 다르다.

말과 선초의 차이였다. 이렇게 적극적으로 연해에 읍성을 쌓으려 한 것은 연해의 사회경제적 가치가 지켜야할 만큼 커졌다는 것을 의미한다.14)

세종대에 들어서 대마도를 원정하는 등 왜구에 적극적으로 대처하고 또 그에 따라 왜구의 침입도 줄어들게 되자, 태종대 제기된 연해 읍성 축조는 이제 논의 단계를 넘어 적극적 추진 단계로 들어섰다. 이런 추세 속에서 세워진 읍성의 사례를 우리는 무장현과 흥양현에서 찾을 수 있다. 먼저 무장현의 경우를 보자. 『新增東國輿地勝覽』을 보면 무장의 객관 북쪽 迓觀亭에 있는 鄭坤의 기문이 실려 있다. 그 기문에는

> 이 고을은 전라도의 서쪽에 있고 큰 바닷가에 있는데, 고려 말기에 왜적이 한창 설치어 백성이 생업을 잃고 흩어져서 쓸쓸히 온통 빈 지가 오래더니, 지금 우리 盛朝에서 聖神이 계승하시어 안으로 정사를 닦고 밖으로 외적을 물리치는 것이 법도가 있으니, 바닷가 고을의 민생이 번성해졌다. 이에 무송현과 강사현을 합해서 한 고을로 하고 여기에 鎭을 설치하여 어질고 재간 있는 사람을 가려 主將을 삼아 변방을 굳게 하고, 이에 두 현 중간에 땅을 선택하여 성을 쌓아 백성을 살게 하고, 창고와 청사와 군영 또한 모두 자리잡도록 하였다.15)

라고 하여 무장현 읍성 축조의 배경에 대하여 썼다. 조선에 들어 왜구를 제어하자 바닷가 고을의 민생이 번성해졌고, 이에 이들을 보호하기 위해 읍성이 들어서게 되었음을 알 수 있다. 이는 또 흥양현의 치소 이설이 논의 대상이 되었을 때 영의정부사 황희가

---

14) 이 점에 대하여는 김동수, 「조선초기 郡縣治所의 移設」 『全南史學』 6, 전남사학회, 1992 참조. 이 글에서는 여말선초 읍치 이설이 있었던 지역의 상당수가 해변이나 강안 지역이라는 점과 산록 또는 산성에서 평지로 옮기는 사례가 많다는 점에 주목하였고, 그와 같은 읍치 이설의 배경을 농업경제면의 변화와 인구의 증가에서 찾았다.
15) 『新增東國輿地勝覽』 卷36, 茂長縣.

> 신이 그윽이 생각하옵건대 당초에 조양에 진을 설치한 것은 茂長鎭과 더불어 서로 구원하게 하기 위한 要害의 계책이었는데 지금 고흥으로 兼鎭케 하여 바다 가까운 곳에 옮기고자 하는 것은 바닷가의 백성들을 보호하기 위한 것뿐입니다.

라 한 말에서 무장의 읍성이 바닷가 백성 보호를 위한 것이었음을 다시 한번 확인할 수 있다. 이처럼 흥양과 무장의 읍성은 상호 응대하는 지역으로 그 설치의 의미가 같았다.

그리고 1421년(세종 3) 10월에 전라도관찰사가 장흥성을 遂令縣으로 옮길 것을 청했을 때 왕은 朝官을 보내 다시 살피게 하였다. 이뿐만 아니라 이때 다른 여러 도에서 혹은 개축을 혹은 이축을 청하는 자가 많았는데, 모두 조관을 보내 관찰사·절제사와 함께 그 완급을 살펴 보고하게 하였다.[16] 이때를 즈음해서 전국적으로 조관을 파견하여 城基를 살펴 정하게 하였다. 이는 이제 국가가 적극적으로 개입한다는 뜻으로 읍성 축조가 새로운 전기를 맞은 셈이었다.

그리하여 1422년(세종 4) 10월에 장흥과 옥구현성을 축조하였고[17] 1423년(동 5) 2월에는 영광읍성을 축조하였다.[18] 1424년(세종 6) 9월에는 낙안군 토성이 低微하게 되자 잡석으로 성기를 넓혀 쌓도록 하고,[19] 이어서 10월에는 보성과 낙안에 축성하였다.[20]

1429년(세종 11) 2월에 병조판서 崔閏德이 각 고을의 성을 축조할 조건[各官城子築造條件]을 들어 계하였는데 여기서 하삼도의 읍성 축

---

16) 『세종실록』 권13, 세종 3년 10월 11일(기해).
17) 『세종실록』 권18, 세종 4년 10월 29일(계축).
18) 『세종실록』 권19, 세종 5년 2월 26일(정축). 한편 1421년(세종 3)에는 영광성을 쌓았다는 기록이 있는데(『세종실록』 권13, 세종 3년 8월 18일(무신)) 아마 이 때는 영광 읍성 중 산성 부분을 쌓았던 것이 아닌가 추정된다.
19) 『세종실록』 권25, 세종 6년 9월 4일(병자).
20) 『세종실록』 권25, 세종 6년 10월 1일(임인).

조가 본격적으로 논의되었다. 그는 다음과 같이 말하였다.

1. 하삼도 각 고을의 성 중에서 그 방어가 가장 긴요한 연변의 고을들은 산성을 없애고 모두 읍성을 쌓을 것이며, 그 읍성으로 소용이 없을 듯한 것은 이 전대로 산성을 수축하게 할 것이며,
1. 각 고을에서 성을 쌓을 때에는 각기 그 부근에 있는 육지의 주현으로 혹 3, 4읍 혹 5, 6읍을 적당히 아울러 정하여 점차로 축조하게 할 것이며,
1. 민호의 수효가 적고 또 성을 축조할 만하지 않은 각 고을은 인읍의 성으로 옮겨 함께 들어가게 할 것이며,
1. 각 고을에 쓸 만한 옛 성이 있으면 그대로 수축하고, 쓸 만한 옛 성이 없으면 가까운 곳에 새로운 터를 가리어 신축하게 할 것이며,
1. 각 고을에 견실하지 못한 성이 있으면 각기 호수의 다소를 참작하여 혹은 물리고 혹은 줄여서 적당하게 개축하게 할 것이며,
1. 각 고을의 성을 일시에 다 쌓을 수는 없는 것이므로 각기 성의 대소를 보아서 적당히 연한을 정하여 견실하게 축조하도록 하소서.[21]

이는 하삼도 읍성 특히 연해의 읍성을 축조하는 원칙을 제시한 것이었다. 이는 바로 이 글의 대상이 되는 읍성 축조 원칙으로 매우 중요하다. 1430년(세종 12) 12월에 하삼도에서 축성을 보게 된 곳은 모두 8개 읍성인데 그중 전라도에는 임피, 무안, 순천 등 3곳이었다.[22] 한편 삼남의 읍성 공사와 관련하여 1434년(세종 16)에 병조에서 "금년 안으로 충청·전라·경상 3도의 各年에 시작해 쌓고 있는 성 중에서 마치지 못한 것을 금년 안으로 마쳐 쌓게 하옵시며"[23]라고 청하는데서 이때를 전후하여 삼남 읍성 축조가 한참 진행 중이었음을 알 수 있다.

그리하여 세종 중반이 되면 산성보다는 읍성을 선호하는 추세가 자

---

21) 『세종실록』 권43, 세종 11년 2월 10일(병술).
22) 『세종실록』 권50, 세종 12년 12월 29일(을미).
23) 『세종실록』 권65, 세종 16년 8월 1일(을사).

리잡는다. 이는 1438년(동 20) 沔川山城과 舒川城 그리고 면천 읍성의 축조를 둘러싸고 벌어진 우선 순위 논쟁에서 확인할 수 있다. 이때 영의정 黃喜 등은 의논하기를,

> 먼저 면천을 쌓고 뒤에 서천을 쌓는다는 공의가 이미 정해졌음에도, 이제까지 아직 쌓지 않는 이유는 다만 城基가 정해져 있지 않고 또 흉년으로 말미암은 것이지, 면천이 위급하지 않다고 하여 그리하는 것이 아닙니다. 대저 산성이란 위급한 사태가 있을 때만 쓰고 평상시에는 그다지 쓰지 않는 까닭에, 오르내리면서 출입하는 것을 백성들은 모두가 싫어하고 꺼리는 법이온대, 금번 巡撫使 趙末生이 인민들의 소망에 따라 이미 읍성의 기지를 확정하고 또 병기도 갖추었으며, 뿐만 아니라 민력을 동원할 시기까지 박두하였는데, 갑자기 서천으로 옮겨 사역한다는 것은 진실로 불가한 일입니다. 대개 면천 산성에 대해서는 3, 4인의 대신들이 각기 자기의 소견을 고집함으로써 의논이 분분하여 결정을 보지 못했던 것이어서, 비록 조관을 보낸다 하더라도 반드시 정하기 어려울 것으로 추상되오며, 또 각도 주·현에 읍성이 있고도 산성이 있는 데가 자못 많사오니, 이제 면천 읍성을 다 쌓고서도 혹 감당하기 어려운 적변이 있으면 다시 산성을 쌓아 사변에 대응하는 것이 어떠하겠습니까.24)

라 하여 읍성 우선 입장을 분명히 하였다. 결국 황희의 헌의를 따라 의논이 정해졌다.

바닷가의 성 즉 海州城에 대하여 1440년(동 22) 領中樞院事 崔閏德이 연해지역의 비변책을 올리는 가운데

> 1. 경상·전라도의 여러 섬[島]과 串 안에는 평안·함길도의 예에 의하여 千戶·百戶를 임명하고, 또 바닷가의 성[海州城]을 쌓아서 방어에 대비하게 하시와, 왜인이 들어와 침략하는 害가 없게 하시고, 인민이 깊이 곶 안에 들어가 있사오나, 농사를 짓느라고 왕래할 때에 도적이 더욱 두렵사오니, 역시 小

---

24) 『세종실록』 권82, 세종 20년 9월 10일(신묘).

堡와 목책을 설치하고 천호·백호로 하여금 영솔하고 경작하게 하는 것이 또한 便益하옵니다.25)

라 하여 또 강조하였다. 연해지역의 읍성은 이런 뜻을 따라 바닷가를 중심으로 발달하게 된다.

그리하여 正統 4년(1439, 세종 21)의 受敎에 "해의 풍년과 흉년을 보아 임시에 아울러 造築"하는 일을 명하였다.26) 하삼도의 읍성은 1441년(세종 23)의 기록에 따르면, 여러 번 대신을 보냈지만 아직도 정해지지 못한 곳이 있었다.27) 읍터를 정하는 일이 만만치 않았고 따라서 그 해까지 시작조차 못한 곳도 있었다. 그러나 그 대체는 갖추어져 가고 있었다.

이렇듯 연해 읍성의 축조가 그 대체를 이루어가자 이는 연해 지역으로 사람들이 더욱 몰리게 하는 효과를 낳았다. 1442년(세종 24) 8월의 기록을 보면

　　대체로 바다 연변은 토지가 비옥하여 자주 풍부한 수확을 할 수 있기 때문에, 백성들이 이에 常住하기를 즐겨합니다.28)

라 하여 연해로 사람들이 모여드는 현상을 지적하고 있다. 따라서 읍성은 애당초 연해민 보호라는 목적도 달성하면서 동시에 연해로 더욱 많은 사람들을 끌어들이는 효과까지도 가져왔다.

1451년(문종 즉위) 9월에는 右贊成 鄭苯을 충청도·전라도·경상도의 都體察使로 삼고, 成均館 司藝 金淳과 이조정랑 辛永孫을 종사관으

---

25) 『세종실록』 권88, 세종 22년 3월 1일(계묘).
26) 『문종실록』 권10, 문종 1년 11월 28일(임술).
27) 『세종실록』 권93, 세종 9년 29일(임술).
28) 『세종실록』 권97, 세종 24년 8월 4일(신묘).

로 삼아 연변 주현의 성터를 살펴서 정하게 함으로써 대대적인 읍성 정비 사업을 추진하였다.29) 이런 대대적인 정비 사업이 필요했던 까닭은 "治亂과 安危는 서로가 倚伏하게 되는데, 지금 국가가 태평한 지가 시일이 오래되어 邊境이 근심이 없게 되니 하삼도에서는 안녕한 데에 익숙해져서 연변의 城堡가 혹은 낮고 무너지기도 하며, 혹은 축조하지 않은 곳이 있기도 하며, 또 戰艦도 수리하지 아니하여 해로의 방어가 이완해졌"기 때문이었다.30) 그리하여 "세종조의 구례에 의거하여 大體를 잘 아는 대신으로 특별히 하삼도의 변방을 방비하는 사무를 오로지 관장하게 하여 그 성과를 책임지게" 할 것을 청하였고, 그 결과 위에서처럼 정분을 책임자로 하여 사업을 추진하도록 하였다.

이듬해인 1451년(문종 1)에 정분은 특히 전라도 연변 주현의 성터를 살피고 상세한 계본을 올렸다. 그 내용을 보면,

> 전라도 각 고을의 城子를 순행하며 심찰하니 애당초 법에 의해 쌓지 않아서 모두가 규식에 맞지 않았습니다. 그 가운데서 그대로 둘 각 고을과, 물려서 쌓아야 할 각 고을과, 또 모름지기 개축을 요하는 각 고을을 마감하여 삼가 갖추어 보고합니다.

라 하였다. 이때 그대로 둘 곳은 순천부, 낙안군, 보성군, 영암군, 광양현, 흥양현, 무안현, 만경현, 임피현, 함열현 등의 읍성과 강진현의 內廂城이었다. 다음, 물려서 쌓아야 할 곳은 고부군, 무장현, 부안현, 옥구현 등의 읍성이었다. 그리고 개축하여야 할 곳은 장흥부, 영광군, 나주목, 흥덕현 등의 읍성과 용안현의 성터였다.31)

---

29) 『문종실록』 권3, 문종 즉위년 9월 19일(경신).
30) 『문종실록』 권3, 문종 즉위년 9월 19일(경신).
31) 『문종실록』 권9, 문종 1년 8월 21일(병술). 경상도와 충청도의 읍성에 대한 같은 유형의 보고서는 『문종실록』 권9, 문종 1년 9월 5일(경자)에 실려 있다.

여기서 거론된 주현은 모두 20곳인데 그 중 강진은 병영성이기 때문에 일단 제외하면 모두 19곳이 된다. 『증보문헌비고』에 따르면 전라도 연읍 27곳 중 21곳에 읍성이 있는데, 이때 21곳 중 19곳의 읍성 사정이 보고되었다.32) 이로 볼 때 이미 세종대에 전라도 연변 읍성은 그 대체가 갖추어졌다고 볼 수 있다. 남은 일은 다만 유지, 보완하는 정도였다. 1452년(단종 즉위) 9월에는 사헌부에서 아뢰기를, "이제 들건대 여러 고을의 축성의 役事를 파하였다고 하지만, 아직 파하지 않은 것이 있습니다."33)라고 하였는데, 여기서 문종대까지 극히 일부를 제외하고는 연변 읍성의 축조는 거의 마무리되었음을 알 수 있다.

2) 연해 고을 우선의 축성

성은 연해 각 고을의 축성이 먼저이고 그 후 내지의 읍성을 쌓는 순으로 정했다. 1442년(세종 24) 영의정 黃喜·우의정 申槩·좌찬성 河演·우찬성 崔士康·좌참찬 皇甫仁·우참찬 李叔치·병조판서 鄭淵·참판 辛引孫 등이 국경 경비 대책을 의논하였는데, "하삼도 연변 각 고을의 축성이 끝난 후에 내지 각 고을의 읍성을 차례로 쌓는 것이 좋겠습니다."34)라고 하여 연변 우선의 방침을 정했다.

1444년(세종 26) 7월에 세종은 병조에 傳旨하여

> 하삼도는 동서 양계만큼 防守가 긴요하지 않은데, 연변의 성자들은 이미 축조를 마쳤고 다만 내지의 각 고을 성자만을 다 마치지 못하였을 뿐이

---

32) 여기 보고된 함열은 『증보문헌비고』에는 읍성이 없는 곳으로 나오기 때문에 실제로는 21곳 중 18곳이 보고된 셈이었다. 여기서 빠진 곳은 강진, 해남, 진도, 용안 등 4곳이었다.
33) 『단종실록』 권3, 단종 즉위년 9월 6일(을미).
34) 『세종실록』 권97, 세종 24년 7월 20일(무인).

다. 그런데 하삼도에 해마다 흉년이 들어 백성들의 양식이 넉넉지 못하니 잠시 축성의 공역을 정지하여 민력을 쉬게 하라.35)

고 하였다. 축성을 잠시 중지하라는 명이었지만, "연변의 성자들은 이미 축조를 마쳤고 다만 내지의 각 고을 성자만을 다 마치지 못하였을 뿐이다."라는 말을 그대로 받아들인다면 연변의 읍성 쌓는 일은 이미 이때쯤은 완료되었다고 볼 수 있다. 따라서 앞으로 계속 성을 쌓는다면 그건 물론 내지의 성이 된다. 그리고 그 일은 성종대의 과업이 된다.

한편 성종대가 되면 수축이 이어지고 나아가 연읍뿐만 아니라 내지에까지 읍성 짓는 일이 확산되어 갔다. 1477년(성종 8) 윤 2월, 경연에서 曹錫文은

> 비록 연해의 군에는 모두 성이 있지만, 내지에는 성이 없어서, 왜적이 만약 성이 없는 길을 경유하여 틈을 타서 內郡으로 들어오게 되면, 화의 발생이 측량할 수 없을 것이니, 신의 생각에는 하삼도의 주군에 모두 성을 쌓아야만 마땅합니다.36)

라고 주장하였다. "연해에서 내지로의 확산", 이것이 성종대 이후 읍성 축조의 기조였다. 물론 내지의 읍성이라고는 하지만 여전히 읍성이 상대해야할 적은 왜구였기 때문에 "內地라 하더라도 혹은 변방에 가깝고, 혹은 倭客이 경유하는 길"37)에 있는 고을들이 우선이었다. 그리하여 경상도와 특히 낙동강 양변의 고을이 우선 대상이 되었다. 그렇다 하더라고 물론 큰 틀에서 볼 때 내지보다는 연변이 우선이었다. 따라서

---

35) 『세종실록』 권105, 세종 26년 7월 9일(병진).
36) 『성종실록』 권77, 성종 8년 윤2월 10일(무신).
37) 『성종실록』 권77, 성종 8년 윤2월 11일(기유).

조선초기 서남해안 지방 읍성의 축조와 도시화 요소 53

> 연변 근처의 성보가 없는 여러 고을에 성을 쌓을 만한 곳을 함께 살펴서 마련하여 아뢰게 한 뒤에, … 먼저 연변의 여러 고을에 쌓고, 다음에 內地의 여러 고을에 쌓는 것이 편하겠습니다.[38]

라거나

> 왜인이 경유하는 길이 무릇 3도에서 낙동강뿐만이 아닌데, 3도의 여러 읍성을 어찌 일일이 쌓을 수 있겠습니까? 다만 연해 군현의 성보만 긴급하고 늦은 것을 헤아려서 점차 쌓는 것이 편하겠습니다.[39]

라는 의논이 역시 여전히 대세를 이루고 있었다. 그리고 그 다음으로 "해변이 아니더라도 그 다음의 요해지와 왜인이 왕래하는 연로의 여러 고을도 또한 성을 쌓지 않을 수 없다"[40]는 주장이 이어졌다.

이로 볼 때 즉 읍성을 쌓는 원칙은 연변이 최우선이었고, 그 다음이 내지 중 왜로의 요해처였다. 이는 물론 읍성 그 자체가 왜구에 대한 대비책이었기 때문에 왜구에게 쉽게 노출될 수 있는 곳이 읍성 축조의 우선 지역이었다.

이는 남원 읍성의 논의에서 다시 확인된다. 즉 知事 鄭孝常이

> 남원은 전라도의 가장 내지가 되는 데에 있으니, 축성이 급한 문제는 아닙니다. 더구나 險阻한 산성이 있으므로, 고려[前朝]에서도 이에 의뢰하여서 왜구를 피하였습니다. 이제 장차 읍성을 쌓으려면 성터가 협착한데, 또 이것을 믿고 산성을 수축하지 않으면 둘 다 잃을 것이니, 신의 뜻으로는 마땅히 완급을 살펴서 먼저 연해의 성자를 쌓고, 남원 같은 것은 단지 산성만을 수축함이 좋을 것으로 여겨집니다.[41]

---

38) 『성종실록』 권77, 성종 8년 윤2월 11일(기유).
39) 『성종실록』 권77, 성종 8년 윤2월 11일(기유).
40) 『성종실록』 권77, 성종 8년 윤2월 11일(기유).
41) 『성종실록』 권106, 성종 10년 7월 11일(을축).

라 하였다. 여전히 연해의 읍성이 내지보다 우선됨을 확인할 수 있다. 하지만 '연해'와 '내지', 그것은 다만 우선 순위일 뿐이지 내지 읍성이 필요 없다는 뜻은 아니었다. 앞서 보았듯이 전라도 연해읍 대부분에 읍성이 축조된 이후는 당연히 내지의 읍성 축조로 넘어가게 된다. 따라서 성종대 읍성 축조에 대한 논의의 중심은 내지 읍성, 그중에서도 왜로의 요충에 있는 고을의 읍성이었다.

3. 읍성 축조의 실태

1) 입지 선정의 단계

1415년(태종 15)에 처음으로 咸州牧判官과 永興道敬差官을 둘 때, 判軍資監事 李迹이 便宜 4조를 진달하였다. 그 중 이런 말이 있다.

> 靑州는 토전이 1만여 결이고, 거민이 1천여 호인데, 저들 적이 내왕하는 요충의 땅입니다. 처음에 府官을 세울 때에 地相을 보지 않고 설치하였는데, 인민이 모여 사는 땅도 아니고, 또 수재의 위험이 있습니다. 빌건대, 지상을 보는 사람을 보내어 땅을 택하여 옮겨 배치하고, 성곽을 축조하여서 변경을 방비하고 민생을 후하게 하소서.

라고 하였다. 이에 대해 조신들의 의논은

> 지상을 보아 옮겨 배치하고 읍성을 축조하는 편부를 도순문사·도절제사로 하여금 일동이 친히 가서 체험하고, 또한 그 읍 인민에게 물어서 계문하게 하는 것이 어떻겠습니까?[42]

---

42) 『태종실록』 권30, 태종 15년 11월 11일(갑진).

라는 의견을 냈다. 여기서 초기 읍성의 위치 선정 원리에 대한 단서를 엿볼 수 있다. 첫째는 지상을 본다는 점, 둘째는 친히 중앙관료가 체험한다는 점, 그리고 셋째는 읍 인민의 의견을 취합한다는 점 등이었다.

강진의 예를 들어 보자. 1427년(세종 9)의 기록을 보면

> 강진현 사람들이 성터가 작고 물이 없다 하여, 邑을 옮길 것을 다같이 청하므로, 임금이 경차관 이진과 지리 아는 사람 李蕆에게 명하여 감사·절제사와 함께 편리한 땅을 찾아보게 하였다.[43]

고 되어 있다. 여기서도 마찬가지로 읍을 정하기 위해서는 중앙의 관료와 지리를 아는 사람이 함께 현지를 직접 찾아보게 하였다는 점을 알 수 있다. 같은 시기 永康鎭의 성터를 정할 때도 마찬가지로 황해도 경차관이 地官 李揚達과 함께 살펴보고 있다.[44]

주지하다시피 조선 초기에 풍수학은 도성이나 읍의 위치 선정에 매우 큰 영향을 미쳤다. 이를 다음과 같이 말한다. 즉

> 상고 때 국도를 건설하는 데는 방향과 위치를 卜正하는 것에 불과했는데 궁궐터를 보고 읍을 정하는 것까지 더욱 길흉과 관계되면서 후세에 전문화하여 드디어 풍수라 일컫게 되었습니다. 땅을 살피는데 이 방술이 없을 수 없는 것이 마치 하늘에 있어서의 星曆家나 사람에 있어서의 오행가의 관계와 같다 하겠습니다.[45]

이런 사정 때문에 읍성 터의 선정에서 지상을 보는 일은 빼놓을 수 없이 중요한 단계였다. 그러나 그렇다고 지관의 의견이 곧 결론은 아니었다. 예를 들면, 1444년(세종 26),

---

43) 『세종실록』 권36, 세종 9년 4월 4일(임술).
44) 『세종실록』 권36, 세종 9년 4월 28일(병술).
45) 『선조실록』 권41, 선조 26년 8월 8일(기축).

좌참찬 권제가 상서하여 이르기를, '풍수의 설은 의논하는 자가 한둘이 아니나, 이치에 거슬리고 어긋나는 것이 없지 아니하므로, 한 서적에 말한 것으로 결정하기는 어려울 것 같으며, 더구나, 그 글에는 묘와 雩壇을 논한 것도 있고, 도성이나 읍의 건설을 논한 것도 있으며, 또 한 가지 일로써 혹은 길하다 하고 혹은 흉하다 하여 말을 결정하지 못한 것도 있으니, 어찌 洞林 한 가지 책으로써 실행하기 어려운 금령을 얼른 청할 수가 있겠나이까. 신은 백성들이 그 폐해를 받고 나라에서는 실제 효과가 없을 것을 두려워하옵니다.' 하니, 풍수학에 내려 의논하게 하였다.46)

라는 기록에서 보듯이 풍수학이란 그렇게 간단하지만은 않았다. 따라서 합리성을 결한 相地라면 결코 받아들여질 수 없었다.

한편 조관의 파견은 중요했다. 왜냐하면 읍성 축조는 특히 세종대 국가사업으로 추진된 備邊의 방책이었기 때문이다. 여러 도에 읍성을 쌓는 일과 양계에 長城 쌓는 일은 세종의 태평한 30년 동안에 대부분 이루어졌다.47) 이와 같은 세종대 축성에 대한 대체적인 경과는 1451년 (문종 즉위) 左承旨 鄭而漢의 다음과 같은 말 속에 잘 정리되어 있다.

우리나라는 북쪽으로 야인과 연해 있어 방어가 가장 긴요하고, 삼면이 해변이어서 왜적이 두렵습니다. … 우리 세종께서도 沈道源에 명하여 함길도 순찰사로 삼고, 朴坤을 평안도 순문사로 삼았었는데, 그 후에는 皇甫仁을 평안도·함길도의 도체찰사로 삼아 동서 양계의 사무를 오로지 관장시켰더니 변방의 사무가 適宜하게 되었으며, 충청도·전라도·경상도에는 崔潤德에 명하여 순찰사로 삼았었는데, 후에는 鄭欽之로써 이를 대체시켰으며, 또 趙末生으로써 대체시켰는데, 지금은 주관하는 사람이 없습니다.48)

---

46) 『세종실록』 권106, 세종 26년 11월 19일(갑오).
47) 『성종실록』 권84, 성종 8년 9월 21일(을유).
48) 『문종실록』 권3, 문종 즉위년 9월 19일(경신).

즉 서북지방은 심도원, 박곤을 거쳐 황보인으로, 삼남지방은 최윤덕에서 정흠지를 거쳐 조말생으로 이어졌다. 한편 정이한이 말 끝에 "지금은 주관하는 사람이 없습니다."라는 지적 때문에 바로 그날 우찬성 정분을 충청도·전라도·경상도의 도체찰사로 삼고, 성균관 司藝 金淳과 이조정랑 辛永孫을 종사관으로 삼아 연변 주현의 성터를 살펴서 정하게 하였다.

아예 八道修城使라는 직임을 신설하여 관리를 전담케 하려는 시도도 있었다. 1479년(성종 10)의 일이었다. 왕이 경연에 나아갔을 때 도승지 洪貴達이 아뢰기를, "별도로 수성사를 보내는 것은 신 등이 아뢴 것입니다. 감사는 軍民을 모두 다스리고, 절도사는 방어에 오로지 힘써야 하는 각기의 중임이 있어 겸하여 다스릴 수가 없으니, 한 대신에게 위임하는 것만 같지 못합니다."라 하여 팔도수성사의 신설을 요청하였다. 그러나 이에 대하여 대사간 成俔은 "팔도수성사라고 이르면, 그 巡審하는 즈음에 어찌 폐해를 끼치지 않겠습니까? 또 그 도의 감사는 직임이 한 지역을 전담하여 무릇 축성할 만한 곳을 두루 알지 못하는 것이 없으니, 감사에게 위임함이 좋을 듯하다고 여겨집니다."라 하여 팔도수성사의 신설에 반대하였다. 이 논의는 결국 임금이 말하기를, "수성사가 친히 갈 필요가 없으니, 종사관을 보내어 가서 형세를 살피는 대로 그 편의함을 짐작하여 시행하면, 어찌 번거로움이 있겠는가?"라 하여 유보되었다.49) 수성의 일 자체는 여전히 중요했지만 별도의 직임까지 신설할 정도는 아니었다.

하지만 이런 논의 가운데서도 여전히 전담 대신에 의한 읍성 관리의 중요성을 강조하는 의견이 있었다. 1486년(성종 17) 강릉 대도호부사 曹淑沂가 그런 건의를 하였다.50) 즉

---

49) 『성종실록』 권106, 성종 10년 7월 11일(을축).
50) 『성종실록』 권187, 성종 17년 1월 16일(계해).

예전에 백성을 역사시키는 큰 일에는 반드시 대신으로 하여금 임하게 하였으니, 세종조에 있어서도 만일 새 성을 쌓으면 반드시 대신을 보내어 감독하게 하였습니다. 근년 이래로 대신의 행차가 폐단이 있다 하여 무릇 城池의 역사를 오로지 관찰사에게 위임합니다. 그러면 관찰사는 다시 수령에게 위임하고, 수령은 예사 일로 보아 태만하게 마음을 가다듬지 않아서 쌓으면 곧 무너지고 하여 한갓 고을 사람의 노고가 될 뿐입니다. 신의 어리석은 생각으로는, 하지 않으면 그만이지만, 똑같이 백성을 수고스럽게 하는 일이라면 마땅히 조그만 폐단을 계산하지 말고 대신을 보내어 역사를 감독하게 하는 것이 좋을 것입니다.

라고 하였다. 대체로 그 의견은 받아들여졌다.

한편 입지의 조건으로는 여러 가지가 있었다. 무엇보다 먼저 "地勢도 평평하고 넓으며, 한 고을의 중앙이 되어서 도로가 적당하게 均平"[51]하여야 했다. 그리고 다음으로 ①물을 얻을 수 있는가? ②수재를 피할 수 있는가? ③백성이 살기에 편리한가? 라는 세 가지 조건이 주요했다. 이는 1431년(세종 13) 길주읍성과 오보읍성의 이건을 둘러싸고 의논이 나뉠 때 세종의 다음과 같은 유시에 나온다. 즉

이제 옮겨 배설하는 白塔城中에 샘물의 유무와 백성이 사는데 있어서의 이해점, 그리고 吾甫邑城의 수재의 유무와 백성이 살기에 편리 여부를 자세히 물어 계달하라.[52]

라 하였다. 수원은 풍부하되 대신 수재가 없는 곳이 선호되었음을 알 수 있다. 이는 1430년(세종 12) 함길도 城基看審使인 上護軍 趙貫이 감사·도절제와 더불어 龍城과 길주 읍성을 옮길 곳을 함께 살펴보고 올린 보고에서도 "성터 안에는 샘물도 많으며 밖으로는 水患이 없고"[53]

---

51) 『성종실록』 권122, 성종 11년 10월 17일(계해).
52) 『세종실록』 권51, 세종 13년 3월 10일(갑술).

라 한 데에서도 마찬가지로 확인된다.

　화재 등의 위험도 피할 수 있는 게 좋았다. 1442년(동 24) 경흥군은 지형이 경사지고 협착한데다 人家는 빽빽히 있어 화재가 두렵다는 이유로 다시 땅을 살펴서 읍성을 옮겨 설치하도록 조치하였다.[54]

　좀 뒤늦은 1787년(정조 11)의 기록이지만, 함경도 관찰사 鄭民始가 장계에서 한 말이 입지 선정의 요체를 잘 지적하고 있다. 즉 그는 "長津 땅 1백여 리는 모두 경작할 만하고 살 만한 땅이지만 지금의 事勢를 생각하면, 고을을 설치하지 않을 수 없는 까닭이 네 가지가 있습니다."라 하면서 "옛사람이 設施한 것을 생각하면 또한 한 가지가 아니어서, 혹 지세가 요충이라 하여 예전에 폐기하였던 것을 이제 修治하기도 하고, 商販하는 도회라 하여 모여 사는 데에 따라 읍을 만들기도 하고, 백성을 옮겨서 城池를 충실하게 하기도 하고, 백성을 따라서 府治를 옮기기도 하였으니, 그 귀추를 요약하면 마땅한 것을 관찰하고 사정을 따랐을 뿐입니다."[55]라 하였다. 결국 읍을 만들거나 옮긴 이유들을 집약해 보면, "마땅한 것을 관찰하고 사정을 따랐을 뿐입니다."라는 것이다. 아마도 이게 가장 정확한 답이며 현명한 답일 것이다.

2) 성벽 공사의 실태

(1) 역부의 동원

1410년(태종 10) 임피현에서 쓴 鄭坤의 기에,

　　경인년 가을에 최윤덕이 이 도의 순문사가 되어, 감사 신개, 절도사 李

---

53) 『세종실록』 권48, 세종 12년 4월 9일(무인).
54) 『세종실록』 권95, 세종 24년 5월 28일(정해).
55) 『정조실록』 권24, 정조 11년 7월 4일(기사).

> 漸과 더불어 주와 군을 순시하다가, 현에서 지형을 살피어 기지를 정하고 척수[尺數]를 계산하여 멀고 가까움을 논하며, 일할 기일을 헤아려 인부를 계산해서 곁에 가까이 있는 주현의 장정 1만 6천 9백여 명을 동원하고, 옥구현 判事 宋希貴, 만경 현령 禹衡, 임피 현령 張玉相을 시켜 역사를 감독케 하였는데, 10월 보름에 시작하여 4旬 만에 성이 이룩되니,56)

라 하였다. 여기서 우리는 읍성을 쌓는데 주변 주현의 인부를 어떻게 얼마나 동원하였는지 상세하게 알 수 있다. 한편, 1430년(세종 12)에 도순찰사 최윤덕은 海寇들이 가장 먼저 발길을 들여놓는 지대라는 점을 들어 충청도 비인·보령의 두 현을 옮길 것을 청하면서, 본도 중에서 벼 농사가 잘된 각 고을에 적당히 尺數를 안배해 주어 역사를 시작하게 하였다.57) 여기서 우리는 신축하는 고을의 주변 고을들에게 성벽의 일부를 안배하여 짓게 하였음을 알 수 있다.

이는 하삼도 축성의 예가 되었다. 즉 1432년(동 14) 최윤덕과 신상이 강화읍성을 옛 궁궐 터로 잡을 것을 청하면서 "하삼도 축성의 예에 의하여 도내의 각 고을로 하여금 나누어 맡아서 축조하게 하소서."라고 하였다. 여기서 도내의 각 고을로 하여금 나누어 맡아서 축조하는 것이 하삼도 축성으로부터 하나의 전례가 되었음을 알 수 있다.58)

그러나 이 원칙은 문종대에 가면 다른 고을 사람들을 사역시키지 못하도록 바뀐다. 즉 문종이 도체찰사 정분을 인견하고 말하기를,

> 성을 쌓고 읍을 옮기고 하천을 막는 따위의 일에 다른 고을의 사람들을

---

56) 『신증동국여지승람』 권34, 臨陂縣.
57) 『세종실록』 권49, 세종 12년 9월 24일(임술).
58) 일부 성은 船軍을 부려 쌓게 하기도 하였다. 이는 "남해에 쌓는 성은 일찍이 선군을 부리어 쌓게 하였사오니, 극심한 추위와 장마비와 더위와 방어하기에 가장 긴요할 때를 제외하고는 계속하여 쌓게 하고"라는 병조의 요청에서 알 수 있다(『세종실록』 권65, 세종 16년 8월 1일[을사]).

사역시킨다면, 민력을 피로하게 할까 두려우니, 다른 고을의 백성들을 사역시키지 말고, 후년을 기다리게 하라.59)

라고 하여 그 역사의 강도를 늦추었다. 이는 그만큼 읍성의 대체가 완성되어 시급성이 떨어졌기 때문이었다. 이는 세조대에도 이어갔다. 즉, 諸道 節制使에게 諭示하기를,

> 1. 성곽을 견고하게 한다는 것은, 백성을 가혹하게 하는 것이 아니고, 우리 백성을 보호하는 것이다. 먼 고을의 백성을 모아서 기일을 정하고 몹시 꺼려하는 노고를 강요하면서, 그것이 남을 보호하는 역사가 된다면, 즐거이 마음을 다하여 견고하게 쌓겠는가? 이는 즉 백성을 가혹하게 할 따름이다. 이제는 그렇지 않다. 각각 그 읍성을 수축하게 하되, 시일을 정하지 않으면 역사도 그다지 수고롭지 않을 것이고, 그 이해로 효유한다면 반드시 유익함이 있을 것이다.60)

라고 하였다. 여기서 주목할 것은 성곽은 백성을 보호하기 위한 것으로 읍성을 계속 수축하되, 시일을 정하지 않게 하였다. 급함보다는 안정을 취한 셈이었다. 이 역시 세종대에 읍성 축조의 대역사가 큰 마무리를 지었기 때문에 가능한 조치였다.

성종대에도 문종대의 원칙은 지켜졌다. 1477년(성종 8)에 예조참판 李克墩이

> 근래에 성을 쌓는 것을 다만 그 고을의 軍丁만 사용하기 때문에 1년에 쌓는 것이 50여 尺에 불과하니, 이것으로 계산하면 거의 50년에 이른 뒤에야 쌓기를 마칠 것입니다.61)

---

59) 『문종실록』 권5, 문종 즉위년 12월 22일(임진).
60) 『세조실록』 권9, 세조 3년 10월 24일(갑인).
61) 『성종실록』 권77, 성종 8년 윤2월 11일(기유).

라 하여 성 쌓기가 지지부진한 것을 지적하였지만, 해당 고을의 군정만을 사용한다는 원칙은 지켜지고 있었음을 알 수 있다.

(2) 자연 그대로의 축성

성은 자연의 형태에 따라 편리하게 변형시켰다. 산성의 경우이기는 하지만, 예를 들면, 물을 얻기 위해 물쪽으로 성을 삐죽 나오게 하기도 한다. 1439년(세종 21) 황해도 도순찰사 成達生이 평산부의 산성을 살피고 아뢴 내용을 보면,

> 성안에 계곡이 많아서 비록 가무는 해라도 물이 마르지 아니하지만, 얼음이 얼 때에는 혹시 샘물이 부족할까 염려되오니, 동문 밖의 큰 냇가의 상거하기 3, 4보 되는 곳에 삐죽 나오게 성[紬城]을 쌓게 하시고[62]

라 하였다. 즉 물 부족을 염려하여 물을 향해 삐죽 나오게 하는 紬城을 짓게 할 것을 건의하고 있다. 성의 정형을 지키기보다는 필요에 따라 변형시키는 것을 당연하게 여겼다. 자연지형의 생김새에 따라 성의 모습이 바뀌는 것은 우리의 경우 너무 자연스러운 현상이었다.

옹성도 물 때문에 쌓기도 하였다. 1482년(성종 13)의 일이었다. 崔景禮가

> 제주와 大靜邑城 안에는 모두 우물과 샘이 없는데, 제주는 동문 밖 40여 보에, 대정은 남문 밖 70여 보의 땅에 작은 시내가 있어서 아무리 가물더라도 마르지 아니하니, 청컨대 甕城을 쌓고 물을 성안으로 끌어들여서, 급할 때 대비하도록 하소서.[63]

---

62) 『세종실록』 권87, 세종 21년 10월 18일(계사).
63) 『성종실록』 권149, 성종 13년 12월 4일(무진).

라고 요청하였다. 형세가 그렇다면 물을 얻기 위해 옹성을 쌓는 일은 전혀 이상한 축성법이 아니었다. 자연조건을 최대한 활용한 축성은 그 야말로 기본 원칙이었다.

(3) 速成 축조

읍성의 성벽을 쌓을 때 기본 요소는 무엇인가? 1442년(세종 24)에 "각 고을의 성과 옹성·敵臺·池濠를 일시에 모두 만들기는 어려우나 마땅히 점차로 축조해야 하겠습니다."[64]라는 기록에서 보듯이 그 요소는 기본 성벽 외에 옹성·적대·지호 등이었다. 이처럼 성에는 원래 옹성이나 적대 등을 쌓아야 했다. 이는 1439년(동 21) 병조가 의정부에 올린 보고에서

> 연해변의 성을 다 쌓은 뒤에 연사의 풍흉을 보아 가며 기유년 도순무사의 조치에 따라 옛터에다 적대와 옹성을 일시에 쌓게 하옵소서.[65]

라 하는데서도 알 수 있다.

그런데 서남해 연해의 읍성에는 상대적으로 그런 시설이 적었다. 거기에는 이유가 있었다. 1440년(동 22) 領中樞院事 최윤덕의 상언 중 한 조목을 보자.

> 1. 야인과 왜노가 모두 보복할 마음을 품고 있사오니, 각도 각처의 성을 불가불 쌓아야 할 것이오나, 이 무리들이 이미 화포를 쓰지 못하오니 비록 옹성과 敵臺를 없애도 가할 것입니다. 옹성의 길이는 5, 60에 지나지 않는 것이온데, 다만 성문에 설치할 뿐이오나, 적대 같은 것인즉 매 3백 척마다에 세 개의 적대를 설치하오니, 그 수가 매우 많습니다. 하물며 쌓는 데에 소

---

64) 『세종실록』 권97, 세종 24년 7월 20일(무인).
65) 『세종실록』 권87, 세종 21년 10월 15일(경인).

용 되는 것이 오로지 鍊石이니, 공역이 더욱 어렵습니다. 마땅히 모두 없애 버리고 빨리 다 쌓게 하소서. 이같이 하오면 민력을 덜게 되어서 事功이 쉬 이루어질 것입니다. 연해의 군현마다 당당한 金城이 우뚝 서 있사오면, 저들이 비록 보복할 마음이 있더라도 어찌 능히 해롭게 하겠습니까.66)

여기서 우리는 왜노가 화포를 쓰지 못한다는 전제 하에 노력이 많이 드는 옹성과 적대를 줄이고 속성으로 성을 쌓게 하였음을 알 수 있다. 그런 까닭에 문마다 옹성이 설치되지는 않았고, 또 적대도 드물었다. 이런 방어시설의 부족은 그 후에도 지적된다. 1474년(성종 5) 執義 李亨元이 아뢰기를, "신이 喪을 입고 전라도에 있으면서 듣건대 ... 바닷가의 여러 고을에 모두 城子와 煙臺가 없으니 매우 미편합니다."67)라 하여 성벽은 있지만 성자, 연대 등 방어시설이 약했음을 지적하였다.

성을 적절한 위치에 적절한 구성을 갖게 계획하는 일도 중요하지만 그 계획대로 빨리 또 견고하게 쌓는 일도 중요했다. 이때 빨리를 추구하면 견고성, 충실도 등에 문제가 생기고 그 반대의 경우도 물론 문제가 예상된다. 견고함에 대하여는 감축 관리에게 상벌을 주어 권고하기도 하였다. 1445년(세종 27)에 의정부에서 병조의 첩정에 의거하여 아뢰기를,

> 주현의 읍성을 쌓는 것을 감독하는 관리에게 논상하는 법이 있으니, 양계 행성의 監築官吏도 역시 이 예에 의하여, 5년 안에 무너지지 않는 자는 資級을 승진시키고, 1천 척 이상이 連하여 무너지는 자는 논죄하며, 1천 척 이하가 무너진 자는 비록 죄는 가하지 않더라도 상은 주지 마소서.68)

라 하였고 그대로 따랐다. 주현의 읍성 쌓는 것을 감독하는 관리의 논

---

66) 『세종실록』 권88, 세종 22년 3월 1일(계묘).
67) 『성종실록』 권47, 성종 5년 9월 11일(계해).
68) 『세종실록』 권110, 세종 27년 12월 23일(임술).

상법에 준하여 양계지방의 원칙을 정하고 있다. 그러나 실제로는 견고함보다 빨리를 우선으로 했다. 1451년 9월 정분이 하삼도의 도체찰사가 되어 연변 주현의 성터를 정비했는데, 이에 대하여 史臣은

> 정분이 고친 부분이 많았지마는 役事를 감독하기를 만 1개월 동안에 마치도록 하여 독려하기를 매우 급하게 하니, 원망하는 백성이 많았다.[69]

고 하였다. 정분은 역시 속성을 좇았다. 결국 화포를 쏘지 못하는 왜구의 군사능력과 빨리를 선호한 속성 방책 때문에 세종대 30여 년 동안 대부분의 연해 읍성을 쌓을 수 있었지만, 그 결과 방어시설은 허술할 수밖에 없었다.

방어시설로서의 취약점은 옹성, 적대, 해자뿐만 아니었다. 單城 뿐이라는 점, 그래서 외성이나 구지가 없고 성 안에 樓櫓·器械 등의 방어시설도 갖추지 못하였다는 점 등이 또 지적되었다. 즉 평안도 도절제사였던 右贊成 金宗瑞의 상언을 보면, 다음과 같은 조목이 있다.

> 1. 옛날 성의 수비는 子城·羅城과 溝池의 險固함이 있고, 또 樓櫓·器械의 엄중함과 군량 저축의 여유가 있어도 오히려 능히 보완할 수 없음을 근심하고 있는데, 지금 여러 읍성들은 모두가 단성뿐이고 외성과 구지도 없고 오랫동안 편안한 데 익숙해져서 큰 적군을 보지 못했으므로, 성위의 방비하는 기구도 또한 허술하고, 더구나 군량 저축이 적은 이유로써 오랫동안 견딜 수가 없으니, 생각이 이에 이르면 실로 한심할 지경입니다.[70]

이런 점에서 볼 때도 읍성의 축조에서 방어의 완비라는 측면보다는 신속한 거점 확보라는 측면이 더 시급했었음을 알 수 있다.

---

69) 『문종실록』 권3, 문종 즉위년 9월 19일(경신).
70) 『문종실록』 권3, 문종 즉위년 8월 7일(무인).

4. 읍성의 공간구조

거제현 인민의 장계에 의거하여 호조가 올린 계를 보면, 거제현에서는 1426년(세종 8) 봄에 相沙等里를 선정하여 읍을 옮겨 성곽을 쌓았다고 하였다. 그러나 "客舍·公衙·國庫·官廳을 새로 옮겨온 많지 못한 백성들의 힘으로써는 수년 안에 짓기 어렵다."고 하여 "가까운 곳의 각 포 선군과 각 고을 군인들을 동원"할 수 있도록 청하고 있다.71) 여기서 읍성을 쌓는데는 성벽은 물론이지만 "객사·공아·국고·관청" 등을 짓는 일이 기본 요소임을 알 수 있다. 따라서 초기 읍성의 공간은 이처럼 객사, 공아, 국고, 그리고 관청의 네 부분으로 구분되었다.

읍성에서 하는 일은 기본적으로 ① 사신을 접대하고 ② 敎令을 시행하며 ③ 아전과 백성들이 모이는 것 등이었다.72) ①을 위해 객사가 있고, ②를 위해 공아가 있고 ③을 위해 국고와 관청이 있었다고 볼 수 있다. 이런 건물들의 형편은 곧 南秀文의 記에, "집을 짓는 것이 비록 왕정과는 관계가 없는 것 같으나, 그래도 세상의 흥하고 쇠하는 것은 볼 수가 있다."고 한 것처럼 치소의 성쇠를 보여주는 것이었기 때문에 각별한 의미가 있었다.73)

서거정도 "관사란 것은 관청을 존엄하게 하고 손님을 접대하는 곳으로 나의 사유물이 아니요, 그것의 흥폐는 수령에게 달려 있다."고 하였다. 그리하여 수령을 세 부류로 나누는데 첫째, "나약하여 무능하고 우활한 자"는 공문서를 처리하느라고 땀을 뻘뻘 흘리며 어찌할 줄 모르고, 둘째, 간혹 "현명하고 유능하다고 하는 자"는 "나는 나라의 금령

---

71) 『세종실록』 권35, 세종 9년 1월 13일(임인).
72) 『신증동국여지승람』 권40, 樂安郡.
73) 『신증동국여지승람』 권40, 順天都護府.

이 엄함을 두려워한다. 백성의 비방이 일어날 것을 어찌하랴."라는 핑계를 대며, 비록 바람에 꺾이고 비에 벗겨져도 일찍이 나무 하나 세우고 돌 하나 옮겨서 틈이 생겨 새는 것을 수리하지 않는다. 그리하여 여관에 든 나그네마냥 무관심하게 앉아 허물어지기만 기다리다가, 다 허물어진 뒤에야 고치니, 이루 형언할 수 없을 만큼 백성을 괴롭힌다. 이에 반해 셋째는 현명하고 유능하기로 이름이 있는 이들로 金春卿과 吳漢을 거론하고 있다. 김춘경은 1479년(성종 10)에 나주목사로 와서 通判 오한을 만나, 개연히 관사를 중수할 뜻이 있어 곧 자기의 봉급을 덜고, 공금을 보태어 목수를 부르고 재목을 모아 동헌부터 수리했다.[74] 이처럼 관아 건물의 흥폐에 따라 수령의 우열을 논할 만큼 건물의 형편을 중시하였다.

읍에서는 또 "庫廩이나 按獄의 看守 및 國馬를 기르는 여러 가지 일"[75]도 하고 있었다. 따라서 그에 필요한 공간도 기본적으로 갖추고 있어야 했다. 하지만, 읍성에서 하는 일 중 가장 중요한 것은 순력하는 관찰사 및 사신의 접대였다. "무릇 주군에 館舍를 설치하는 것은, 使臣이 王化를 선포하는 때를 기다려, 行禮할 곳을 준비하기 위한 것"이었다. 그러므로 비록 아주 작은 고을이라도 없을 수 없었다.[76] 따라서 객사는 읍성 중 필수 공간이면서 그 위상도 가장 높았다.

다음으로 중요한 공간은 뜻밖에도 누정이었다. 이 누정은 특히 관찰사를 위한 공간이었다. 관찰사의 도내 순력은 결코 쉬운 일이 아니었다. 成任은 그런 관찰사의 마음을 시에 담아 잘 그려내고 있다. 성임은 해남의 靖遠樓에서

---

74) 『신증동국여지승람』 권35, 羅州牧.
75) 『세조실록』 권12, 세조 4년 3월 28일(을묘).
76) 『신증동국여지승람』 권24, 醴泉郡.

> 성곽은 바다가 다한 곳에 평평히 임해 있는데,
> 風煙 10리에 나그네가 누각에 오르네.
> 희미한 구름이 들을 휩싸니 산은 그림 같고,
> 큰 물결은 하늘을 적시어 땅이 뜨는 듯하네.
> 반 년 동안 나그네의 수심이 날마다 더하는데,
> 채찍 하나 든 행색으로 고을마다 두루 다니네.
> 만리 건곤을 다 둘러보려면,
> 장마 걷힌 초가을까지 가야하겠네.[77]

라 하여 순찰의 고달픔을 읊고 있다. 성임이 순천에서 쓴 시도 마찬가지였다. 그는 순천 宣化樓에서는

> 節을 잡고 와서 바다 위의 구역을 순회할 적에
> 때때로 가장 높은 누각 바람 난간에 의지했네.
> 산이 비 지나간 뒤에 푸르기가 소라[螺]빛이요,
> 물이 성 남쪽을 둘렀으니 푸른 옥이 흐르는 듯.
> 천리 길손의 근심은 풀 자라듯이 자라나고
> 백년 인간사는 구름처럼 부질없네.
> 문서 더미 속에 얼굴빛 늙어지니,
> 허연 수염 쓸쓸하게 또 가을이 왔네.[78]

라 하여 역시 비슷한 심정을 밝혔다. 그리고 흥양현의 객사에서는 客舍에 일 없이 술잔 돌리며 詩篇 쓰노라 붓을 휘둘러 벼루에 의지했네. 읊다가 한번 바라보니 고래등 같은 파도 면면이 눈같이 물방울 흩뿌리네."[79] 라 하였다. 이런 관찰사를 위한 공간이 우선 읍성에서는 중요했다. 그 일차적 공간은 객사였고, 그 다음 누정이었다. 객사는 공적 공간이지만 누

---

77) 『신증동국여지승람』 권37, 海南郡.
78) 『신증동국여지승람』 권40, 順天都護府.
79) 『신증동국여지승람』 권40, 興陽縣.

정은 공적 건물이면서도 다분히 사적 용도로 지어진 것이었다.
  고창현의 객관 북쪽에 있는 빈풍루에 쓴 鄭以吾의 기문을 보면,

> 지난 무술년 여름에 李侯가 와서 현감이 되자 이듬해에는 풍년이 들고 사람들이 화목하고 정사는 맑고 송사는 적어졌다. 그 관청이 좁고 누추하여 使臣이 오면 침울함을 풀지 못하고 상쾌함을 얻지 못하는 것을 걱정하여, 이에 바로 옛 정자가 있던 것을 철거하고, 시내에 임하여 누각 몇 칸을 세우고 단청을 하는 등, 몇 달을 거쳐 낙성하니, 바라보매 새가 날개를 편 듯하다.[80]

라고 되어 있다. 곧 사신을 위로하기 위해 지었음을 분명히 하고 있다.
  나주의 觀政樓에 대한 정인지의 기문에서도

> '누각과 연못은 다만 놀고 구경하는 것일 뿐 아니라 번거로운 걱정을 씻고 성정을 즐겁게 하여, 침울함을 물리치고 시원함을 맞아들일 수 있는 것인데, 이 고을에는 그것이 없으니, 어찌 使命을 존경하여 접대하는 데에 하나의 결함이 되지 않으랴.' 하고, 곧 일이 없는 중들을 모아 재목을 벌채하고 기와를 굽고 객사 동쪽에 터를 잡아 계해년 정월에 일을 시작하여 몇 달이 지나서 낙성했다.[81]

고 하여 역시 사신 접대 용도였음을 알 수 있다. 그리고 기문의 끝에 "아아, 김군이 정치할 줄 아는 사람이로다."라 하여 그 수축을 극찬하였다.
  낙안의 객관 동쪽에 있는 憑虛樓도 孫舜孝의 기에 따르면

> 이 고을에 누대가 없어 내왕하는 사신을 위로할 데가 없는지라, 이에 누

---

80) 『신증동국여지승람』 권36, 高敞縣.
81) 『신증동국여지승람』 권35, 羅州牧.

4칸을 東軒 모퉁이에 세웠는데 사치하지 않고 누추하지도 않다."고 하여 여타 누정과 같은 의도에서 지었음을 말하고 있는데 여기서는 그 의미를 "대개 누는 사람과 비교해 말하면 곧 마음이니, 누는 몸의 거처하는 곳이요, 마음은 몸의 주인이다. 누가 비었으면 능히 만 가지 경치를 용납할 것이요, 마음이 비었으면 능히 여러 가지 선한 것을 용납할 것이다." 옛사람의 시에, "마음이 대[竹]와 함께 비었다." 하였는데, 나도 또한 이르기를, "마음이 누와 함께 비었다." 하노라. 물건은 비록 다를지라도 그 뜻은 한 가지이다.82)

라 하여 누를 사대부의 수양처로 보았다.

한편, 누정에서는 수령과 양반사족의 만남도 이루어졌다. 영광의 望遠樓에 있는 李淑함의 기문에, "숙함이 일이 있어서 이 군을 지나는데 조 군수가 나를 맞아 함께 (망원루에-필자) 올라가 자리를 펴고 술잔을 놓고서 낙성연을 차렸다."83)는 기록은 누정이 양반들의 공간이었음을 말해준다. 이와 같은 누정은 그 중요성만큼『신증동국여지승람』의 각군현조에 거의 빠짐없이 실려 있고 대부분의 기문도 바로 이 누정에 대한 것들이다. 따라서 이런 누정들이 제대로 기능할 때 사족의 영향력은 읍성 내에 직간접적으로 미칠 수 있었다.

5. 읍성의 도시화 요소와 그 한계

1) 도시화 요소

선초에 읍치의 위치를 정할 때 주요 조건 중의 하나는 성장 가능성에 있었다. 그 점은 고흥현의 읍치를 선정할 때 올린 영의정부사 황희

---

82) 『신증동국여지승람』 권40, 樂安縣.
83) 『신증동국여지승람』 권36, 靈光郡.

의 상언에 잘 보인다. 그는

> 고흥은 새로 장흥에 임내한 荳原·道陽·加淵과 보성에 임내한 豊安·道化·沙魚·苧川을 얻을 뿐 아니라 본래 지역도 그대로 있는 까닭에 지역이 넓고 백성이 많아서 장차 주나 부와 비교할 만큼 될 것이니

라 하여 새로 정할 고흥현의 치소는 "장차 주나 부와 비교할" 만한 규모로까지 커갈 수 있는 곳임을 강조하고 있다. 이는 읍치가 애당초 정해진 규모를 그대로 유지하기보다는 장차 커나갈 것을 전제로 이에 유리한 지형을 선호했음을 알게 해 준다. 이런 입지 조건 자체가 도시화의 한 요소가 된다.

아울러 이를 달성하기 위해서 역시 넓은 평지를 낀 개방 공간을 찾고 있었다. 황해도 永康鎭의 성터를 정할 때 이야기인데 지관 李揚達이 말하기를

> 전날에 曹備衡이 가려 정한 터가 비록 그 고을의 중앙은 된다 할지라도 북쪽에 낮은 봉우리가 있고, 동쪽에 둥근 봉우리가 있고, 서쪽에 뾰족한 봉우리가 있어, 세 봉우리가 내리누르고 있으니, 읍내로 만들기에는 마땅하지 못합니다. 이제 신이 蛇川을 가려 잡았사온대, 북으로 해주 지경에 이르기가 25리요, 남으로 登山串에 이르기가 40리요, 동으로 해주 지경에 이르기가 8리며, 앞이 환히 트이어 편편하고 산세가 서리고 감돌아서 군병을 움직이면 사방으로 통할 수 있는 땅이옵고, 성의 남쪽에 긴 내가 끼고 흘러 서문 밖에 이르러서 조수물과 합류하며, 또 성안에는 샘들의 근원이 깊어서 가히 읍을 건설할 만하고, 성터의 둘레가 3천 60척이 되옵니다.[84]

라 하였다. 즉 전날 조비형이 정한 성터는 삼면이 산으로 둘러싸인 곳으로 방어를 중시하였다면, 이양달이 정한 성터는 오히려 앞이 환히

---

84) 『세종실록』 권36, 세종 9년 4월 28일(병술).

트인 편편한 곳, 군병이 사방으로 통할 수 있는 곳, 바다와 쉽게 접할 수 있는 곳, 샘들의 근원이 깊은 곳 등을 장점으로 내세우고 있다. 이를 구분하자면 전자가 방어를 위한 폐쇄 공간이라면 후자는 확장을 위한 개방 공간이었다. 조선초기 읍터를 정하는 기준이 전과는 크게 달라졌음을 알 수 있는데 이는 그만큼 선초 읍성 공간이 집중·집적을 감당할 도시화 요소를 갖추고 있었음을 뜻한다.

한편 세종 연간을 지나면서 연해 읍성의 축조가 그 대체를 이루어가자 당초 연해민 보호를 위한 시설이었던 읍성은 연해로 사람들을 더욱 모으는 역할까지 하게 된다. 1442년(세종 24) 8월의 기록에는 "대체로 바다 연변은 토지가 비옥하여 자주 풍부한 수확을 할 수 있기 때문에, 백성들이 이에 常住하기를 즐겨합니다."[85]라 하여 연해로 사람들이 모여 드는 현상을 '즐겨한다'는 표현까지 동원하여 지적하고 있다. 이처럼 읍성은 기존 연해민 보호를 넘어 새로운 연해민 유인이라는 성과까지도 달성하게 되는데 이 점 또한 읍성의 도시화 요소 중 하나였다.

이런 읍성으로의 인구 유입 현상은 자연히 기존 읍성 공간의 부족 현상을 낳았다. 1479년(성종 10)에 좌승지 金升卿이 "지금 남방의 읍성 중에 좁아서 무리를 용납하지 못하는 곳이 많으니, 원컨대 대신을 보내어 보고 헤아려서 쌓게 하소서."라 하는 말은 바로 그런 결과를 뜻한다. 따라서 우리는 그만큼 읍성 공간이 인구 집중 등의 현상으로 인하여 도시로의 성장 가능성을 보이고 있었음을 알 수 있다.[86]

이렇듯 읍성 주변으로 사람들이 모여들면서 읍성 주변은 田地의 등급도 달라졌다. 1454년(단종 2) 의정부에서 호조의 呈文에 의거하여 아뢴 내용을 보면,

---

85) 『세종실록』 권97, 세종 24년 8월 4일(신묘).
86) 『성종실록』 권101, 성종 10년 2월 10일(정유).

> 읍내는 사람들이 조밀하게 거주하여 糞田으로 바꾸어져서, 그 地品이 四面과 아주 다르니, 청컨대 지금부터 여러 고을의 사면의 지품 아무 字號 에서 아무 자호까지의 등급과, 읍내의 아무 자호에서 아무 자호까지의 등급을 각각 다시 매겨 연분을 정하소서.[87]

라 하였다. 읍내는 이런 변화를 배경으로 다른 네 면과의 격차를 넓혀 가면서 중심으로서의 위상을 높여 갔다.

이런 이유로 세종대에는 공법을 정할 때 面等第法으로 결정하였다. 면등제란 金良璥의 의견에 따르면 "그 대강을 들면, 각 고을마다 읍내와 네 면으로 나누어 등제한 것이니, 이는 진실로 좋은 법입니다."[88]라 되어 있다. 전지의 등급 문제는 1474년(성종 5) 기록에도 보인다. 호조에서 아뢰기를,

> 읍내에 있는 터밭, 혹은 채소밭, 혹은 밀밭·보리밭은 해마다 거름을 주면 다른 것보다 배나 기름지게 되므로, 비록 매년 上上으로 세금을 거두더라도 오히려 가한데, 네 면의 예에 따라 아랫 등으로 시행하여 지극히 고르지 못하니 이후 더욱 상세히 살피도록 하소서.[89]

라 함에서 역시 읍내의 전지 등급이 여전히 높음을 알 수 있다. 이듬해인 1475년(성종 6)년에 호조에서는 전주부윤 尹孝孫이 아뢴 바에 의거하여 연분에서의 庫員等第[90]의 타당하고 타당하지 못함을 의정부와 여러 조에서 함께 의논할 것을 청하였다. 그리하여 면등제가 나으냐 고원등제가 나으냐의 논쟁이 이어졌지만, 긴 논의 끝에 면등제법의 유

---

87) 『단종실록』 권12, 단종 2년 8월 28일(정미).
88) 『성종실록』 권54, 성종 6년 4월 23일(신축).
89) 『성종실록』 권38, 성종 5년 1월 25일(신해).
90) 토속어로 전지가 있는 곳을 庫라 한다. 하나의 면 안에도 땅의 기름지고 척박함이 다르므로, 그 지품에 따라 등급을 매기는 것을 고원등제라 한다.

지로 정해졌다.91) 이때 물론 읍내의 등제가 다른 네 면보다 높은 것은 당연하였다.

읍성을 중심으로 한 읍내는 인구의 조밀로 인하여 전지의 비옥도가 높아 다른 면 지역보다 높은 생산성을 보였고, 이런 경제적 호조건은 읍내를 단지 행정의 중심에 그치지 않고 경제적 우세지역으로 만드는 결과도 낳았다. 이 또한 읍성의 도시화 요소 중 중요한 하나였다.92)

한편, 읍성을 쌓은 연해 읍에는 방어를 위해 군사를 보냈다. 1456년 (세조 2) 병조에서 아뢰기를

> 경상도의 김해·고성·곤양·하동, 전라도의 낙안·보성·장흥·해남·함평·영광, 충청도의 서천 등 여러 읍은 모두 바다와 접하여 방어가 가장 긴급합니다. 이미 읍성을 쌓았으나 지킬 군사가 없으니, 여러 읍의 수령으로 하여금 점차로 경내의 일 없는 사람[閑役人]을 찾아내어 기병·보병으로 삼아서 수를 갖추어 도절제사에게 보고하여 계문하고, 번을 나누어 방어하여 위로하여 안심하게 하고 完恤하게 하소서.93)

라 하였다. 이를 그대로 따랐다. 따라서 방어를 위한 군사가 읍성의 상주 인구로 늘어났다. 이는 읍성의 활동 인구를 늘이는 결과를 가져왔고 읍성의 역할을 확대시켰다. 아울러 도시 기능도 커졌다. 그리하여

---

91) 『성종실록』 권54, 성종 6년 4월 23일(신축).
92) 향시가 행정중심지에 입지할 때 성읍시장이라 하고 행정지역과 무관하게 교통의 요충과 물자의 집산지에 입지할 때 촌락시장이라 부르는데, 전라남도의 경우는 특히 양자의 입지가 일치하고 있다. 이는 즉 행정중심지가 교통의 요충과 물자의 집산지에 자리잡고 있다는 뜻이다. 이런 현상은 장시체계가 행정체계에 예속되어 있는 조선시기 상업의 일반적 특징이기도 하지만, 한편, 조선초기 읍성이 훗날 경제 중심지의 역할을 할 수 있는 그런 곳에 자리잡았다는 뜻이기도 하다. 고석규, 「朝鮮 後期 場市 變動의 樣相 – 전라남도의 장시를 중심으로」 『한국문화』 21, 서울대 한국문화연구소, 1998, 217·229쪽 참조.
93) 『세조실록』 권5, 세조 2년 12월 25일(경신).

1457년(동 3)에 영의정 鄭麟趾 등이 "本朝는 태평한 지가 시일이 오래되어 인구[生齒]가 날로 繁盛하는데, 토지는 한정이 있고 거주하는 백성은 바닷가에까지 있습니다."[94] 라 하여 바닷가에까지 사람이 퍼지고 있음을 말하였다. 이는 바로 연해 읍성이 인구 유인의 역할을 충분히 한 결과였다.

2) 태생적 한계

하지만 조선초기 읍성은 도회로 발전하는데 태생적인 한계를 갖고 있었다. 읍성에서는 사신을 접대하고 교령을 시행하는 일을 하였다. 따라서 읍성 안에는 이를 위한 공간들이 들어섰고, 그런 공간들에는 그 일과 관련된 수령과 관속들이 거주하고 있었다. 하지만 그 외 상인이나 공장들, 농경에 종사하는 평민들은 모두 성밖에 거주하는 것이 원칙이었다. 이는 "四民을 잡거시켜서는 안 된다. 관원은 관아 가까운 곳에, 工人은 官府에, 상인은 시장에, 관원이 아닌 자와 농민은 농토 가까운 곳에 살게 하라"는 주거입지의 원칙을 상기해 보면 이해할 수 있다. 이는 이른바 신분과 기능에 따른 주거제의 원리가 적용된 것이었다.[95]

한편, 당시 사회의 지배층인 양반사족들도 읍성에서는 공간적으로 배제되어 있었다. 양반사족들을 위한 공간은, 앞에서도 지적했듯이, 기껏해야 누정밖에는 없었다. 그러나 누정이 비록 사대부를 위한 공간이라 해도 그 이용은 매우 우연적이고 순간적일 뿐이었다. 따라서 어떤 권력이 형성되거나 행사될 수 있는 공간은 아니었다. 따라서 읍성

---

94) 『세조실록』 권6, 세조 3년 2월 25일(기미).
95) 金儀遠, 『韓國國土開發史研究』, 大學圖書, 1982, 109쪽 ; 張明洙, 『城郭發達과 都市計劃 研究-全州府城을 中心으로』, 學研文化社, 1994, 138쪽.

내에 사족들이 권력을 행사할 수 있는 공간은 처음부터 없었다.

그렇다고 양반사족들의 공간 자체가 아예 없었다는 뜻은 아니다. 그들은 그들만의 공간을 읍성 밖에 따로 만들었다. 그것이 유향소나 사마소, 향교였고,[96] 이후 서원이나 사우 등이 되었다. 그런 공간들은 읍성과는 거리가 먼 곳이었다. 즉 공간적으로 사회세력이 분산되어 있었던 것이다. 단순히 분산된 데 그친 것이 아니었다. 서로 대립하고 있었다. 예를 들면 유향품관들은 토호가 되어 관가에 대한 침탈을 자행하기도 하였다. 宜寧에서는 土豪들이 관가에 소속된 인원을 모두 나누어 차지하여 자신들의 일꾼으로 삼아 사삿집 종들이나 다름없이 부려먹고, 자기 집에 부과된 貢賦와 雜役을 모두 관속의 사람으로 충당시키되, 조금이라도 뜻대로 되지 않으면 온갖 방법으로 侵虐을 가하여 향리에서 관노비까지의 관속들이 다 품관의 집에 딸려 있는 지경이었다. 토호들이 관속을 침해하여 종으로 삼는 것은 한때에 그치는 것이 아니라 그의 자손들까지도 모두 私賤으로 삼았기 때문에 관가의 물건이 날로 줄어드는 형편이라는 지적까지 있었다. 이는 의령과 또 원주의 예로 기록되어 있지만 다른 지역도 사정은 대체로 비슷했다.[97]

그리하여 "각 고을의 品官들이 향리나 서원 등의 실무자를 종의 남편으로 삼아서, 서로 짜고 공모하여 모든 부역이나 잡부금을 촌 백성에게 분담시키는가 하면, 백성을 속이고 약한 자를 멸시하는 등 그 폐

---

96) 향교는 국가에서 세운 교육기관으로 대개 읍내에 있지는 않았지만 그렇다고 읍과 크게 떨어져 있지도 않았다. 향교는 국가가 세운 교육기관이란 점에서 관변적인 성격이 강하지만 초기에는 그래도 양반들의 공간이었다. 중종 때에는 이런 일도 있었다. 즉 眞寶의 儒生 申命羲가 염소의 털을 깎지 않았다고 해서 향리 朴熙卿을 향교에 결박해 놓고 물을 세 주발이나 코에 부어 결국 사망하는 지경에 이르는 그런 일도 있었다. 물론 향리에게 본디 병이 있어 사망했다고는 하지만 유생이 향리를 잡아다 벌을 줄만큼 우위에 있었고 그 벌을 준 곳이 향교였다는 점이 흥미롭다(『중종실록』 권55, 중종 20년 8월 8일[을미]).
97) 『중종실록』 권80, 중종 30년 11월 6일(계해).

단이 고질이 되었다."[98] 고 하고, 관속의 후손들이 모두 토호의 노비가 되어버려 지금은 고을들이 비어 스스로 보존하지 못할 지경이라고 하였다.[99]

이처럼 고을의 관권을 무시하는 토호들의 횡포는 결국 읍의 발달을 저애하는 요소가 되었다. 사족들이 고을을 침탈 대상으로 여기거나 아니면 대립적인 관계를 고수하는 사정에서 읍성이 군현 전체를 집약하는 구심점으로서 역할하기에는 어려움이 따랐다. 따라서 읍과 떨어진 곳에 사족이 존재하였던 점은 읍이 중심 도시로 발달하는데 커다란 장애가 되었다. 사족들의 거향관을 보아도 사족들이 읍과 거리가 멀었음은 분명하다.[100] 시간의 흐름에 따라 거향의 자세에 변화가 있지만, 어느 경우나 모두 읍성 출입은 금하고 있었다. 조선시기 내내 양반사족들에게 읍성은 타자의 공간일 뿐이었다. 마찬가지 이유로 읍에서 볼 때도 사족은 부담스런 존재였다.

6. 맺음말

지금까지 조선초기 성종대까지를 대상으로 서남해안 지방 읍성 축조의 조건, 실태, 공간구조 등을 살폈고 아울러 당시 읍성이 지니고 있는 도시화의 요소들을 찾아보았다. 이를 요약하면서 맺음말에 대하고자 한다.

청야입보를 장기로 하던 산성 위주의 전통적 방어개념이 여말을 거쳐 조선조에 들어오면서 읍성 우위로 바뀌었다. 그 변화의 요인은 연

---

98) 『중종실록』 권80, 중종 30년 11월 19일(병자).
99) 『중종실록』 권101, 중종 38년 7월 8일(신해).
100) 김인걸, 「조선후기 재지사족의 「居鄕觀(거향관)」 변화」 『역사와 현실』 11(한국역사연구회, 1994).

해 지역의 개발이 이미 상당히 진행되어 연해민이 상주하고 있는 해안선을 지키지 않으면 안 될 만큼, 연해지역에 경제적 가치가 발생했다는 점이다. 그 시점은 1417년(태종 17) 무장 읍성을 쌓으면서부터였고 이는 세종대 절정을 이루었다. 그리하여 세종 30여 년 간 대부분의 읍성이 축조되었다.

이때 읍성은 당연히 연변 고을에 우선 축조되었다. 그리고 성종대가 되면 연해에서 내지로 확산되었다. 물론 내지라고는 하더라도 변방에 가깝고, 왜적이 경유하는 길에 있는 고을들이 또 우선이었다. 이는 주로 경상도와 특히 낙동강 양변 고을이 해당되었다. 따라서 서남해안 지방의 읍성은 그 대체가 세종대에 마무리되었다.

읍성의 입지 선정을 위해서는 첫째 지상을 보고, 둘째 중앙관료가 체험하고, 셋째 읍 인민의 의견을 취합하였다. 입지의 조건으로는 평평하고 넓으며, 한 고을의 중앙이 되는 곳, 물을 얻을 수 있으며 동시에 수재나 화재를 피할 수 있는 곳, 그리고 백성이 살기 편한 곳을 꼽았다. 이러한 입지 선정 기준에 대하여 "마땅한 것을 관찰하여 그 사정에 따라 가장 적합한 곳을 선택했다"라고 한 것처럼 부동의 원칙은 없었다. 그만큼 순리를 따랐다는 뜻이다.

성벽 공사에 동원하는 인부는 세종대에는 인근 고을로 하여금 나누어 맡게 했지만, 성종대 이후는 해당 고을 군정으로 제한하였다. 이는 그만큼 축성이 완성 단계에 들어갔다는 뜻이기도 하며 또 그만큼 시급성이 떨어졌다는 뜻이기도 하다. 성은 특정한 모양을 강제하지는 않았고 땅의 생김새에 따라 자연 그대로 쌓았다. 그런 점에서 상지가 더욱 중요했다. 또 짧은 기간에 많은 읍성을 쌓아야했기 때문에 속성을 원칙으로 하였고 게다가 왜구가 화포 능력이 없다고 보아 성 자체의 방어시설은 간소화했다. 따라서 옹성, 적대, 해자 등이 없는 성이 많았다. 견고함보다는 '빨리'를 취한 결과였다.

읍성에서는 사신을 접대하고 교령을 시행하는 일을 하였고, 또 읍성은 아전과 백성들이 모이는 곳으로서의 역할을 하였다. 따라서 읍성 안에는 이를 위한 공간들이 들어섰다. 객사, 공아, 국고, 관청 등이 그런 공간들이었다. 이중 건물의 서열상 제일 높은 것은 객사였다. 그리고 이와 맞물려 누정이 양반사대부의 공간으로서 뜻밖에 중요한 역할을 하였다. 하지만 그 역할은 매우 우연적이고 순간적일 뿐이었다. 그렇기 때문에 지방을 대상으로 어떤 권력이 형성되거나 행사될 수 있는 공간은 아니었다. 따라서 읍성 내에 사족들이 권력을 행사할 수 있는 공간은 처음부터 없었다.

한편 읍성은 여러 가지 도시화 요소를 갖고 출발하였다. 먼저 읍치의 위치를 정할 때 조건 중의 하나가 도회로의 성장 가능성에 있었다는 점이다. 그래서 넓은 평지를 낀 개방 공간, 교통의 요지를 찾았다. 또 읍성 그 자체가 사람들을 끌어 모으는 유인 요소가 되기도 했다. 그래서 실제로 사람들이 모여들었고 주요 읍성은 성종 연간에만 가도 벌써 좁다는 이유로 개축이 논의되기에 이르렀다. 그리고 이렇게 사람들이 모여들면서 읍성 주변의 전지는 등급이 달라진다. 분전이 생산력을 높이는 밑거름일 때 사람들이 모인다는 것은 분전이 용이하다는 뜻이다. 따라서 인구가 집중되는 읍내의 생산력이 다른 곳보다 높을 수밖에 없었다. 그래서 세종대 공법을 논의할 때 면등제법으로 정하면서 읍내의 등급을 다른 네 면보다 올리는 것을 당연시했다. 이와 같은 읍내 전지의 높은 생산성은 읍성을 행정의 중심뿐 아니라 경제적 우세 지역으로 만드는 요인이 되었고 이것 또한 도시화의 요인으로 꼽을 수 있다.

그러나 조선초기의 읍성에는 도시로서의 역할을 제한하는 요소도 있었다. 즉 신분과 기능에 따른 주거제의 원리가 적용됨에 따라 읍성 내에는 수령과 관속들만이 거주할 수 있었다. 특히 당시 사회의 지배층인 양반사족들이 읍성에서 공간적으로 배제되어 있었다. 이 점이 중심으로서의 역할을 제한하였고 그만큼 도시로서의 성장에 한계로 작용하였다.

그렇지만 읍성은 입지선정부터 도회로의 발전 가능성을 담고 있었기 때문에 도회로 성장할 수 있는 기본 조건은 확보한 셈이었다. 그리하여 나름대로 읍성은 도회로 성장하고 있었다. 세종 연간을 지나면서 "대체로 바다 연변은 토지가 비옥하여 자주 풍부한 수확을 할 수 있기 때문에, 백성들이 이에 상주하기를 즐겨합니다."라 하듯이 연변으로 사람들이 모여들자 읍성은 이들을 보호하는 역할을 기본 임무로 하여 점차 도시로서의 위상을 갖추어 나갔다.

◇ 이 글은 「조선 초기 서남해안 지방 읍성의 축조와 도시화 요소」(『전남사학』, 전남사학회, 2005)를 보완한 것이다.

조선후기 태안 안흥진의 설치와 성안마을의 공간구조

김 경 옥

1. 머리말

 안흥량은 서해 해로에 입지한다. 조선시기 남에서 북쪽으로 항해하는 선박들은 모두 안흥량을 거쳐야만 한양에 당도할 수 있었다. 특히 전라도의 조운은 지리적 조건 때문에 반드시 서해의 안흥량을 통과해야만 중앙에 납세할 수 있었다. 그러나 안흥량의 입지환경은 세곡선의 항해를 쉽게 허용해 주지 않았다. 그래서 안흥량의 지명은 '바닷길이 험로한 곳'이라는 뜻으로 한 때 '難行梁'이라 불리기도 하였다.[1] 또 지역민들은 태안반도 안흥량(관장목) 일대의 물길을 '갈매기도 다리가 부러 진다'고 하였다. 그만큼 안흥량은 우리나라의 험로 중의 하나였다.[2] 이처럼 험난한 바닷길 연안에 조선시기 안흥진이 설치되었고, 안흥성이 축조되었다. 안흥성은 우리나라 지형도를 놓고 볼 때, 서해에

---

1) 『新增東國輿地勝覽』 권19, 「泰安郡 山川」.
2) 제보자: 윤용욱(태안문화관광해설사).

서 가장 많이 바다로 돌출되어 있는 안흥포구에 입지한다. 또 안흥성 내에 성안마을이 조성되어 있고, 성안마을의 동·서·남·북에 성문과 성벽이 원형 그대로 현전하고 있다.

수군진에 대한 지금까지의 연구는 조선시대의 군사제도, 전쟁사, 재정구조, 설치과정, 기능, 운영 등 다양한 측면에서 검토되어 왔다.3) 기존의 연구 성과를 살펴보면, 수군진은 임란이후 정비되기 시작하였으며, 조선 숙종 연간에 海防이라는 군사적 목적과 국가의 財富를 창출하는 경제적 목적이 부각되면서 신설·증설된 것으로 파악된다.4) 특히 숙종대 이후에 증설된 수군진의 경우 본래의 설치목적인 關防機能을 기본으로 하고, 여기에 國用 조달을 위한 土地 개간, 松田 관리, 牧場 운영, 漕運路 보장, 船舶 건조, 戶口 조사, 지역민에 대한 收稅 등에 이르기까지 다양한 행정기능을 수반하였음이 밝혀졌다.5) 또 수군진의 운영에 주목한 연구에 따르면, 수군진의 재정수입은 조선전기에 주로 官屯田·貢物·身役 등으로 이루어졌고, 조선후기에는 身貢·還穀·

---

3) 조선시기 수군진에 대한 연구는 다음의 논저가 참고 된다. 고석규, 「조선후기의 섬과 신지도 이야기」 『도서문화』 14, 목포대 도서문화연구소, 1996 ; 김경옥, 「조선후기 청산도진의 설치와 재정구조」 『전남사학』 22, 전남사학회, 2004a ; 김경옥, 「17~18세기 임자도진의 설치와 목장의 개간」 『도서문화』 24, 목포대 도서문화연구소, 2004b ; 김경옥, 「조선후기 고군산진의 설치와 운영」 『지방사와 지방문화』 10-1, 역사문화학회, 2007 ; 김옥근, 「조선조 지방재정의 구조분석 — 監營·鎭·驛의 세입구조를 중심으로」 『논문집』 4, 부산수산대, 1983 ; 김우철, 「조선후기 군사사 연구의 현황과 과제」 『조선후기사 연구의 현황과 과제』, 창작과 비평사, 2000 ; 김일우, 「조선시대 제주도지역의 관방시설 정비와 수산진의 설치」 『제주문화재연구』 2, 제주문화예술재단 문화재연구소, 2005 ; 방상현, 「浦鎭의 정비와 海防體制의 확립」 『조선초기 수군제도』, 민족문화사, 1991 ; 변동명, 「조선시기 돌산도 방답진의 설치와 그 구조」 『한국사학보』 27, 고려사학회, 2007 ; 서태원, 「조선후기 해미진영」 『서산문화춘추』 2, 서산발전연구원, 2006 ; 차용걸, 「조선후기 관방시설의 변화과정 — 임진왜란 전후의 관방시설에 대한 몇 가지 문제」 『한국사론』 9, 국사편찬위원회, 1983.
4) 고석규, 위의 논문, 1996, 100~110쪽.
5) 김경옥, 「조선후기 청산도진의 설치와 재정구조」, 199~202쪽.

利子·錢穀·雜稅 등이 새롭게 추가된 것으로 확인되었다.6) 또 수군진의 재정구조에 대한 사례연구가 시도되었는데, 세입항목은 水軍과 軍保의 役價, 船稅·藿稅·漁場稅·海衣稅 등 雜稅이고, 세출항목은 인건비·공무자 교통비·관용 물품비·관아 수축비 등으로 구성되었음이 확인되었다.7)

이처럼 기존의 연구 성과는, 조선시기 수군진의 설치 과정에서부터 신설과 증설, 기능변화, 재정구조에 이르기까지 다양하게 정리된 것으로 평가된다. 다만 수군진의 입지환경과 공간구조에 대해서는 아직까지 연구자들의 주목을 받지 못하고 있는 실정이다. 조선후기 수군진의 입지환경과 공간구성은 과연 어떻게 이루어졌을까? 또 조선시대 수군진은 오늘날의 공간체계에서 어떤 위상으로 현전하고 있을까?

이러한 의문에서 본고는 조선후기 태안반도 안흥량에 입지한 안흥진과 성안마을 사례를 통해 수군진의 입지환경과 공간구조에 대해 살펴보고자 한다. 이를 위해 본고에서는 다음과 같은 문제들을 검토하려고 한다. 첫째, 태안 안흥량의 입지환경에 관한 것이다. 안흥량은 서해 해로에 위치하며, 三南의 세곡선이 통과하는 주요 뱃길이었다. 따라서 조선시기 안흥량의 입지환경과 漕運路의 실태가 어떠했는가를 살펴보고자 한다. 둘째, 태안 安興鎭의 설치와 鎭城의 축조에 관한 것이다. 안흥진은 언제, 어디에 조성되었으며, 설치목적과 기능은 무엇이었는가를 알아보고자 한다. 셋째, 태안 安興城 내에 입지한 성안마을에 관한 것이다. 성안마을의 입지환경을 통해 안흥진의 지리적 조건과 공간구조를 재구성하고자 한다.

---

6) 김옥근, 위의 논문, 1983, 4쪽.
7) 김경옥, 「조선후기 청산도진의 설치와 재정구조」, 202~214쪽.

2. 安興梁의 입지환경과 漕運路

안흥량은 태안반도의 서쪽 34리에 위치한다.[8] 오늘날 충청남도 태안군 근흥면 앞바다 일원에 해당한다.[9] 안흥량은 <안흥진성~신진도~마도~가의도>에 이르는 해역을 지칭한다. 즉 안흥성과 신진도를 사이에 두고 그 안쪽을 內洋, 그 바깥쪽을 外洋이라 부르는데, 이곳은 손돌목·울돌목과 함께 우리나라의 대표적인 險阻處로 손꼽힌다.[10] 태안반도 안흥량의 입지를 지도에 옮겨보면 다음 <그림 1>과 같다.[11]

안흥량의 옛 지명은 '難行梁'이라 불렀는데, '조운선이 이곳에만 이르면 누차 치패 된다' 하여 붙여진 이름이다. 훗날 사람들이 破船을 두려워하여 '편안할 安', '흥할 興'을 써서 '安興梁'으로 개칭하였다.[12] 또 조선 태종대에는 '安行梁'이라 하였고, 성종대에는 '安行渡'라 하였으며, 중종대에는 '安恒梁'이라 칭하였다.[13] 이렇듯 안흥량의 지명은 항해의 안전을 추구하려는 목적에서 여러 차례 개칭한 것으로 보인다. 안흥량에서 해난사고가 얼마나 빈번하게 발생하였는가를 가히 짐작케 한다.

---

8) 『新增東國輿地勝覽』 제19권, 「태안군 산천」.
9) 근흥면은 본래 태안군의 近西面과 安興面으로 편제되어 있었다. 1914년에 행정구역을 개편하면서 2개면을 병합하여 근흥면으로 개칭하고, 서산군에 편제되었다. 그 후 1989년 1월 1일 법률 제4050호에 의거하여 태안군이 복군되면서 태안군으로 편입되어 오늘에 이른다(박춘석, 『태안의 역사』, 태안문화원, 1995, 131~132쪽).
10) 『萬機要覽』, 「財用編 漕轉」.
11) [그림 1]에 표기된 안흥량 일대의 水深은 『근흥면지』(근흥면지편찬위원회 편, 2002, 74쪽)를 참고하여 작성한 것이다.
12) 『新增東國輿地勝覽』 권19, 「泰安郡 山川」.
13) 『太宗實錄』 권7, 태조 4년 3월 계축 ; 『成宗實錄』 권216, 성종 19년 5월 무자 ; 『中宗實錄』 권43, 중종 17년 1월 병진.

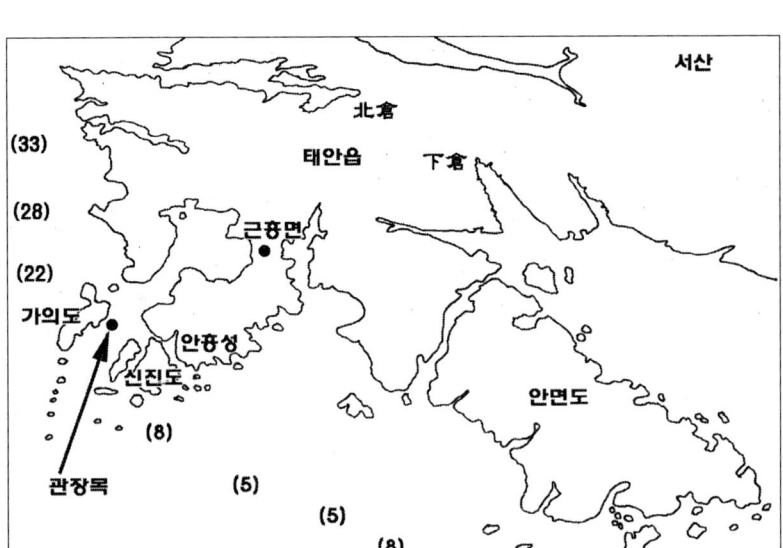

[그림 1] 태안반도 안흥량의 입지
〔괄호 안의 숫자는 水深을 표기한 것임〕

그렇다면 조선시기 안흥량의 실태는 어느 정도였던 것일까? 다음은 조선 태조~세조 때 중앙관료들에 의해 언급되었던 안흥량에 관한 내용이다.

> A-1. 임금이 知中樞院事 崔有慶을 보내어 泰安郡 북쪽에 (漕船이 다닐 수 있도록) 漕渠를 만들 만한 곳을 찾도록 명하였는데, 최유경이 돌아와서 말하기를, '땅이 높고 굳은 돌이 있어서 갑자기 팔 수 없습니다'라고 하였다.[14]
>
> A-2. 參議政府事 김승주를 蕫堤로 보내었다. 순제는 충청도 泰安郡의 서쪽 산마루에 있는데, 길고 곧게 바다 가운데로 數息이나 뻗쳐 있어 수로가 험조하였다. 이름하여 안흥량이라 하였는데, 전라도의 조운은 이곳에서 실패가 많아 예나 지금이나 걱정거리였다. 산마루가 처음 시작된 곳을 뚫으

---

14) 『太祖實錄』 권7, 태조 4년 6월 6일 무진.

면 수로를 통할 만한 곳이 있었으므로 前朝(필자: 고려) 때 王康이 뚫으려 하였으나, 그 땅이 모두 돌산이어서 마침내 실효를 보지 못했던 곳이다.15)

A-3. 泰安에 파던 浦口의 옛터를 다시 굴착하여 漕船이 통할 수 있는지의 여부와 새로 굴착할 만한 곳이 있는지의 여부를 자세하게 살필 것.16)

위의 기사는 조선전기 중앙관료들이 태안 안흥량에 대한 다양한 방비책을 논의하고 있는 대목이다. 즉 조선 태조 때 안흥량의 문제는 조운선의 안전을 보장하기 위해 아예 뱃길을 중단하고, 대신 육지부에 운하를 건설하여 우회하려 하였다. 안흥량에서의 뱃길 안전은 운하 건설을 고려할 만큼 중앙정부의 중차대한 숙원사업이었다. 그리하여 조선 세조는 충청·전라·경상도 도순찰사의「事目」에 운하 건설 조항을 명기하여 특별히 관리하도록 하였다(A-3). 그러나 태안반도의 운하건설 계획은 조선정부에 의해 처음 시도된 것은 아니었다. 이미 고려 때 여러 차례 공사를 추진하였으나 끝내 해결하지 못한 채 조선정부로 인계된 사안이었다.

이처럼 '安興梁'은 '難行梁'이라 부를 만큼 험로였다. 그 입지적 환경은 어느 정도였을까? 이에 대해서는 조선 효종 때 우의정 金瑬의 箚子에서 확인된다. 김류가 이르기를,

서산·태안의 땅이 서해로 달려 들어가 安興의 東峽이 되었사온데, 양남의 稅船이 돛을 날려 이곳에 이르면, 해는 저물고 길은 먼데 풍력은 이미 다하고 조수는 물러가 물이 얕아 배가 돌에 부딪혀 부서지게 되는 것이니, 여기는 진실로 충청도 바다의 가장 위험한 곳입니다.17)

---

15)『太宗實錄』권24, 태종 12년 11월 16일 정유.
16)『世祖實錄』권4, 세조 2년 7월 15일 임오.
17)『練藜室記述』別集 11권,「漕運」.

라고 하여 태안반도 바닷길이 얼마나 험로인가를 지적하고 있다. 김류가 지적한 충청도 水路를 古地圖에서 살펴보면 다음 <그림 2·3>과 같다.18)

<그림 2>에서 보듯이, 태안반도는 서해 해로 가운데 해안선의 출입이 가장 심한 곳으로 확인된다(점선으로 표시된 부분). 또 전라도의 古群山島를 통과한 선박이 충청도 元山島 앞바다를 지나고, 또 安眠串 남단에서 북쪽 大山半島로 나아가는데, 海路 주변에 섬들이 빽빽하게 입지하고 있다. 섬은 안흥량의 지형 변화를 초래하여 潮流에 영향을 주었고, 海中 곳곳에 솟아있는 岩角은 항해하는 선박을 위협하고 조수의 흐름을 가로 막았다.

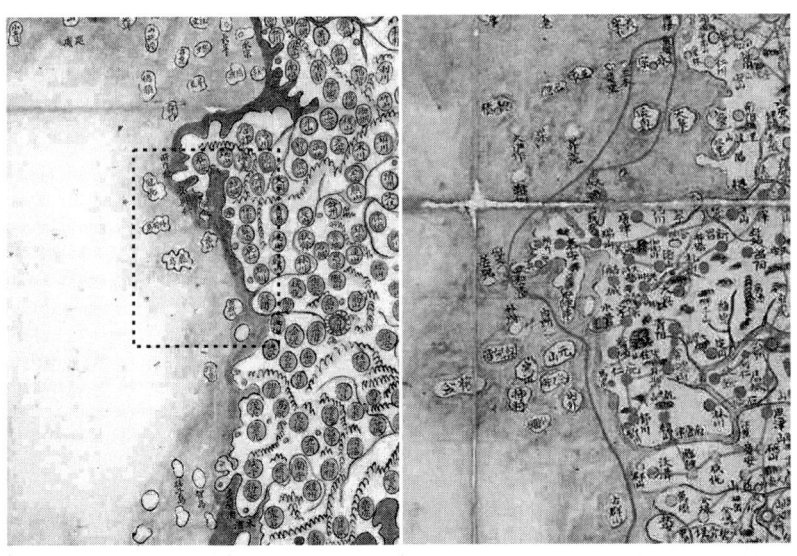

[그림 2] 西海 부분(『靑丘全圖』)   [그림 3] 태안반도의 海路(『八道全圖』)

---

18) 『靑丘全圖』(19세기 전반, 107.3㎝×62.7㎝, 영남대박물관 소장) ; 『八道全圖』(18세기 전반, 98.3㎝×61.5㎝, 영남대박물관 소장) ; 영남대박물관 편, 『韓國의 옛 地圖』(도판, 1998). <그림3>에 海路가 선으로 표시되어 있다.

이렇듯 태안반도의 지형은 潮水干滿의 차가 심하여 항해하는 선박을 파선시키는 요인으로 작용하였다. 앞서 <그림 1>에 제시되어 있는 바와 같이, 안흥량 일대 水深이 조수간만의 차에 따라 급격히 떨어지는 곳이었다. 또 김류가 지적한 바와 같이, "조수가 물러가면 물이 얕아 배가 돌에 부딪혀 부서진다"라는 구절과 오늘날 과학에 근거하여 태안반도 일대의 水深을 측량한 결과를 비교해 보면, 안면도 앞바다의 수심이 썰물 때 5~8m 정도 이며, 또 <안흥진성~신진도~가의도> 일대의 수심은 8m로 확인된다. 그런데 소위 '관장목'이라 불리는 안흥량의 수심은 22~33m로 급변한다. 이런 까닭에 연안항로를 따라 왕래하던 조운선의 경우, 갯벌로 인한 항해의 어려움이 극심하였다. 따라서 간조 때 조운선이 안흥량을 통과한다는 것은 지극히 위험한 일이었다. 때문에 안흥량을 완전하게 통과하기 위해서는 만조 때를 기다릴 수밖에 없었다. 그러나 만조 때라 할지라도 그 시각이 만일 日沒 전후라고 한다면 야간 항해를 강행해야 했기 때문에 이 또한 선박의 안전을 보장할 수 없었다.[19]

이런 상황이다 보니, 안흥량을 반드시 통과해야만 했던 전라도 조운선이 가장 큰 문제였다. 왜냐하면 충청도 세곡의 경우, 충주의 可興倉과 아산의 貢稅串倉을 통하여 京倉에 전달할 수 있었기 때문에 반드시 안흥량을 통과하지 않아도 가능하였고, 경상도의 경우 낙동강과 한강의 수로를 이용하여 세곡을 운반할 수 있었기 때문에 역시 안흥량을 통과하지 않아도 가능하였다. 그러나 전라도의 세곡선은 반드시 안흥량을 통과해야만 납세할 수 있었다. 이에 중앙정부는 안흥량 일대에서 선박의 안전 항해를 다방면으로 강구하였다. 당시 논의되었던 여러 가지 방안 가운데 하나가 태안반도에 운하를 건설하는 계획이었다.

---

19) 이종영,「安興梁 對策으로서의 泰安漕渠 및 安民倉 問題」『동방학지』7, 연세대 국학연구원, 1963, 100~101쪽.

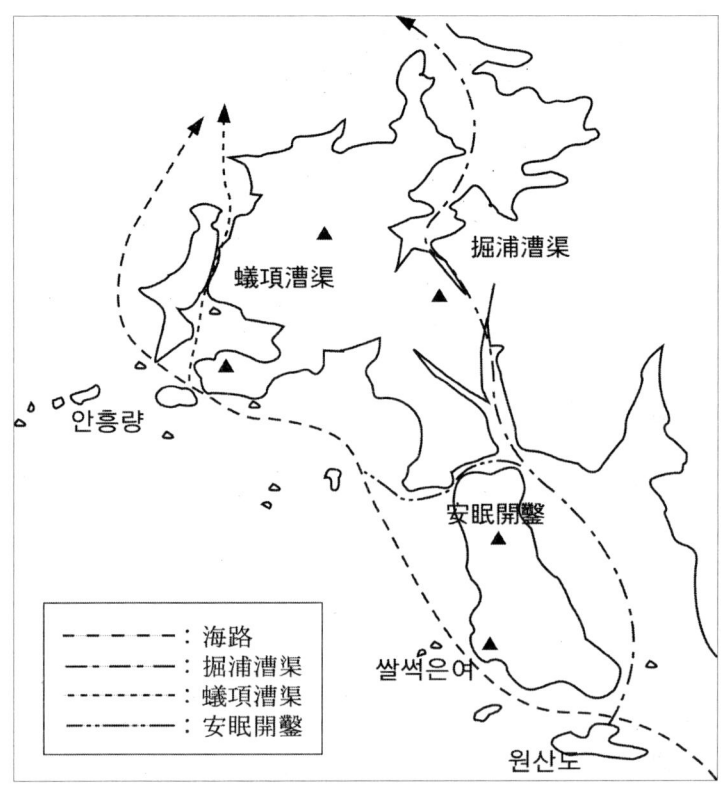

[그림 4] 태안반도 운하 건설 계획안
(충남대 마을연구단 편, 『태안 개미목마을』, 대원사, 2006, 36쪽 재구성)

안흥량의 운하 건설은 태안반도 어느 지점에 적용되었던 것일까? 문헌을 통해 태안반도 운하 건설 계획을 도면에 그려보면 <그림 4>와 같다. <그림 4>에 나타난 조선정부의 태안반도 운하 건설 계획을 소개하면 다음과 같다.

첫째, 掘浦漕渠 공사이다.[20] 굴포는 오늘날 충남 아산군 태안읍 동

---

20) 『中宗實錄』 권42, 중종 16년 8월 20일 기해 ; 『宣祖實錄』 권18, 선조 17년 4월 26일 임신.

쪽 5리에 위치한다.21) 이곳은 가로림만과 천수만이 남북으로 허리를 조이듯 근접해 있는데, 그 거리가 10리도 채 안되었다. 그리하여 가로림만과 천수만을 海水로 하여금 貫流케 할 경우, 남에서 북쪽으로 향하는 선박이 안흥량을 경유하지 않고 아산만으로 연결한다는 계획이었다. 그러나 이 계획은 고려 인종 12년(1134)에 이미 시도되어 조선 현종 때까지 끊임없이 논의되었으나 끝내 성공하지 못하고 중단되었다.22) 결국 천수만 쪽의 평천리와 가로림만의 舊島에 창고를 건립하여 세곡을 천수만에 비축한 다음, 다시 海路를 이용하여 한양으로 전달하는 방안이 제시되었다.23) 즉 <해로→육로→해로>를 통해 전라도의 세곡선이 안흥량을 통과하지 않도록 하겠다는 방안이었다.

둘째, 蟻項漕渠 공사이다. 의항은 오늘날 태안군 소원면 의항리 국수봉과 대소산 사이에 입지한 水踰洞 일원으로, 일명 '무내미고개'라 칭한다.24) 이 공사는 조선 중종 때 경차관 李㓛과 左相 金安老의 발의로 착공되었다. 이 공사에 동원된 노동력은 15세 이상 50세 이하 赴役僧 5,000여명이었다. 그러나 이 역시 潮水에 의해 매몰되어 실패하고 말았다.25)

셋째, 安眠開鑿 공사이다. 이 공사는 조선 숙종 때 향리 房景岑이 처음 감영에 보고하였고, 그 후 金墱의 상소로 시공되었다. 즉 안면읍 창

---

21) 掘浦漕渠 공사는 오늘날 태안읍 인평리와 팔봉면 어송리를 연결하는 약 7km에 이르는 거리를 개착하여 운하를 건설한다는 계획이었다(박춘석, 『태안의 역사』, 태안문화원, 1995, 229쪽).
22) 안흥량의 굴포에 대한 논의는 이종영, 위의 논문, 1963, 104~110쪽에 자세히 정리되어 있다.
23) 『新增東國輿地勝覽』「충청도 태안군 산천」; 『태안읍지』, 1872.
24) 태안군 소원면 송현리에서 의항리 방향으로 약 1.5km쯤 직진하면 마을회관이 있다. 마을회관에서 송현저수지에 이르는 구간이 의항 운하 공사구간에 해당한다(박춘석, 『태안의 역사』, 태안문화원, 1995, 233~234쪽).
25) 蟻項漕渠에 대해서는 충남대학교 마을연구단 편, 『태안 개미목마을』, 대원사, 2006, 36~37쪽을 참조하기 바란다.

기리와 남면 신온리를 인공적으로 절단하는 공사이다. 이 공사로 인해 安眠串은 섬으로 변하여 安眠島가 되었다.26) 이 또한 남에서 북으로 항해하는 선박들이 안면곶의 外海에서 해난 사고를 줄이기 위한 방책 가운데 하나였다.27)

이와 같이 안흥량에서 조운선의 치패는 빈번하게 발생하였고, 그로 인한 인명피해와 세곡의 손실은 실로 막대하였다. 따라서 중앙정부는 안흥량을 통과하는 선박들의 안전 항해를 위해 다방면으로 모색하였다. 안흥량에서의 파선은 그대로 중앙정부의 세곡 비축을 저해하는 요인으로 작용하였기 때문이다.

3. 安興鎭의 설치와 鎭城의 축조

태안지역은 서해에서 바다로 가장 많이 돌출된 반도이다. 이러한 태안의 지리적 조건으로 인해 여말선초 이래로 海上의 寇賊들이 자주 출몰하였다. 이런 까닭에 조선정부는 일찍이 태안을 국방의 요충지로 주목하였다. 이에 대해서는 15세기 남수문과 신숙주가 쓴 記文에 잘 나타나 있다. 기문 내용을 소개하면 다음과 같다.

> B-1. 태안군은 옛날 신라의 蘇泰縣으로, 토지가 비옥하여 五穀을 재배하기에 알맞고, 또 魚物과 소금을 생산하는 이익이 있어 백성들이 모두 즐겨 이 땅에 살아왔다. 그러나 고을의 읍내가 멀리 바닷가에 위치해 있으니, 이는 곧 해상의 寇賊들이 출몰하는 요충이다. … 庚午年(필자: 1390)에 도적들의 흉악한 노략질이 차츰 줄어들자, 서산에 城堡를 쌓아 '순제'라 이름하고, 일면 해적 방어에 대비하도록 하는 한편 郡의 행정을 맡아 다스리도록 하였다. … 永樂 丁酉年(필자: 1417)에 축성하고, 인민을 불러 안집시켰다.28)

---

26) 『新增東國輿地勝覽』 권19, 「충청도 서산군 산천」.
27) 『泰安邑誌』「古跡」(1872) ; 『서산군지』「着港」(1927).

B-2. 태안군이 충청도 해변의 요충지가 되어 국가에서 蓴城鎭을 설치하고, 知郡事로 하여금 이를 지휘 관할하도록 하였다. 郡內의 토지가 비옥하여 禾麻가 풍부하고, 魚鹽의 이익이 있어 沃區로 일컬어 왔다.29)

위의 기사를 통해서 보건대, 15세기 태안반도는 토지와 어염이 풍부하여 백성들이 거주하기에 적합한 곳이었다. 그러나 태안반도는 삼면이 바다로 둘러싸여 있었기 때문에 해상의 왜구들이 빈번하게 출몰하는 변방이기도 하였다. 이에 중앙정부는 태종 17년(1417) 태안반도의 해양 방비 목적으로 城을 축조하였는데, 이것이 瑞山에 조성된 蓴城鎭城이다.

그런데 순성진성의 위치를 살펴보면, 석성이 서해 해변에 입지하지 않고, 내륙지역인 서산에 조성되어 있다. 그 후 태안반도의 수군진이 서해 해로에 전진 배치된 것은 16세기 이후이다. 임진왜란이 발생하였을 때 內地 성곽방어 위주의 관방시설은 가장 큰 한계점으로 드러났다. 왜냐하면 본래 우리나라의 山城과 邑城을 중심으로 한 방어시설은 소규모 간헐적인 침입에 대비하려는데 주안점을 둔 것이었기 때문이다. 임란 때 대규모 병력이 일시에 공격해 오자, 산성과 읍성은 적절한 대응책이 될 수 없었다. 그리하여 내륙을 중심으로 배치되어 있던 관방시설들이 임란 이후 점차 연해·도서로 이동되었던 것이다.

한편 16세기 중엽에 이르면, 중국의 荒唐船이 우리나라 해역에 자주 출몰하였다. 중종 39년(1544)에 忠淸道 水使 池世芳이 중국 황당선 나포에 대한 啓本에서 확인된다. 이에 따르면,

태안군수 朴光佐의 馳啓에 '郡의 남쪽 麻斤浦에 중국 것인지 왜국 것인

---

28) 『新增東國輿地勝覽』 권19, 「南秀文의 記文」.
29) 『新增東國輿地勝覽』 권19, 「申叔舟의 記文」.

지 분별할 수 없는 배 한 척이 와서 닿았다' 하므로, 곧 날쌘 군사를 뽑아 바닷가로 달려갔더니, 쌍 돛대에 깃발을 단 높고 큰 배 하나가 바다 어귀에 정박해 있었습니다. 곧 조선 땅이라고 써서 보이고 타일렀는데, 중국사람 5명이 작은 배를 타고 뭍으로 내려 왔습니다.30)

라고 하였다. 즉 국적을 알 수 없는 외국 선박이 우리나라 해역에 들어와 정박하고, 심지어 함부로 육지에 하선하는 일이 발생하였던 것이다.

이처럼 왜구와 황당선이 우리나라 해역에 자주 출몰하자, 인조는 水軍의 鎭管體制를 재편하기에 이른다. 즉 중앙에 御營廳·摠戎廳·守禦廳·禁衛營·訓練都監 등 五軍營으로 편성하여 지방의 鎭管制와의 균형을 전제로 전국적인 방위체계의 편제를 시정하였다.31) 그리하여 인조 때 우리나라의 성곽은 마치 人家의 울타리처럼 都邑을 방위하는 시설로, 巨邑·巨鎭 위주의 집중 방어체계로 바뀌었다.32) 또 강화도를 중심으로 左로는 황해도까지, 右로는 경기·공청(필자:충청)·전라·경상도에 이르기까지 각 섬을 비늘처럼 차례로 잇는 堡를 설치하였다.33)

이러한 시대적 상황 아래 태안반도의 수군진보 역시 재배치되었던 것으로 보인다. 그렇다면 태안반도의 수군진은 어디에 설치되었던 것일까? 다음 <표 1>은 현전하는 고문헌을 토대로 태안반도에 입지한 수군진보의 추이를 정리한 것이다.

<표 1>에 정리되어 있는 바와 같이, 조선시기 태안반도 일대에 입지한 수군진보는 내륙에서 점차 바닷가 연안으로 전진 배치되었다. 태안반도에 수군진이 처음 조성된 것은 14세기이다.

---

30) 『中宗實錄』 권104, 중종 39년 7월 19일 병진.
31) 송양섭, 「17세기 江華島 방어체제의 확립과 鎭撫營의 창설」 『한국사학보』 13, 고려사학회, 2002, 242~259쪽.
32) 김준석, 「조선후기 國防意識의 전환과 都城防衛策」 『典農史論』 2, 서울시립대, 국사학과, 1997, 5~21쪽.
33) 『仁祖實錄』 권19, 인조 6년 8월 23일 신해.

〈표 1〉 조선시기 태안반도의 수군진보

關防	位置	時期	典 據
蒣堤(東) 郡城(國)	郡 서쪽 산마루 (實)	1390년(東) 1417년(東)(國)	·공민왕 22년(1373) 倭寇(東)(國) ·공양왕 2년(1390) 서산에 城堡(東)(國) ·태종 17년(1417) 築城=蒣堤(東)(國) ·세종 21년(1439) 客館(東)(國) ·세종 23년(1441) 단청(東) ·石築 : 周 1,561尺(國)
蒣城鎭(東)(國)	郡 동쪽 14리 (東)(國)	1481년 이전(東)	·石城: 周 1,353尺(東) ·今廢(國)
古泰安城(東)(國)	堀浦(東) 郡 동쪽 13리(綱)	1481년 이전(東)	
所斤浦鎭(東)(大)(藜) 所斤浦僉節制使鎭(國)	郡 서쪽 33리 (東)(國)(藜) 郡 서쪽 30리(大)	1481년 이전(東) 1514년(新)	·別稱: 朽斤伊浦(東)(國)(藜)(大) ·左道 水軍僉節制使營(東) ·唐津浦와 波知島를 소관(東) ·水軍僉節制使 1人(東)(國)(大) ·중종 9년(1514)에 石城: 周 2,165尺(東)(新)(國)(藜)(大)
要兒梁成	郡 남쪽 143리		·수사가 군사를 나누어 수호(藜)
白華山烽燧		1481년 이전(東)	·郡 동쪽으로 서산군 北山과 호응(東)(國) ·郡 남쪽으로 都飛山과 호응(東)(國)
白華山城(東)(國)	태안읍 동문리	1481년 이전(東)	·고려 충렬왕 13년(1287) 축성 說(其) ·石城: 周 2,042尺, 高 10尺(東)(國)
安興梁成(東) 安興鎭(大)(藜) 安興梁僉節制使鎭(國)	郡 서쪽 40리(大)	1481년 이전(東) 1653년 移建(大) 1655년 移築(大)	·소근포 첨절제사가 軍兵을 나누어 수호(東)(藜) ·본래 안흥량의 수자리(大) ·옛날에 安興梁成라 칭함(藜) ·소근포진의 군병이 수자리 하던 곳(國)(大) ·안흥량수: 세조 12년(1467)에 설치(其) ·효종 4년(1653) 花亭島에 移建(大) ·효종 6년(1655) 鎭城: 周 3,621尺(大) ·水軍僉節制使 1人(大)
波知島營	郡 북쪽 33리	1516년	·중종 11년(1516) 石城(藜) ·옛날에 萬戶가 주둔(藜)
古波知島成	郡 북쪽 파지도		·萬戶가 군병을 나누어 수호(藜)
吐城山城	근흥면 수룡리		·周 590m, 高3.3m(其)
斗也里山城	근흥면 두야리		·周 600m(其)
兩潛里山城	남면 양잠리		·土城, 周 270m, 高 3.3m(其)
潛文伊烽火臺	남면	1447년	·병조 程文(實)
漢衣山城	태안읍 장산리 소원면 시목리		·石城, 周 200m(其)

典據: 『東國輿地勝覽』(東), 『大東地志』(大), 『新增東國輿地勝覽』(新), 『東國輿地誌』(國), 『練藜室記述』(藜), 『朝鮮王朝實錄』(實), 지역자료(其)

즉 서산에 조성된 '蕫堤'가 이에 해당된다. 그 뒤를 이어 설치된 관방시설은 점차 태안반도의 所斤浦·安興梁·波知島 등지로 전진 배치되고 있음이 확인된다. 예컨대, 서산의 순성진성, 태안반도 소근포의 소근진성, 소근진성의 첨절세사가 소관하였던 안흥진, 안흥성이 설치되기 이전 시기에 조성된 것으로 추정되는 新津島의 要兒梁戍34), 波知島에 설치된 波知島營과 古波知島戍 등이 그러한 예이다. 특히 태안반도의 관방시설은 수군진영을 설치함과 동시에 石城을 구축하여 해양방비에 주력한 것으로 보인다. 이는 태안반도의 지리적 조건, 즉 왜구와 황당선이 자주 출몰하는 입지환경으로 인해 최 변방이라는 점 때문에 바다에서 섬, 섬에서 내륙 쪽으로 상호 중첩된 방어망을 구축한 것으로 이해된다.

이처럼 중앙정부가 태안반도의 방비책에 주목하였던 본질적인 목적은 무엇이었을까? 앞서 언급한 바와 같이, 태안반도가 서해 해로 가운데 최 변방이라는 점, 그리고 외세에 대한 방비책을 강구하기 위한 점을 지적하지 않을 수 없다. 海防 이외에 보다 큰 목적은 태안반도 안흥량이 三南의 세곡을 실어 나르는 주요 뱃길이라는 점이다. 이런 까닭에 역대 중앙정부는 안흥량의 뱃길 안전을 도모하기 위해 매우 적극적이었다. 예컨대 태안반도 일대의 해역을 권역별로 나누고, 각 해역마다 항해의 안전을 보장해 주는 기구를 신설·증설하였는데, 그 대표적인 유적이 수군진이다.

조선후기 古地圖에서 태안 안흥량 일대에 설치된 수군진의 추이를 살펴보면 <그림 5>와 같다. <그림 5>에서 보듯이, 태안반도의 내륙 중앙에 태안읍성이 위치하고, 그 외곽 바닷가 연안에 所斤鎭(泰安郡 遠西面)이 있고, 그 외양에 安興鎭(泰安郡 近西面)이 입지하고 있다. 태

---

34) 요아량수는 新津島에 설치된 要兒鎭으로 추정하는 說이 있다(박춘석, 『태안의 역사』, 1995, 228쪽).

96 제1장 강과 바다, 그리고 해로

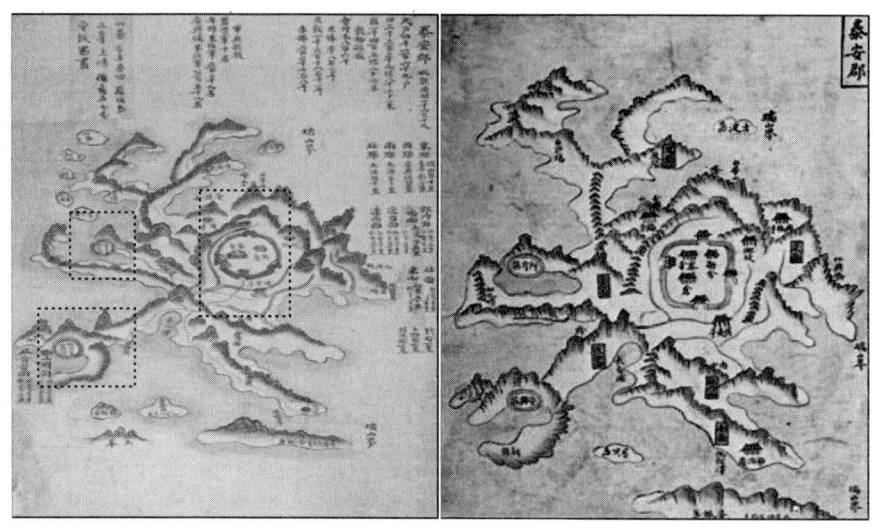

[그림 5] 1750년대 泰安의 關防(『海東地圖』) [그림 6] 泰安 所斤鎭과 安興鎭(『廣輿圖』)
〔점선으로 표기된 부분이 소근진(左上),
안흥진(左下), 태안읍성(右上)〕

안반도 안흥량 일원에 수군진이 설치된 것은 15세기이다. 조선 태종 4년(1401) 태안군 소원면 소근리 오근이포에 수군진을 설치하였는데, 이것이 일명 '朽斤伊浦鎭'이라 부르는 萬戸鎭이다.[35] 그 후 세종 12년(1467) 오근이포에 수군첨사가 파견되면서 所斤鎭이라 개칭하였고, 중종 9년(1514)에 비로소 돌로 성을 쌓았는데, 둘레가 2,165척, 높이가 11척이었다.[36] 즉 태안군 원서면(현 소원면)에 所斤鎭이 설치되어 있을 때 안흥량에 '安興梁戍'가 설치되어 있었고, 이 안흥량수는 소근포 첨절제사 소속 軍兵에 의해 관리되었던 것이다.[37]

---

35) 『泰安邑誌』(1872).
36) 『新增東國輿地勝覽』, 「泰安郡 關防」.
37) 『新增東國輿地勝覽』 권19, 「태안군 關防」. 한편 口傳에 의하면, 안흥량수 이전에 이미 고려 때 新津島에 要兒鎭이 설치되었다는 설도 있다. 이는 <요아진→안흥량수→안흥진>으로 그 계통을 설명하고 있으나, 요아진의 실체는 아직 확인되지 않는다(박춘석, 『태안의 역사』, 238쪽).

그렇다면, 15~16세기 지리지에서 확인되지 않았던 안흥진은 과연 언제 어디에 설치되었던 것일까? 이에 대해서는 조선후기에 간행된 문헌에서 그 연원이 확인된다. 다음은 17~19세기의 고문헌에서 확인된 안흥진에 관한 내용이다.

C-1. 충청도와 전라도의 암행어사 沈澤이 아뢰기를, "안흥첨사 盧惟敏은 군졸들을 사랑하여 형장을 함부로 쓰지 않았으며, 소근첨사 金時豪는 價布를 외람되이 징수하여 土兵들이 원망하고 있었습니다"라고 하니, 상이 "노유민에게는 表裏 1습을 사급하고, 김시호는 잡아다가 추문하라"고 명하였다.38)

C-2. 安興梁僉節制使鎭, 안흥량에 위치한다. 舊所斤僉節制使가 分兵하여 지키던 곳이다.39)

C-3. 안흥진, (태안군) 서쪽 40리에 있다. 본래 안흥량의 수자리 하던 곳으로, 소근포첨사가 군병을 파견하여 지키던 곳이다. 효종 4년(1653)에 花亭島로 옮겨 세웠다가, 6년(필자:1655)에 土人 金石堅의 상소로 鎭城을 세웠는데, 둘레가 3,621尺이다. 수군첨절제사 1인이 있다.40)

위의 기사를 종합해보면, 안흥진의 기원은 安興梁戍에서 연원한다(C-2). 안흥량수는 앞서 <표 1>에서 언급한 바와 같이, 『동국여지승람』(1481)에 이미 등재되어 있는 것으로 확인된다. 그런데 안흥량에 설치되어 있던 안흥량수가 1653년에 화정도로 이건되고, 뒤이어 1655년에 석성을 축조하였다고 언급되어 있어 주목된다(C-3). 이로써 보건대, 안흥량수는 15세기 초에 태안 오근이포진(별칭 소근진, 1401년 設鎭)에서 관할하던 안흥량의 수자리였고, 1653년에 안흥량수는 안흥량에서 花亭島로 이건하였다(C-3). 그리고 2년 후인 1655년에 안흥량수는

---

38) 『仁祖實錄』 권49, 인조 26년 2월 17일 임오.
39) 『東國輿地志』 「泰安郡 公署」.
40) 『大東地志』 「泰安郡 鎭堡」.

화정도에서 안흥량으로 다시 옮겨왔고, 이 때 안흥량수에 석성이 축조된 것으로 파악된다(C-3). 뿐만 아니라 인조 26년(1648)에 안흥첨사와 소근첨사가 각각 파견되었다(C-1). 결과적으로 15세기 안흥량수는 소근진의 수자리 정도였다가, 17세기에 석성이 축성되면서 첨절제사가 파견되고, 동시에 수군진성으로 승격되었음을 알 수 있다.

그렇다면, 17세기 안흥진에 진성을 축조한 이유는 무엇일까? 안흥성이 축조된 1655년을 전후로 하여 실록 기사를 검토해 보자.

> D-1. 승지 李景義가 상소하여 이르기를, "江都를 근본으로 삼고 德物島의 여러 섬과 南陽의 大富島, 인천의 紫陽島를 좌우 울타리로 삼으며, 海西는 연안·해주를 大鎭으로 삼아 백령도에 이르고, 湖西는 수영·서산·태안을 羽翼으로 삼을 만합니다. 그리고 안변·난지·원산 등의 섬 및 서천포와 고군산 諸島를 列屯하는 곳으로 삼으며, 부안·변산에 또 大鎭을 설치하고 여기에서부터 남쪽으로 뻗어 영암·나주에 이르러 끝나게 합니다."41)
>
> D-2. 지경연 李厚源이 아뢰기를, "일전에 京畿 士人 金石堅의 상소에 안흥의 형세는 海曲에서 수십 리 안쪽으로 삽입되어 있고, 湖西로 통하는 한 가닥 길이 되기 때문에 군량을 저장하고 군대를 주둔시킬 수 있습니다. 또 안으로는 江都와 表裏 관계를 이루고 있고, 밖으로는 호남과 영남을 제압하고 있습니다. 따라서 江都가 있으면 安興이 없을 수 없습니다."42)
>
> D-3. 집의 金萬均이 아뢰기를, "태안과 안흥은 江都의 요충지이므로 군량과 무기를 비치한 것이 많은데, 만일 변란이 있을 때 적의 수중에 떨어지게 된다면, 비단 군량과 무기만을 잃을 뿐만 아니라 江都의 뱃길이 막힐 것입니다."43)
>
> D-4. 호조판서 閔維重이 아뢰기를, "일찍이 효종조에 호남의 格浦와 호서의 安興이 수로의 요충에 있어 위급한 경우에 江都를 성원할 수 있으므로, 이

---

41) 『仁祖實錄』 권39, 인조 17년 7월 17일 임신.
42) 『孝宗實錄』 권10, 효종 4년 3월 7일 계유.
43) 『顯宗實錄』 권16, 현종 10년 2월 13일 병자.

두 곳의 성 쌓는 일은 道臣으로 하여금 주관하도록 하였습니다."⁴⁴⁾

위의 기사는 17~18세기 안흥성과 관련된 중앙관료들의 논의를 정리한 것이다. 이를 종합해 보면, 안흥성의 축조배경은 첫째, 서해 海路의 요충지이고, 둘째, 三南의 漕運路이며, 셋째, 군량과 무기가 비치되어 있고, 넷째, 戰亂 때 江都(필자: 강화도)를 성원할 수 있는 門戸에 해당된다는 점이다. 이런 이유 때문에 숙종 때 이광적은 外洋을 방비하는 條目 가운데 안흥진을 重鎭으로 개편해야한다고 주장하였던 것이다. 결국 이광적의 상소를 받아들여 숙종 37년(1706) 안흥진에 防禦使가 파견되었다.⁴⁵⁾

4. 성안마을의 공간구조

안흥성이 효종 6년(1655)에 축조될 당시, 태안을 비롯하여 인근 지역 서령·해미·덕산·예산·당진·면천·홍주·결성·보령·남포·서천·한산·임천·홍산·청양·청주·충주 등 충청도 내 18개 읍면 주민들이 동원되었다. 당시 축성에 참여하였던 주민들의 고충이 실록에서 확인된다. 즉 "효종 6년(1655) 4월에 때마침 충청도에 지진이 발생하였다. 이 때 성축 쌓는데 동원되었던 사람들은 주민들의 원성에 대한 응험이라 여겼다"라고 하였다.⁴⁶⁾

이처럼 안흥성의 축조는 충청도 주민들을 총동원 할 만큼 대단위 공사였다. 후대의 기록이기는 하지만, 19세기 중엽에 제작된 『大東地

---

44) 『肅宗實錄』 권9, 숙종 6년 6월 23일 경진.
45) 『肅宗實錄』 권49, 숙종 36년 10월 3일 갑자 ; 『肅宗實錄』 권37, 숙종 37년 5월 28일 병진.
46) 『孝宗實錄』 권6, 효종 6년 4월 24일 무인.

志』에 의하면, 안흥성의 규모가 둘레 3,621尺으로 확인된다. 또 안흥성에서 주둔하였던 인원은 水軍僉使 1명, 防卒 87명, 知鼓官 1명, 船倉代將 2명, 旗牌官 10명, 敎師 2명, 捕盜官 4명, 訓導 2명, 火砲敎師 2명, 軍卒 304명으로 확인된다. 또 이곳에 배치된 戰船은 거북선 1척, 防船 1척, 伺候船 3척, 兵船 1척 등이었다.47) 또 안흥성 내에 건물은 東軒, 冊室, 內衙, 內官廳, 外官廳, 婢自廳, 幕裨廳, 中房廳, 監官廳, 通引廳, 及唱廳, 官奴廳, 使令廳, 歇守廳, 作廳, 刑吏廳, 將校廳, 大道案廳, 敎鍊廳, 能櫓廳, 將臺, 永思臺, 練習臺, 興學臺, 客舍, 五里亭, 待變亭, 六模亭, 八模亭, 劍嘯樓, 閉門樓, 制勝樓, 望海樓, 大將幕, 中軍幕 등으로 이루어졌다. 이외에 城의 東門(守城樓), 西門(垂紅樓), 南門(伏波樓), 北門(坎城樓) 등 문루가 설치되어 있었다.48)

그런데 2008년 필자가 현지답사를 실시해 본 결과, 위에 열거되어 있는 안흥성 부속건물들의 흔적을 전혀 찾아볼 수 없었다. 다만, 조선 후기에 간행된 고문헌을 통해 몇몇 건물지가 확인될 뿐이다. 예컨대, 1864년에 간행된 『대동지지』에 의하면, 客舍峯에 制勝樓·待變亭·泰國寺, 그리고 3개의 倉庫가 있었던 것으로 확인된다.49) 그러나 이 건물은 1894년 동학농민군이 서산·태안·해미 등지에서 관군과 접전할 때 대부분 소실된 것으로 파악된다.50) 또 일부 남아 있던 건물은 1901년 태안군청을 건립할 때 해체되어 移建하였다고 한다.51) 이처럼 20세기 초 안흥성의 건축물은 대부분 소실된 상태였던 것으로 보인다. 그러나 입지적 조건은 여전히 연해 방어기지로써 그 기능을 유지하였던 것으로 추정된다. 왜냐하면 고종 38년(1901)에 <연해 지방 砲臺 설치에 관

---

47) 『大東地志』「泰安郡 鎭堡」.
48) 『輿地圖書』「泰安郡 城堡」.
49) 『大東地志』 권5, 「泰安郡 城堡」.
50) 박춘석, 『태안의 역사』, 209쪽.
51) 근흥면지편찬위원회 편, 『근흥면지』, 2002, 120~127쪽.

한 안건>이 반포될 당시 전국의 수군진이 대부분 소실되었으나, 태안의 안흥량은 훼철 대상에 포함되지 않고, 海門의 기능을 유지하고 있었기 때문이다.52)

　이제 성안마을의 입지환경을 통해 안흥진의 지리적 조건과 공간구조를 재구성해 보도록 하자.

　<그림 7>은 성안마을을 도면에 옮겨 놓은 것이다. 성안마을은 태안군 근흥면 정죽4리에 위치한다. 마을의 초입은 안흥성의 西門을 이용

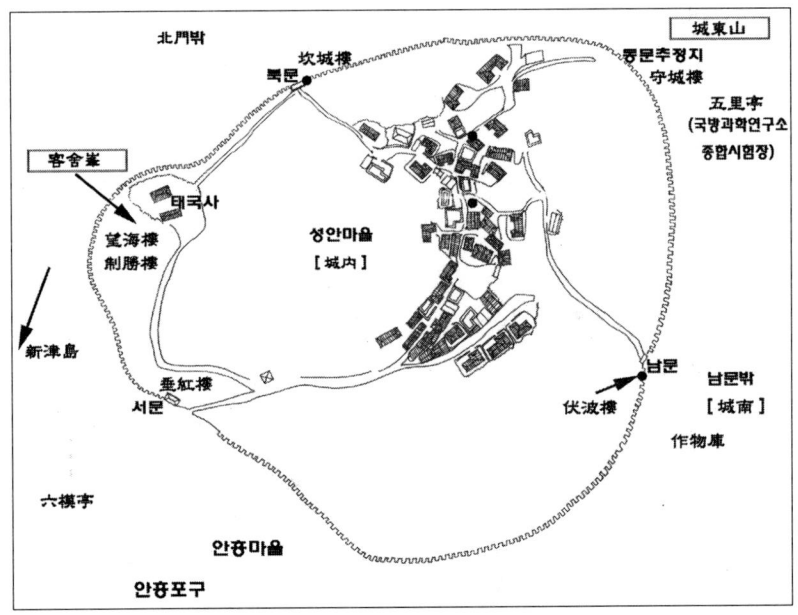

[그림 7] 안흥성 내 성안마을의 공간구조

---

52) 『高宗實錄』 권41, 고종 38년 3월 8일. 뿐만 아니라 21세기 안흥성 일대는 여전히 군사시설이 입지하고 있어 요충지임을 입증해 준다. 즉 태안 안흥성 주변 특히 동문지 일대는 국방과학연구소의 실험기지로 활용되고 있어 태안반도의 입지적 조건이 예나 지금이나 해양방어 기지로써 적합한 공간이었던 것으로 보인다.

하고 있다. 서문 앞으로 603번 지방도로가 지나가고, 서문에서 약 100m 정도 떨어진 도로변에 '六模亭(址)'이 위치한다.53) 이 육모정에서 곧바로 직진하면 안흥포구로 연결되고, 육모정에서 오른쪽으로 우회하면 안흥에서 新津島로 건너가는 신진대교가 있다(<그림 1> 참조). 즉 성안마을은 안흥성과 바다를 사이에 두고 前洋에 신진도를 마주하고, 신진도 너머에 馬島, 그 外洋에 소위 '안흥량의 험조처'라 불리는 관장목, 그 옆에 賈誼島가 위치한다. 이처럼 성안마을은 태안반도의 서쪽 끝자락에 입지하며, 그 주위를 둘러싸고 있는 안흥성은 안흥량의 크고 작은 도서를 가장 높은 곳에서 내려다보는 곳에 위치하고 있다.

안흥성 안에 성안마을이 조성되어 있다. 성안마을은 앞쪽에 안흥포구가 입지하고, 마을의 동·서·남·북에 堂峰(해발 75m)·文筆峰(해발 75.9m)·南山峰(해발 75.5m)·客舍峰(해발 71.9m) 등이 상호 조응하는데, 각 봉우리의 꼭지점에 門樓와 城壁이 연결되어 있다. 따라서 성안마을 앞은 西海 海路이고, 마을의 동·남·북쪽은 높은 봉우리로 둘러싸여 있는 형국이다. 또 안흥성의 서쪽 봉우리인 객사봉에 올라서면 서해로 출몰하는 적들을 관찰할 수 있는 망해루가 입지하고, 바로 그 옆에 서해의 해로는 물론 국가의 안위를 염원하였던 泰國寺가 위치한다. 그리고 성안마을의 협곡에 동헌·내아·책방·장관청·급창방·사령방·질청·군기고(2)·조총고가 별도로 있고, 이외에 제승루·군향고·관사·남창·북창·장대·망해루·태국사54) 등이 있었으며, 성의 동문에 수성루, 서

---

53) 현재 육모정(터)로 추정되는 곳에 11基의 비석이 입지한다. 수군진 관련 비석을 정리하면 다음과 같다. ①<防禦使李公元會愛民善政碑>(불명), ②<行僉節制使朴公東鎭永世不忘碑>(1890), ③ <防禦使李公熙訥永世不忘碑>(1873), ④ <領議政金公在根永世不忘碑>(1860), ⑤<行水軍兵馬僉節制使賈公行健永世不忘碑>(1861년 건립, 1945 복원), ⑥<行僉節制使賈公行健愛民善政碑>(1860) 등이다. 즉 안흥진 관련 防禦使 李元會, 防禦使 李熙訥, 水軍兵馬僉節制使 賈行健, 僉節制使 朴東鎭 등의 永世不忘碑와 善政碑이다. 이외에 근흥면장 韓錧, 대한민국 애국 청년 추도비, 백년 갈증을 푼 유래비 등이 있다.

문에 수홍루, 남문에 복파루, 북문에 감성루 등이 배치되었던 것으로 확인된다. 또 마을 안쪽에 일명 '남창말' '서창말'이라 불리는 곳에 창고가 설치되어 있었는데, 남창에 쌀 300석, 서창에 보리 300석 등 군량미가 비축되었다고 한다.55) 또 성밖에는 주민들의 거주지가 조성되었는데, 2008년 현재 '북문밖' 마을이 유일하게 현전한다.

<그림 8>은 북문밖 마을의 모습을 그린 것이다. 오늘날 북

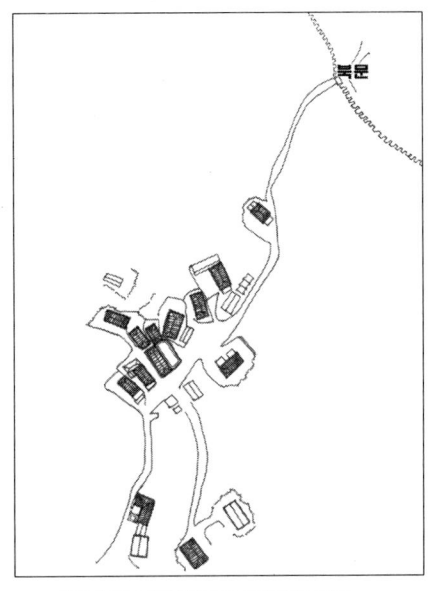

[그림 8] 안흥진성의 북문밖 마을

문밖 마을이 유일하게 현전하고 있는 이유는 동·서·남문에 비해 농경지가 일찍 조성되었기 때문인 것으로 보인다. 왜냐하면 지리적으로 북문은 태안읍으로 연결되는 지방도로가 개설되어 내륙으로 통하는 유일한 길목에 해당된다. 더욱이 안흥성 북쪽 해안가에 '程山浦'라 불리는 포구가 있는데, 이 포구의 명칭은 '산이 포구를 막고 있다'는 뜻에서 붙여진 지명이라고 한다.56) 즉 안흥량의 북쪽(정산포 일대)은 바닷물이 만입되고 있긴 하지만, 바다 건너편에 태안군 소원면이 가로 막고 있다. 때문에 정산포의 지명은 포구이지만 실재 서해 해로와는 무관하다. 또 성안마을의 서북쪽은 1930년대 옥구군 대야면 사람들에 의해 건설된 堤防(정죽4리의 성안마을과 정죽3리 갈음이)이 조성되면서

---

54) 태국사는 백제 무왕 34년에 창건되었다고 전해온다(근흥면지편찬위원회 편, 『근흥면지』, 2002, 500쪽).
55) 『근흥면지』, 283쪽.
56) 박춘석, 『태안의 지명』, 381쪽.

그 안쪽에 대단위 간척지가 마련되었다.57) 이름하여 '安興農場'이 그 것이다. 안흥농장은 1932년 조선총독부의 토목기사로 재직하였던 이병수에 의해 약 70ha가 개간되었다.58) 안흥농장이 정죽1리에 집중 분포하고 있다면, 정죽2·3·4리는 1940년대에 李聖烈과 그의 아들 李漢九에 의해 조성된 '琴隱農場'이 위치한다.59) 이러한 경제적 조건으로 인해 북문밖 마을 사람들은 오늘날까지 옛터를 지키며 정착생활을 영위할 수 있었던 것이다.

이와 같이 정죽리 사람들은 근·현대기 제방 건설로 인해 조성된 경작지에서 농업에 종사하기도 하지만, 대부분 어업이 주업이다. 따라서 안흥량 일원에 여러 개의 어촌계가 현전하고 있다. 예컨대, ①<여우섬→정산포>에 이르는 지역의 「정산포어촌계」, ②<정산포→바깥갈음이>까지 「갈음이어촌계」, ③<바깥갈음이→신진대교> 일대에 조직된 「안흥어촌계」, ④<신진대교→마섬>에 이르는 「신진어촌계」, ⑤<안흥포구→죽림2리>에 이르는 「공동어장」 등이 그것이다. 이렇듯 안흥량 일대의 섬과 바다, 포구와 내륙을 연결하는 곳에 안흥성이 축성되어 있고, 그 안쪽 경사진 산록에 안흥마을이 입지하고 있다.60)

이상에서 살펴본 바와 같이, 조선시기 태안군 근흥면 안흥량 일대는 삼남의 조운선이 통과하는 서해의 海路이자, 강화도를 외곽에서 방어해 주는 表裏 관계를 형성하였던 곳으로 평가된다. 이러한 입지적 조건은 21세기 문화의 중심지로 기능하고 있었다. 즉 정죽2리에 안흥

---

57) 제보자: 윤용욱(태안문화관광해설사).
58) <이병수송덕비>는 태안군 근원면 납터굴에 위치한다. 비석 앞면에 <李公炳壽頌德不忘碑>라 새겨져 있다. 이 비석은 안흥농장 경작자들이 1952년에 건립하였다.
59) <琴隱李公聖烈頌德碑>(1956)가 국방연구소 죽림아파트 초입 도로변에 있다.
60) 안흥성 내 성안마을은 1976년에 충청남도 기념물 제11호로 지정되었으며, 2007년 현재 주민 20여 호가 성안에서 거주하고 있다. 예외적으로 안흥성 동문 일대에 국방과학연구소가 입지하여 일반인들의 출입이 통제되고 있다.

초등학교, 정죽4리에 국방과학연구소 안흥종합시험장이 위치하고, 정죽5리에 안흥우체국·서산수협안흥지소·안흥새마을금고·보건지료소·태안해안경찰서·선박입출항신고소 등이 집중 분포하고 있다. 다시 말해서 조선후기 안흥포구가 수군진으로써 관방기능을 수행하였다면, 21세기 안흥포구는 행정 및 문화의 중심지로 기능하고 있었다.

5. 맺음말

 이 글은 조선후기 태안반도 안흥량에 입지한 안흥진과 성안마을 사례를 통해 수군진의 입지환경과 공간구조를 살펴보기 위해 작성되었다.
 안흥량은 일명 '難行梁'으로 칭할 만큼 우리나라의 대표적인 險阻處 중의 하나였다. 그럼에도 불구하고, 남에서 북쪽으로 항해하는 선박들은 모두 안흥량을 거쳐야만 한양에 당도할 수 있었다. 특히 전라도의 세곡선은 반드시 안흥량을 통과해야만 서울에 납세할 수 있었다. 조선시기 태안 안흥량에서 세곡선의 안전은 국가 재정을 충당하는 방안이었기에 그 어떤 사안보다도 중시되었다. 그러나 안흥량의 입지조건은 조운선의 항해를 쉽게 허용해 주지 않고 파선시켰다. 즉 안흥량의 수로는 조수간만의 차가 심하여 간조 때 전 지역이 갯벌로 변하였다. 따라서 연안 항로를 운항하던 조운선의 경우 갑자기 드러난 갯벌로 인해 항해의 어려움이 극심하였다. 또 안흥량 일대에 집중 분포하고 있는 크고 작은 섬들은 지형변화를 초래하여 이 역시 조운선이 넘어야 할 관문이었다. 그런가하면 海中 곳곳에 솟아있는 岩角은 潮流를 강하게 발생시키는 요인으로 작용하여 항해하는 선박을 파선시켰다. 이런 실정이었기에 조선정부는 안흥량에서 선박의 안전 항해를 다방면으로 모색하였다. 그 대안 가운데 하나가 태안반도에 운하를 건설하는 방안이었다. 그러나 내륙지역 운하 건설은 성공하지 못하고 실패하고 말았다. 이에 중앙정부는 서해 해로에 수군진을 신설하여 조운선의 항해를 지원하였다.

태안반도에 수군진이 설치된 것은 15세기이다. 태안의 소근포·안흥량·파지도 등 섬과 바다, 그리고 내륙 연안에 수군진이 배치되었다. 수군진이 태안에 배치된 요인은 첫째, 태안반도가 서해 해로의 요충지이며, 둘째, 삼남의 조운로에 해당되며, 셋째, 군량과 무기가 비치되어 있고, 넷째, 戰亂 때 江都를 성원할 수 있는 門戶에 해당되었기 때문이었다. 이런 까닭에 15세기 안흥량에 '安興梁戍'가 설치되어 바닷가 최전방에 배치되었고, 그 안쪽에 첨절제사가 파견된 所斤鎭이 입지하였다. 그리고 1655년 안흥량수에 석성이 축조되어 안흥성으로 승격되었다.

안흥진성의 인적 구성은 수군첨사 1명, 방졸 87명, 군졸 304명 등 약 400여 명이 주둔하였고, 전선 6척이 배치되었다. 안흥성의 부속건물은 성안마을에 동헌·내아·책방·장관청·급창방·사령방·질청·군기고·조총고·제승루·군향고·관사·남창·북창·장대·망해루·태국사 등이 배치되었다. 또 성안마을에는 '남창말·서창말'이라 불리는 곳에 2개의 창고가 설치되어, 남창에 쌀 300석, 서창에 보리 300석 등 군량미가 비축되었다. 또 성밖에는 주민들의 거주지가 마련되었다. 2008년 현재 안흥성의 서문은 성안마을의 출구로 사용되고 있고, 남문밖은 포구에 입지한 까닭에 이미 개발되었으며, 동문은 군사기지로 설정되어 주민들의 출입이 통제되고 있다. 또 유일하게 북문밖 마을이 현전하고 있다. 북문지 일대는 동·서·남문지에 비해 농경지가 일찍 조성되어 주민들의 거주지가 존립할 수 있었던 것으로 보인다.

이와 같이 태안 안흥량 일대는 조선시기 삼남의 조운선이 통과하는 서해의 海路이자, 강화도를 외곽에서 방어해 주는 表裏 관계를 형성하였던 곳으로 평가된다. 이런 까닭에 태안반도의 서쪽 바다로 가장 많이 돌출된 지점인 안흥량에 수군진이 설치되었던 것이고, 그 안쪽 산록에 성안마을이 조성되었던 것이다. 성안마을은 마을 앞쪽으로 안흥포구가 입지하고, 바다를 사이에 두고 <신진도~마도~가의도> 등 크고 작은 섬들이 입지하여 內海를 형성하고 있다. 또 성안마을 주변에 4개의 높은 봉우리가 상호 조응하고, 그 안쪽 산록 협곡에 마을이 입지한다.

이러한 안흥진의 입지적 조건은 21세기 안흥포구를 중심으로 행정 및 문화의 중심지로 기능하고 있었다. 예컨대 정죽2리에 도서민 교육을 위한 안흥초등학교가 입지하고, 정죽4리에 국방과학연구소 안흥종합시험장, 또 정죽5리에 안흥우체국·서산수협·안흥지소·안흥새마을금고·보건진료소·태안해양경찰서·선박입출항신고소 등이 집중 분포하고 있어 태안반도 내 문화공간으로 활용되고 있다.

◇ 이 글은 「조선후기 태안 안흥진의 설치와 성안마을의 공간구조」(『역사학연구』 32, 호남사학회, 2008)를 보완한 것이다.

제2장 표류와 인간

고석규 / 조선시기 표류경험의 기록과 활용

김경옥 / 18~19세기 서남해 도서지역 漂到民들의 추이
　　　　　―『備邊司謄錄』「問情別單」을 중심으로

고석규 / 조희룡의 임자도 유배생활에 대하여

정병준 / 암태도 소작쟁의 주역의 세 가지 길:
　　　　　서태석·박복영·문재철

이기훈 / 강화도에서 이동휘의 계몽운동

조선시기 표류경험의 기록과 활용*

고 석 규

1. 머리말

우리 역사를 돌이켜 볼 때 우리는 흔히 海洋史觀의 不在, 즉 해양에 대한 관심의 부족을 말한다. 바다를 모험과 도전으로 개척해야할 대상이라 보기보다는 신비와 공포의 장소로 보아 회피하는 경향이 더 많았다는 것이다. 이 점은 어느 정도 사실이다. 그러나 당위성의 측면에서 또는 삼면이 바다인 지리적 조건에서 볼 때, 海洋性을 전면 부정할 수는 없었다. 그래서 "'바다 지향성' 곧 '해양성'이 내재되어 있다"[1]는 정도로 자위하고 만다. 정말 해양성은 상상 속에서만 있었던 것인지 아니면 실재했던 것인지 우선 사실에 대한 정확한 인식이 필요하다.

최근 들어 해양사 관련 연구가 뜻밖에도 많아졌다. 개인문집이나 『芝峯類說』과 같은 유서류 등을 보면 해양국가와의 교류 사실들이 예상

---

* 이 논문은 2005년 정부재원(교육인적자원부 학술연구조성사업비)으로 한국학술진흥재단의 지원을 받아 연구되었음(KRF-2005-005-J13701)
1) 曺圭益, 「고전문학과 바다」 『해양문학을 찾아서』, 集文堂, 1994, 56쪽.

외로 많았음을 확인할 수 있다.2) 그래서 사실 확인이 더욱 시급해 진다. 여기서는 이런 연구성과들에 힘입어 해양사의 한 측면을 점하고 있는 표류의 문제에 접근해 보고자 한다.

국제 교류가 활발하지 않던 시기에 표류는 바다를 통해 이민족·이문화에 대한 새로운 경험을 제공한다. 뜻밖이지만, 표류로 인해 새로운 세계를 구경하며 많은 경험을 쌓고 견문을 넓힐 수 있다. 그래서 바다를 장벽이 아니라 오히려 문화·문물이 교류하는 소통의 공간으로 인식하게 한다. 물론 표류의 경험을 어떻게 수용하느냐에 따라 인식의 정도차가 나타나고, 그 차이의 線上에서 해양성의 정도도 드러난다. 따라서 표류 경험의 활용은 해양성의 내용을 엿보기에 좋은 소재이다.

표류에 대한 연구도 적지 않지만,3) 여기서는 표류의 경험이 어떻게 기록되어 활용되었는지 그 활용의 사정을 검토하여 해양성의 내용과 정도의 차이를 살펴보고자 한다. 하지만 이 글은 표류에 대한 시론적 연구에 그쳐 부족한 점이 많다. 보다 본격적인 표류 연구를 위해서는 국제관계에 대한 폭넓은 인식은 물론 관련 자료에 대한 정치한 분석, 새로운 사료의 발굴 등의 노력이 뒤따라야 할 것이다.

2. 표류인 송환과 추이

1) 표류인 송환과 漂流地

거친 바다를 항해하다 보면 날씨 탓으로 뜻밖의 엉뚱한 곳에 표류

---

2) 河宇鳳,「제3장 조선시대 동남아시아 국가와의 교류 －安南國을 중심으로－」『해양사관으로 본 한국사의 재조명』, 해상왕장보고기념사업회, 2004, 83쪽.
3) 표류에 대한 연구들은 대부분 조선·일본 간의 표류를 대상으로 하였으며, 연구경향은 이른바 외교체제론적 관점이 많았다. 李薰,『朝鮮後期 漂流民과 韓日關係』, 國學資料院, 2000, 9～30쪽 참조.

하는 일이 다반사였다. 특히 적대관계에 있는 나라에 표류하는 일도 적지 않았다. 이런 표류는 언제 어느 때 누구에게나 일어날 수 있었다. 그렇기 때문에 국제간에 표류인에 대하여는 함께 살아가는 사랑[竝生之仁]의 정신으로 대하는 원칙이 예전부터 있어 왔다.

왜구가 날뛰던 때에도 표류 倭船은 분명히 왜구와 구분하여 처리하였다. 1555년(明宗 10) 乙卯倭變으로 잔뜩 왜적에 적대감을 갖고 있을 때였지만 이때조차도 왜적과 표류인은 엄히 구분하였다. 일본 측이 "표류한 사람이 貴國에 도달하면 살해하지 말아 달라"고 부탁하자, 우리 측도 "귀국의 백성도 우리의 백성과 같으니 한결같이 사랑해야[一視同仁] 마땅한 것이다"라고 답하였다.[4] 바로 함께 살아가는 사랑의 정신을 지켜나가기 위한 조처였다. 조선인도 당연히 일본 땅에 표류하곤 하였는데, 일본 역시 이런 사랑의 원칙을 지켜주었다. 물론 중국과의 관계도 마찬가지였다. 공조참판 李穰을 북경에 보내 謝恩하게 하였는데, 그 表文에, "바닷배가 漂泊하는 어려움을 생각하여 특별히 安集"하게 한데 대하여 "彼我의 차별이 없이 똑같이 사랑하는 덕을 베푸셨다[推一視而同仁]"고 하여 감사의 뜻을 전했다.[5]

이와 같은 '병생지인' 또는 '일시동인'의 정신 때문에 거친 바다에서 살아남은 표류인들은 그나마 송환될 수 있었다. 그리고 표류인들이 남긴 경험담은 바다 바깥세상의 소식을 알려주는 신선한 정보가 되기도 하였다. 그런 점에서 표류인들은 비공식 영역에서 국제교류의 역할을 담당한 셈이기도 하였다.

표류인 송환에 대하는 우리 정부의 입장은 매우 적극적이었다. 1463년(세조 9), 제주 표류인을 救活한 왜인에게 즉시 상을 주도록 지시하

---

4) 『明宗實錄』 권25, 明宗 14년 8월 5일(甲辰). "貴國之赤子, 猶吾之赤子, 當在一視同仁之中."
5) 『世宗實錄』 권115, 世宗 29년 1월 25일(戊子).

는 등6) 표류인의 송환을 위해 적극 대처하였다. 예조에서 일본국에 가는 통신사의 사목에는

1. 지나가는 여러 곳 가운데 만약 우리나라 사람이 표류하여 붙어살고 있는 자가 있으면, 노자[盤纏]로 쓸 布物을 숫자를 헤아려서 주고 刷還해 오도록 하며, 만약 일찍이 통신하지 않았던 곳이면 선물을 적당히 주고서 말하기를, '표류하는 사람을 위로해 주고 모두 쇄환시켜 우리에게 넘겨주면, 우리나라에서 마땅히 후한 보답이 있을 것이다'라고 할 것입니다."7)

라 하여 적극적인 조치를 강구하고 있다.

이런 표류인 송환에 대한 적극 대처는 표류인 송환이 왜인들로 하여금 우리나라에 대한 요구수준을 높이는 빌미를 제공하였다. 송환을 조건으로 來朝하기를 원하고 대가 즉 교역의 확대를 요구하는 상황으로 전개되었다. 이 때문에 왜인들은 표류한 조선인들을 돈을 주고 사서라도 송환시키려 하였다. 따라서 송환은 늘어났다. 특히 1474년(成宗 5)의 기록을 보면, 그렇다. 표류인을 매개로 국교를 트거나 使船의 숫자를 늘리는 등 이해관계 해결의 수단으로 활용하였다. 오도와 대마도의 요구가 표류인을 매개로 한 거래에서 모두 이루어지고 있었음을 확인할 수 있다.

한편, 우리나라 사람들이 표류하다가 도착하는 곳은 중국, 일본 및 동남아시아 일대로 광범했다. 어디로 표류하는가에 가장 큰 영향을 미치는 것은 바람과 해류이었다. 계절풍을 고려할 때 우리나라 동해에서는, 여름에는 대개 일본의 北海道나 樺太쪽으로 가게 되고, 겨울에는

---

6) 『世祖實錄』 권30, 世祖 9년 1월 18일(戊申).
7) 『成宗實錄』 권102, 成宗 10년 3월 25일(辛巳). "一. 所經諸處, 若有我國人漂流寄寓者, 以盤纏布物量數贈給刷來, 若不曾通信處, 量給人情, 語之曰: "存撫漂流人, 盡刷付我, 則我國當有厚報."

일본의 九州나 중부지방 바닷가에 닿게 된다. 서해에서는, 겨울에는 琉球 列島 또는 중국의 남쪽 끝으로 가게 되고, 여름철에는 중국의 山東 지방이나 우리나라 關西지방으로 가게 된다. 남해에서는 좀 더 다양하게 그 풍향과 조류가 흩어져서 일본의 구주·유구 또는 중국의 동남 해안으로 가거나 우리나라의 서해안 쪽에 닿게 된다.[8] 이처럼 표류하는 곳은 중국, 일본, 유구, 안남 등 아시아의 여러 나라에 걸쳤다. 따라서 표류인으로 인해 이들 여러 나라와 다양한 관계를 맺게 되었다.

2) 국제관계의 변화 추이

표류인 송환을 둘러싼 정책의 변화는 국제관계의 변화를 엿볼 수 있는 통로가 되기도 한다. 우리나라의 국제관계 중 중국과의 관계는 일본과 커다란 차이가 있었다. 예를 들면, 제주도 표류인을 遼東鎭撫 李時·康鎭 등이 거느리고 서울로 왔는데 이에 대하여 金安國이 "표류인들은 마침 중국에 닿았기 때문에 50여 명이 살아 돌아올 수 있었다. 만약 일본국에 닿았더라면 반드시 작은 혐의 때문에 구류하고 보내지 않았거나, 그 흔적을 없애 살아오지 못했을 것이다"[9]라 하는데서 중국에 대해서는 우호적, 일본에는 적대적 의식을 품고 있었음을 알 수 있다. 따라서 對海洋政策 방향은 중국과 같았고, 일본과는 달랐다.

특히 일본에 대해서는 부정적이었다. 다른 예를 들면, 1544년(成宗 39) 당시 정부에서는 "일본에 표류한 중국인들을 우리나라에서 轉送할 수 없다" 또 "琉球國에 표류한 우리나라 사람들에 관해서는, 그 나

---

8) 崔康賢,「한국 해양문학 연구 —주로 漂海歌를 중심하여—」『해양문학을 찾아서』, 집문당, 1994, 106쪽.
9) 『中宗實錄』권98, 중종 37년 6월 13일(壬辰). "此漂流人, 適到中原, 故五十餘人, 得以生還. 若到日本國, 則必以小嫌, 或拘留不送, 或滅其迹, 而不得生矣."

라에서 더러는 사신을 보내 送還하거나 더러는 중국을 경유하여 轉送했었고 일본을 통해서 刷還해 온 적은 없었습니다. 또 일본이 쇄환 여부에 관하여 먼저 書契를 마련하여 우리나라의 의사를 探問하는 것은 반드시 술책이 끼인 것이니 지금 경솔하게 허락하기 어려운 일입니다"10)라 하여 일본과 관계 맺는 일을 극구 피하려 하였다.

대 일본 관계는 1524년(成宗 19) 기록에 잘 정리되어 있는데 "대저 저들[일본]은 우리에게 청구하는 것이 있으므로 늘 나오거니와, 우리는 저들에게 청구하는 것이 없으니, 사신을 보낼 것 없습니다"11)라는 말에 잘 드러나고 있다. 즉 일본과의 관계를 통해 얻을 것이 없고 또 바닷길은 위험하다고 보았기 때문에 소극적일 수밖에 없었다.

한편, 유구와의 관계는 조선 초기에는 활발하다가 중·후기를 지나면서 소원해져갔다.12)

1458년(세조 4) 琉球國王의 使者 吾羅沙也文이 조선의 표류인인 卜山·升通吾之 등을 데리고 浦口에 이르렀을 때, 예조에서 "대저 연해에 거주하는 백성으로 이와 같이 표류한 자가 자못 많습니다"13)라고 하였는데 그만큼 표류 자체도 잦았고, 유구국과의 관계도 원만했다. 유구국 사신 道安과 조선의 司譯院判官 皮尙宜가 표류인 송환은 물론 상호 왕래에 주요한 역할을 하였다. 이런 관계는 도안의 아들 四郎·三郎에게 이어진다. 이들은 東平館의 倭人으로서 아버지처럼 중개 역할을 맡았다.14)

---

10) 『中宗實錄』 권102, 中宗 39년 3월 29일(丁卯). "唐人之漂在日本者, 不可自我國轉送事", "我國人漂到琉球國, 其國或遣使發還, 或由中國轉送, 未嘗有自日本出來者. 且日本刷還與否, 先爲書契, 以探我國之意, 術必有在, 今難輕許."
11) 『中宗實錄』 권51, 中宗 19년 8월 12일(甲辰). "大抵, 彼人則有救於我, 故常常出來矣, 我則無求於彼, 不必遣使也."
12) 朝鮮과 琉球의 관계에 대해서는 河宇鳳 外, 『朝鮮과 琉球』(1999, 아르케)에서 상세히 검토되고 있다.
13) 『世祖實錄』 권1, 世祖 4년 2월 26일(乙卯).

그러나 중기로 넘어가면서 통신 관계가 점차 약해졌다. 유구국과의 관계가 소원하다보니 유구국 사신을 의심하게 하는 일도 일어났다. 즉 1494년(성종 25)의 일이다.15) 유구국 사신 天章이 薺浦에 도착하였는데, 가지고 온 서계에 의심나는 事端이 많았다. 이에 따라 조정에서 여러 차례 논의 끝에 거짓 사신으로 판단하였다. 그 결과 사신으로 대우할 수 없으며 다만, 巨酋의 使送 예에 따라 접대하도록 하였다.16)

그런데 그 논의 과정에서 나왔던 말들을 보면, 유구에 대한 당시 조정의 생각들을 알 수 있다. 즉 "유구국은 우리나라와 거듭 바다[滄溟]가 가로막히고 멀어서 서로 접할 수 없으므로 利害에 관련이 없으니, 비록 그들의 진정한 사신이 왔을 적에 관문을 닫고 받아들이지 않는다 해도 오히려 옳다고 하겠습니다"17)라 하거나 "지금 유구의 사신이라고 일컫는 자도 아마 진실이 아닐 것이라고 여겨집니다. 비록 실제로 그 나라의 사자라 하더라도 우리와는 이해가 상관이 없으니 關門을 닫고 들어오지 못하게 하여도 가합니다"18)라고 하였다. 유구와는 교역의 이익이 없는 것으로 판단하고 있었다. 그만큼 유구와의 관계가 소원해질 수밖에 없었다. 1544년(중종 39)의 기록을 보면, "우리나라와 유구국이 예전처럼 서로 왕래하는 때라면 모르지만 지금은 서로 왕래가 끊긴 지 오래"라 하여 단절된 상태임을 말한다.19)

당시 우리 국가에서 외국에 사신으로 보내는 것은 오직 女眞과 倭

---

14) 『燕山君日記』 권28, 燕山君 3년 10월 14일(壬午).
15) 『成宗實錄』 권288, 成宗 25년 3월 19일(戊申).
16) 『成宗實錄』 권288, 成宗 25년 3월 24일(癸丑).
17) 『成宗實錄』 권288, 成宗 25년 3월 20일(己酉). "琉球國與我重隔滄溟, 夐不相接, 無關利害, 雖其眞使之來, 閉關不納, 猶云可也."
18) 『成宗實錄』 권288, 成宗 25년 3월 22일(辛亥). "今稱琉球使臣者, 恐非眞也, 雖實爲其國使者, 與我利害不相關, 閉關不納可矣."
19) 『中宗實錄』 권102, 中宗 39년 3월 29일(丁卯). "但我國與琉球, 如舊相通之時則已, 今不能相通久矣."

國뿐이었다.20) 유구는 이런 과정을 겪으면서 아예 빠져버렸다. 조선 후기로 오면, 유구와의 관계는 표류인 송환과 관련되어 아주 간혹 나타났다.

한편, 일본국에 표류는 주로 五島와 一岐島에 일어났다. 반면, 일본인이 조선에 표류하는 일은 드물었다.

안남 즉 베트남과의 관계도 드물지만 있었다. 1689년(肅宗 15)에 제주사람 金泰璜이 1687년 9월에 진상할 말을 거느리고 배를 타고 가다가 추자도 앞에서 풍랑을 만난 31일 만에 안남국 회안 지방에 표류하였다가 이듬해 7월 浙江의 商船을 만나 제주로 다시 돌아온 일이 있었다.21)

조선 후기 이후에는 청나라 강남지역 즉 남경, 漳州府, 福建省, 浙江省, 榮成縣, 登州府 등지 상인들의 표류기록이 현저하게 증가한다.22)

3) 向化人

표류인이 모두 제자리로 돌아갔던 것은 아니다. 때로는 귀화하여 정착해 일본의 주민이 되기도 하였다. 한편, 조선에 표류한 외국인들도 때로는 정착하여 조선의 주민이 되기도 하였다. 그러나 그들의 지위는 특수하여 조선에서는 이들을 '향화인'이라 불렀다. 조정에서는 연해의 방비에 대하여 논의할 때 이 향화인 활용을 검토하기도 하였다. 그 논의는 高敞의 幼學 柳新雨의 상소로부터 비롯되었다. 상소의 내용을 보면,

---

20) 『燕山君日記』권13, 燕山君 2년 3월 27일(乙巳).
21) 『肅宗實錄』권20, 肅宗 15년 2월 13일(辛亥).
22) 「비변사등록」신안군 관계기사자료집」, 신안군·도서문화연구소, 1998 참조.

"이른바 향화인이란 자들은 옛날 중국 사람으로서 표류하여 우리 땅에 이르러 이내 우리의 백성이 된 자입니다. 우리 땅에 들어와서 우리 백성이 된 지가 몇 백 년이 되었는지 모르는데, 늘 향화인이라 일컫고는 어업을 하는 자나 농사를 짓는 자 모두 身役이 없습니다. 그 거주지의 관원으로 하여금 그 帳籍을 상고하고, 그 年代를 한정하여 갯가에 사는 자는 수군에 충당시키고 육지에 있는 자는 육군으로 정한다면, 수만 명의 精兵을 얻게 되어 조금이라도 죽은 사람을 대신 채우는 데 도움이 될 것입니다."

라 하였다. 이에 묘당에서 논의가 있었는데, 이를 보면 이미 향화인 처리의 선례가 있었음을 알 수 있다. 즉 萬曆 신묘년(1591, 선조 24)에 향화인의 曾孫 이하에게 役事를 정하기로 결정하였던 일이 있었다. 따라서 거기에 근거해 역을 지우려 하였으나 이에 예조가 반대하고 나섰다. 예조의 말을 들어보면,

"本曹에서 향화인으로 갯가에 사는 자에게 船稅를 예대로 거두어서 일체의 용도에 이바지하고 있고, 그렇게 해 온 지가 이미 오래 되었으니, 지금 다른 역으로 옮겨 정할 수는 없습니다."[23]

라 하였다. 특히 갯가에 사는 향화인들은 예조에서 선세를 별도로 거두고 있었던 것이다. 따라서 수군의 역을 지우는 것에 반대하였고, 왕도 이를 인정하였다. 이처럼 향화인은 비록 일반 국세에서는 제외되었지만, 예조에 선세를 납부하고 있었기 때문에 궁방의 지휘를 받는 도서민과 같은 처지였다. 이들은 비록 향화인이라고 불렸지만, 그들은 도서 연안의 또 다른 우리 역사의 일부를 차지하고 있었다.

---

23) 『肅宗實錄』 권34, 肅宗 26년 10월 12일(辛未).

3. 표류 경험의 기록

　표류인 송환에 대한 국제적 합의, 우리 정부의 적극적인 자세 등으로 인하여 표류인들은 돌아올 수 있었다. 1459년(世祖 5) 10월 초 8일 떠난 일본통신사 일행이 풍랑을 만나 正使 宋處儉이 탄 배의 간 곳을 알지 못해 찾고 있을 때, 왕이 말하기를 "이 앞서 표류되어 다른 나라로 갔다가 되돌아온 자가 하나 둘이 아니니, 너희들은 걱정하지 말라"[24]고 하였다. 이는 그만큼 귀환이 드물지 않았다는 사실을 얼려 준다.
　그리고 바로 그들을 통해 표류의 경험은 기록될 수 있었다. 이제 그와 같은 표류의 경험들이 어떻게 기록으로 남게 되었는지 살펴보기로 하자.

1) 漂流記

　1681년(肅宗 7) 바다에 표류하던 사람을 押領했던 譯官 등이 청나라에서 돌아와 청나라 사정을 알렸다.[25] 이처럼 정보 습득의 기본 통로는 사신들, 그 중에서도 역관들이었다. 외국에 대한 정보는 이와 같은 공식적인 통신관계를 통해 얻는다. 그렇게 얻은 외국 정보에 대한 기록은 특히 申叔舟의 『海東諸國紀』 같은 책을 대표적으로 꼽을 수 있다. 그러나 신숙주 사후 그런 전문가가 없었다. 따라서 다른 방법으로 바다 밖 세상에 대한 정보를 보완해야 했다. 통신 관계를 통한 정보수집이 우선이었지만 통신이 어려워지자 표류기와 같은 비공식적인 정보로 보충할 수밖에 없었다. 金非衣의 표류기가 그런 예였다. 정식 외

---

24) 『世祖實錄』 권19, 世祖 6년 1월 7일(乙酉). "前此, 漂流適他國還歸者非一, 爾勿憂慮."
25) 『肅宗實錄』 권12, 肅宗 7년 11월 18일(丁卯).

교 또는 통신이 없어 궁금하던 터에, 1479년(성종 10) 유구에 표류했다 돌아온 김비의의 기록은 매우 유용하여 관심을 끌었다. 그 기록은 왕조실록에 기재되기에 이른다.[26] 이처럼 통신이 없을 때 이를 대체할 수 있는 유력한 수단이 표류기였다. 표류인이 남긴 기록 또는 구전 등이 외국 정보의 주요 출처가 된다.

표류인의 기록은 표류자 자신이 직접 쓰거나 제삼자가 표류자의 구술을 토대로 기록한 경우가 있었고, 민간에 구전되던 이야기가 채록된 경우도 있었다. 앞의 두 경우가 표류기로 남았고, 후자는 민간설화로 남았다. 대표적인 표류기는 <표 1>과 같다.

표류하는 사람들은 다양했다. 따라서 정보들도 그만큼 다양한 시각들을 통해 전달된다. 다만 지식인과 그렇지 못한 사람들간에 인식의 차, 전달의 차이는 컸다. 따라서 주로 지식인들에 의한 것이 주를 이루었다. 가장 대표적인 것이 崔溥의 표해록이다.

〈표 1〉 조선시기 주요 표류기

순번	저자	서명	저작연대	출발지와 시점	도착지와 시점	경유지	동행인
1	崔溥(1454-1504)	漂海錄	1488	1488.윤1.3. 濟州道	1488.6.4. 義州	浙江省 寧波府-北京-遼東	43인
2	李志恒(英祖朝)	漂舟錄	1757	1756.4.13. 釜山	1757.3.5. 釜山	北海島-大坂-對馬島	8인
3	張漢喆(1744-?)	漂海錄	1771	1770.12.25. 濟州道	1771.5.8. 濟州道	琉球-靑山島-서울	29인
4	李邦翊(正祖朝)	漂海歌	1797	1796.9.20. 濟州道	1797.6.4. 義州	福建省-北京-遼東	8인
5	文順得(1777-1847)	漂海始末	1805-1818	1801.12.? 牛耳島	1805.1.8. 牛耳島	琉球中山島-필리핀-마카오-광동-山東-北京-義州-서울	6인 중 2인
6	崔斗燦(1779-1821)	乘槎錄	1818	1818.4.10 濟州道	1818.10.2.鳳凰城	浙江省 寧波府-北京-遼東	남녀 50여인

최부는 조선 전기 호남을 대표하는 지식인이었기 때문에 그의 표류기록은 특히 관심을 끌었고 많이 활용되었다. 더구나 중국 남방을 직

---

26) 『成宗實錄』 권105, 成宗 10년 6월 10일(乙未).

접 여행한 경험들이 거의 없었기 때문에 더욱 그러했다. 그런 까닭에 왕이 직접 표해록을 작성하도록 지시할 정도였다. 이는 이후 책으로 만들어져 전파되었다.

최부 이전에도 旌義縣監 李暹이 표류하여 비슷한 노정을 거쳐 돌아온 일이 있었다.[27] 표류경험을 기록으로 남겼다고 하나 전해지지 않는다. 최부와 비슷한 경로를 겪은 표류인은 그밖에도 또 있다. 즉 1512년(中宗 7) 제주 正兵 金一山 등 9명도 바다에서 표류하다가 남경 지방에 정박했는데, 海孟縣 所在官이 북경으로 轉送하였고, 聖節使 宋千喜를 따라 돌아 왔다.[28] 또 1534년(중종 29)에도 제주의 표류인들이 淮安府에 정박하였다가 남경과 북경을 거쳐 왔다.[29] 그러나 기록을 남기지 못하였다. 1527년(중종 22) 표류인 李根 등이 定海衛 寧波府 등처에서 준 下程單子 3장을 가지고 온 것으로 보아 이들 역시 강남지역에 표류하였던 것으로 보인다.[30]

표류기는 대부분 극적인 상황을 담고 있기 때문에 뛰어난 문학성을 간직하고 있어 일찍이 해양문학으로 주목되었다. 그런 점에서는 특히 장한철의 표해록이 독보적이다. 이와 관련된 연구들도 많다.[31]

한편 표류지역의 광활함이나 극적인 사정으로는 우이도 사람 文順得의 표류기가 손꼽힌다. 이는 『柳菴叢書』에 「漂海始末」이란 제목으로 실려 있다.[32] 문순득은 1801년(순조 1) 12월 표류하여 오키나와에서 8개월여, 필리핀에서 약 9개월, 중국에서 약 14개월을 체류하다가 1805년 1월 8일에 고향으로 돌아왔다. 만 3년 2개월간의 대장정이었다. 그

---

27) 『成宗實錄』 권157, 成宗 14년 8월 10일(更午).
28) 『中宗實錄』 권17, 中宗 7년 10월 26일(丙寅).
29) 『中宗實錄』 권78, 中宗 29년 11월 24일(丙戌).
30) 『中宗實錄』 권59, 中宗 22년 6월 14일(己未).
31) 윤치부,『한국해양문학연구』, 학문사, 1994 참조.
32) 『柳菴叢書』의 자료에 대한 소개는 최성환,「『유암총서』의 내용과 '문순득' 재조명」『柳菴叢書』, 신안문화원, 2005 참조.

리고 마침 그때 흑산도에 유배 왔던 정약전과의 만남을 통해 기록으로 전해질 수 있었다. 이 기록은 또 다른 극적인 사건을 낳기도 하였다. 문순득이 표류하던 같은 해에 필리핀[呂宋國] 사람 5명이 제주에 표류하였다. 그러나 그때까지 필리핀에 대해서는 알려진 것이 없었기 때문에 그들의 신원을 파악할 수 없었고, 따라서 돌려보낼 수 없었다. 시간은 자꾸 지나갔고, 그러는 사이 2명이 죽었다. 그렇게 9년의 세월이 지난 어느 날, 문순득의 표해시말을 통해 비로소 그들이 필리핀 사람임을 확인할 수 있었다. 필리핀에서 무사히 돌아온 문순득의 기록이 이제는 거꾸로 조선에 표류한 필리핀 사람들을 무사히 그들의 고향으로 돌려보내 주는 가교 역할을 했던 것이다.

문순득이 표류하며 경험했던 동아시아의 여러 나라들은 『東野彙輯』의 「南國接仙娥謀歸」와 같은 설화의 배경에 그대로 들어가 있다. 동아시아의 여러 나라들이 설화를 통해 널리 알려져 있었다는 점에서 볼 때 문순득류의 표류 경험은 그리 예외적인 것은 아니었다. 따라서 당시인들에게 동아시아 지리에 대한 상식적 지식은 충분히 있었을 것으로 짐작된다. 다만 『표해시말』 외에 표해록과 같은 기록으로 남아 전하는 것이 없어 아쉽다.

2) 問情記

한편 우리나라에 표류한 외국인들을 통해 정보를 습득할 수 있었다. 바로 문정기가 그것이다. 외국에서 표류해 온 사람들에 대한 처리는 備邊司가 관장하는 고유 업무 중 하나였다. 비변사가 이들 표류인을 어떻게 처리했는가에 대하여는 『萬機要覽』의 비변사 所掌事目 漂到人 조항에 상세하게 규정되어 있다.[33] 실제 처리된 내용을 보면 이 규정과 거의 어긋나지 않게 처리되었다.

표도인에 대한 심문내용을 정리한 것이 問情記인데 이 문정기도 임의로 만들지는 않았다. 표도인에게 물어야 할 질문, 즉 審問 사항은 『謄錄類抄』「邊事」一에 상세히 摘示되어 있다. 물론 그 규정에 따라 심문이 진행되었다. 이와 같은 표도인에 대한 심문의 처리는 비변사의 중요임무 중 하나였다. 이를 통해 국가가 변방의 정세를 파악하여 대책을 세울 수 있고, 중국·일본·南蠻 나아가 그곳에 왕래하다가 조선에 표류한 서양인의 동정까지도 파악할 수 있기 때문이었다. 한마디로 문정기는 변방을 대비하는 '備邊'의 중요 정보원이 된다. 대외적인 위기감이 높아지는 19세기는 표도인 문제가 더욱 중요해졌다. 실제 『備邊司謄錄』을 보아도 19세기에 관련 기록이 집중적으로 많이 나옴을 볼 수 있다. 『비변사등록』 중에서 발췌한 新安郡 관련 기록 145건 중 표도인에 관련된 기사가 95건에 이를 정도로 그 대부분을 차지하고 있다. 그만큼 절대적인 비중을 점하고 있었다는 뜻이다.[34]

한편, 일본 측의 표류는 매우 적었다. 1523년(中宗 18) 중국에서 도둑질한 倭人 中林望古多羅의 일로 논의하는 가운데, 領議政 南袞이 "일본의 표류선이 우리나라에 도착한 일은 옛날에도 없었던 일"이라고 한 데서 알 수 있다.[35] 따라서 일본인에 대한 문정기록은 그리 많지 않다.

3) 표해설화류

표류체험의 기록들은 한문단편 등의 형태로 변개되어 소설화되기도 하며, 기록되지 못한 체험들은 또 다른 변개과정을 거쳐 구전설화로 전해오기도 한다.[36] 표해 또는 해양 관련 유명 설화나 소설들로는

---

33) 『國譯 萬機要覽』 Ⅱ, 軍政篇1, 備邊司 所掌事目 漂到人條.
34) 각주 21) 참조.
35) 『中宗實錄』 권48, 中宗 18년 6월 14일(癸丑). "不然則日本漂流船到我國, 前古所無."

다음과 같은 것들이 있다.37)

  『三國志 東夷傳』(동옥저전) 漂海說話
  『三國遺事』   脫解王說話
            明朗法師說話
            延烏郎細烏女
            敏藏寺說話
            普耀禪師說話
            居陀知
  『高麗史』   作帝建說話
  『於于野談』   落小島砲匠獲貨38)
            大人島商客逃殘命39)
            魯認柳汝宏說話(魯認往南蠻說話)40)

---

36) 유럽의 경우에도 표류 체험은 다양한 형태로 변개되어 나타났다. 다니엘 디포의 『로빈슨 크루소』, 요한 와이스의 『스위스의 로빈슨 가족』, 쥘 베른의 『15소년 표류기』 등이 표류를 소재로 한 대표적 소설이고, 여기에 상상력이 덧붙여져 지금도 세계 각국에서 애독되고 있는 조너던 스위프트의 『걸리버여행기』와 같은 것들이 있다.

37) 이 부분에 대한 정리는 『해양문학을 찾아서』(조규익·최영호 엮음, 집문당, 1994)에 수록된 이용욱의 「표해설화고(漂海說話攷)」, 윤일수의 「표류담의 전통과 작품화」 등의 글을 토대로 작성하였다. 한편 『삼국사기』 권4, 신라본기 제4, 진평왕조에 수록된 '대세(大世)와 구칠(仇柒)의 이야기'도 주목할 만하다. 여기에서 바다는 새철망이나 연못과 같이 좁은 국토를 벗어나 방외(方外)의 뜻을 이루기 위해 나아가는 넓고 큰 미지의 세계로 나타난다. 이는 표류를 소재로 한 것은 아니지만, 해양 개척의 진보적 사고를 엿볼 수 있는 드문 이야기 중 하나이다. 조규익, 「고전문학과 바다」, 같은 책, 61쪽 참조.

38) 사행선(使行船)을 따라가던 한 사람의 무사가 무인도에 홀로 떨어져 괴물을 퇴치하고 의외의 행운을 얻는다는 줄거리의 설화로 『동야휘집』, 『청구야담』, 『학산한언』 등에 같은 계열의 설화가 채록되어 있다.

39) 서양의 『오디세이아』에 비견되는 이야기로 식인족인 대인이 사는 섬에 표류했다 탈출하는 대인국설화이다. 『해동야서』, 『청구야담』 등에도 수록되어 있다.

40) 노인(魯認, 1566~1622)이 정유재란 때 겪은 일본 포로생활과 탈출, 그리고 중국에서의 생활을 『錦溪日記』로 남겼다. 이는 그 일기가 설화 형태로 전해지는 것이다.

	古者通中國以水路
	世俗多忌諱事
『東野彙輯』	南國接仙娥謀歸[41]
	劉郞漂海到丹邱[42]
	遠涉海邦載酒石
	漂萬里十人全還[43]
『海東野書』	識丹邱劉郞漂海
	大人島商客逃殘命
『鶴山閑言』	落小島砲匠說話
『靑邱野談』	識丹邱劉郞漂海
	落小島砲匠說話
	大人島商客逃殘命
	赴南省張生漂大洋
『溪西野談』	琉球世子濟州漂到記
『嘉林二稿』	義島記[44]
『稗官雜記』	奉命往琉球使臣致祭
『梅翁閑錄』	水路朝天溺不返
『東閣雜記』	船上禁忌
『竹窓閑話』	海神祭祀
『紫海筆談』	識言
『海東異蹟』	海中書生

---

41) 이는 앞서 본 노인의 『금계일기』, 강항의 『간양록』, 그리고 기우록(『崔溥傳』) 등과 함께 『남윤전(南胤傳)』의 모화가 되는 설화이다. 이 설화는 조선과 일본, 유구, 남만, 중국 등 아시아 전역을 무대로 함으로써 독자의 눈을 해외로 돌리게 하고 문학적 공간을 넓히는 역할을 했다.

42) 같은 내용이 『해동야서』와 『청구야담』에는 「識丹邱劉郞漂海」로 각각 수록되어 있다.

43) 장한철의 『표해록』을 소재로 한 설화이다. 『청구야담』에는 「赴南省張生漂大洋」이란 제목으로 되어 있다.

44) 명나라 유민이 세운 이상향을 다녀온 설화이다. 대동강가의 소년들이 배를 타다 표류해서 겪는 모험담으로 그들이 표착했던 섬, 의도의 이야기가 중심이다. 이는 쥘 베른의 『15소년 표류기』와 비교해 볼 수 있겠다. 홍만종이 쓴 『海東異蹟』의 '海中書生'도 이런 계열이다.

4. 표류 기록의 활용과 한계

1) 지리정보의 제공

표류는 공간 인식과 가장 먼저 연결된다. 표류에 당하면 여기가 어딜까? 어디쯤일까? 이런 점들이 당연히 궁금해질 수밖에 없고 이런 인식은 자연히 지리적 지식으로 이어진다.[45]

1544년(중종 39)에 좌의정 洪彦弼이 "제주에서 표류한 어부들이 동풍에 밀리면 반드시 중국의 福建 지방에 이르게 되고, 동북풍에 몰리어 조금 비스듬히 남쪽으로 가면 반드시 유구국에 닿게 됩니다"[46]라고 하였는데 이를 통해 표류와 관련된 지리적 지식이 중앙의 관료 사이에도 어느 정도 있었음을 엿볼 수 있다.

표류기록들을 통해 보면 알 수 있지만, 표류인들은 이미 표류 전에 상당한 지리지식을 소유하고 있었다. 거기에 표류 이후 새로운 경험을 추가하여 전달하고 있다. 張漢喆의 표해록을 보면, 표류의 방향이나 시작 장소에 따라 어디에 표류할지 알고 있었다. 뜻밖에도 해양지리지식이 풍부했다. 제주도 사방의 지리에 대하여 상세히 언급하고 있으며, 해도제국의 국명이 당시에 어느 정도로 알려져 있었는가 짐작할 수 있을 만큼 상세하다. 그의 『표해록』 중 관련 부분을 보면 다음과 같다.

"나는 일찍이 남쪽 바다에 깔려 있는 여러 나라의 지도에 대해서 쓴 많은 책을 열심히 훑어 본 적이 있다. 무릇 탐라의 한라산은 큰 바다 가운데

---

45) 徐仁錫, 「張漢喆의 「漂海錄」과 隨筆의 敍事的 性格」 『국어교육』 67, 한국어교육학회, 1989, 157쪽.
46) 『中宗實錄』 권102, 중종 39년 3월 29일(丁卯). "濟州漂海之人, 爲東風所掣, 則必至中原福建地界, 爲東北風所驅, 少迤而南, 則必泊于琉球."

있어서 오직 북으로 조선과 통할 뿐인데, 그 水路는 980리 남짓하다. 동·서·남의 삼면은 바다가 있을 뿐 땅이 없는데, 넓고 또 넓어 끝이 없다. 일본의 대마도는 한라산의 동북에 있고, 一岐島는 正東에 있으며, 女人國은 동남에 있다. 한라산의 正南에는 곧 크고 작은 유구의 섬들이 있으며 서남에는 安南·暹羅·占城·滿刺加 등의 나라가 있다. 正西는 곧 옛날의 閩中, 지금의 福建路다. 복건의 북은 곧 徐州·楊州의 지역이다. 옛날 宋이 고려와 교통할 대에는 明州에서 배를 떠나 바다를 건넌다. 명주는 양자강의 남쪽에 있는 지방이다. 青州·兗州는 한라산의 서북에 있는데, 이상 여러 나라는 모두 탐라와는 바다로 막혀서 몹시 먼데 그 거리가 몇 천 만 리가 되는지도 모른다. 그 중에서도 가장 먼 곳에 있는 것은 동해에 있는 碧浪國으로서 일본의 동쪽에 있다. 巨人島는 일기도의 동남에 있는데, 인적이 두절되고 백성들에게 政敎가 미치지 못해서 이 세상과는 완전히 딴판인 곳이다(『漂海錄』庚寅 十二月 二十六日條)."47)

일부 신비한 내용도 담겨 있지만 상당한 수준이었음을 알 수 있다. 李之恒의 『漂舟錄』에도 일본의 지리에 대한 지식이 풍부하다. 다만 아쉬운 것은 이런 지리지식들이 문학 등을 통해 대중화하는 과정에서 모두 빠져 버리고 말았다는 점이다.48) 따라서 지리정보 제공의 역할은 제한적이었다.

2) 선진기술정보의 습득

외국인의 국내 표류는 바깥 세상의 정보를 얻는 통로였다. 이는 국가의 입장에서도 긴요했다. 예를 들어보자. 1449년(세종 31) 중국 배 한 척이 靈光郡 古道島에 표류하였다. 이에 임금이 말하기를, "내가 중국

---

47) 윤치부, 「장한철의 <漂海錄>과 한문단편의 관련양상」 『고소설연구』 제2집, 1996, 364쪽에서 재인용.
48) 윤치부, 같은 글 참조.

배의 체제를 보고자 한 지 오래인데, 지금 우리 지경에 들어왔으니 이것은 하늘이 준 것이다" 하고, 이조 참의 金俔之를 보내어 그 체제를 보고, 그 양식에 의하여 배를 짓게 하였다. 비록 사간원에서 반대하였음에도 불구하고, 흔지를 보내도록 고집하였다.[49] 이처럼 새로운 정보에 대해 민감하기도 하였지만, 표류가 준 기회가 그만큼 중요하였기 때문이기도 하다.

선진기술 습득의 대표적 사례는 최부의 水車製造法 활용이다.[50] 1496년(연산군 2) 5월에 호서지방에 큰 가뭄이 들자 왕은 최부에게 그곳에 내려가 수차 제조를 가르치도록 하였다. 왕이 최부로 하여금 수차 제작을 지도하도록 한 것은 최부의 표해록에 그 내용이 들어있었기 때문이다. 그가 중국에 표류하여 돌아오는 길에 紹興府를 지나가면서 호수의 물을 논에 대고 있는 것을 보고 그를 호송하는 사람에게 수차의 제작법을 물어 배운 바가 있었다. 적은 인력으로 많은 물을 댈 수 있었고 가뭄 때 농사에 큰 도움이 될 것으로 생각하고 배워 놓았었다. 그 사실을 안 연산군이 旱害 극복을 위해 최부를 파견하였던 것이다. 수차는 1488년(成宗 19)에도 제작을 시도하였었다. 논의는 많았으나 실용화되지는 못하였다.

한편 표류인을 통해 선박건조술을 배우자는 이야기는 『북학의』에도 나오며, 정약용도 조선 연안에 중국·일본·유구·여송 등 외국 배가 표류해 오면 이용감 낭관과 장인을 파견하여 선제를 자세히 살펴 제조법을 모방해야 한다고 보았다.[51] 문순득과 이강회의 경우는 그런 관계를 구체적으로 실현하고 있었다. 또 정약용은 문순득이 중국 廣東 香山에서 경험한 바, 해외 여러 나라의 큰 장사치들이 사용하는 돈에 대

---

49) 『世宗實錄』 권124, 世宗 31년 5월 6일(乙酉). "予欲觀唐船體制久矣, 今至我境, 是天賜之也."
50) 김기주, 「『漂海錄』의 저자 崔溥 연구」 『全南史學』 19, 2002.
51) 정약용, 「동관 공조 제6 사관지속 — 전함사」 『국역경제유표』 권2.

한 이야기를 토대로 화폐제도 개혁의 일환인 九府圜法의 실시를 주장하기도 하였다.52)

3) 이야기 정보와 대중적 활용

한편 표류경험은 그 극적 상황이나 신기한 경험들로 인하여 아주 좋은 이야깃거리가 되었다. 따라서 소설이나 설화 등의 형태로 대중에게 전달되었다. 표류설화에 나타난 다양한 섬 인식들을 통해 어떻게 표해록의 기록들이 대중적 이야기로 변환되었는지 알 수 있다.

〈표 2〉 한국 표류설화 속에 나타난 다양한 표류의 모습과 섬들

구분	관련 설화	내 용
仙人島	識丹邱劉郎漂海(『해동야서』,『청구야담』) 劉郎漂海到丹邱(『동야휘집』)	불노장생하는 신선계
居陀知島 (괴물)	居陀知(『삼국유사』) 作帝建說話(『고려사』) 落小島砲匠獲貨 (『어우야담』『청구야담』『동야휘집』)	무인도에 홀로 떨어져 괴물을 퇴치하고 의외의 행운을 얻음
大人島	大人島商客逃殘命 (『해동야서』『청구야담』『어우야담』)	식인종인 대인이 사는 섬
이상향	홍길동전의 율도국, 허생전의 빈 섬에 세운 나라, 홍만종의 『해동이적』의 해중서생, 『가림이고』의 의도기(義島記) 등	현실에 대한 불만과 좌절을 해결하기 위해 바다 가운데 무인도에 이상적인 나라를 세우고 그 꿈을 실현한 설화
女人國	장한철의 『표해록』, 유몽인의 『어우야담』	여인들만이 사는 나라
碧浪國	장한철의 『표해록』, 『고려사』, 『동국여지승람』	탐라 삼성신의 부인들이 벽랑국 공주

표해록은 한문단편들로 變改되면서 대중화하였다. 다만 그 변개 과정에서 지리정보 등은 빠지고 정서만 남았다. 즉 사실은 빠지고 女人國, 理想國, 碑島國 등으로 이야기만 남았다.

---

52) 정약용,「동관 공조 제6 사관지속 −전환서」『국역경제유표』권2.

사실 표류는 국제 교류의 계기가 되었고, 따라서 표류인 기록은 국제관계를 위한 정보가 되었다. 그러나 이를 신비한 이야깃거리로만 취급, 정보로 적극 활용하지 못했다. 상업적 또는 교류적 관점은 빠졌다. 이에 대하여 일부 실학자들이 그 활용방안을 제시했지만 해양을 이용하는 쪽으로 이어지지 못했다. 이 점이 한계였다. 그 결과 실용적 가치를 상실하였다. 오히려 신비적 요소만 부각하면서 바다에 대한 두려움을 낳는 역작용을 하기도 하였다.

4) 한계 – 通信과 通商의 차이

표류는 변경지역에서 바다를 매개로 한 민간 차원의 접촉이라고 볼 수 있다. 따라서 거기에는 상업적 목적을 지닌 의도적 표착도 적지 않았다. 표류·표착이란 단순한 해난사고가 아니라 변경지역에서 商행위를 하다가 붙잡혔을 때 표류로 가장했을 개연성이 높다고 가정하면서 그 의도성에 주목하기도 하였다.[53] 일본의 경우 <北九州－濟州道－全羅道>가 교류의 장이었다고 한다. 중국 상인들의 경우도 그 예를 들 수 있다. 즉 1641년(仁祖 19) 靈光에 표류한 漢人들의 경우 수차례 조사 끝에 거짓 표착한 것으로 규정한다. 이는 상행위를 위한 의도적 표착이었다는 뜻이다.

이처럼 표류는 국제교역의 통로로 활용되기도 하였다. 그런데 표류를 매개로 국제관계에 임하는 자세가 특히 우리나라와 일본간에는 커다란 차이가 있었다. 우리나라의 경우 통신 즉 외교는 있었지만 통상 즉 국제교역은 없었다. 이 점이 문제였다. 일본과의 통신은 풍부하거나 원만하지도 않았지만, 海禁의 시기에는 중국에 알려질까 우려하고

---

53) 高橋公明의 연구 참조(李薰, 『朝鮮後期 漂流民과 韓日關係』, 國學資料院, 2000, 18쪽).

있었다. 중국의 외교적 통제가 심했기 때문이었다. 그런 까닭에 그나마의 통교조차 쉽지 않았다. 이런 분위기 속에서 통상 확대 등은 더욱 어려웠다. 즉 조선은 통신조차 여의치 않았다면, 일본은 통신을 적극 추구했을 뿐만 아니라 통신의 목적 자체가 통상에 있었다. 그리고 표류인 쇄환은 통상을 위한 구실로 활용되었다.

우리나라에도 물론 해양통상의 주장들이 있었다. 일찍이 李之菡은 남방(南方)에서 매년 유구국 선박과 교역을 하면 가난한 백성들이 넉넉해질 것이라고 지적한 바 있었다.[54] 이런 해양통상사상은 柳夢寅을 거쳐 磻溪 柳馨遠 등의 실학자들에게 이어졌다.

이러한 실학자들의 해양통상론 형성에는 표류인들을 통해 전해진 외국 정보들도 중요한 역할을 하였다.[55] 그리하여 朴趾源, 朴齊家 등으로 이어지면서 해양에 대한 관심, 해양통상을 위한 주장들이 이어졌다. 그리고 해양통상론=강남통상론에서 해양진출론으로까지 나아갔다. 崔漢綺나 李圭景의 해양통상론은 18세기 후반의 강남통상론에 비해 한 단계 더 나아간 해양진출론이었다.

이처럼 실학자들에 의해 통신에 그쳤던 논의가 통상을 거쳐 진출로까지 나아가는 발전을 이루었다. 실학사상이 근대지향의 사상으로 존재했던 것처럼 해양사관 역시 분명히 존재했었다. 특히 利用厚生學派의 경우는 해양사관과 밀접한 관련을 갖고 있었다. 하지만 그것이 정책으로까지 반영되지 못했다. 이는 실학사상 자체가 그렇게 된 것과 마찬가지였다. 실학사상의 실패와 마찬가지로 해양사관 역시 실현에

---

54) 노대환,「제6장 조선후기 서양세력의 접근과 海洋觀의 변화」『해양사관으로 본 한국사의 재조명』, 해상왕장보고기념사업회, 2004. 이 부분에 대한 서술은 이 논문을 주로 참고하였다.
55) 정약전의 경우에서 보듯이 실학자들이 해외세계에 대한 관심을 갖게 되는 데 표류인들의 경험은 소중한 자극이 되었다. 이런 점에서 볼 때 조선시대 사람들의 세계 인식의 변화를 엿보는데도 표류의 역사는 매우 유용한 소재가 될 것이다.

실패하였다. 특히 통상을 실현하지 못한 것이 결정적 한계였다.

한편, 민간에서도 통상의 시도들이 있었다. 예를 들면, 1838년(헌종 4) "제주의 백성 高漢祿이 1827년 이후로 은밀하게 무뢰배를 모집한 다음 배를 훔쳐 타고 일부러 표류하여 저쪽 땅에 깊이 들어간 것이 네 차례에 이르는데, 글을 써서 통역하며 돈을 얻으려고 銀을 가지고 현혹시켰다"고 하였다. 즉 중국과 적극적인 통상을 시도하였던 것이다. 그러나 불행히 "西北의 犯越한 律에 의거하여 그 牧使에게 회부하여 軍民을 모아 놓고 梟首하여 뭇사람을 경계하게"56) 하였다. 이런 사정이니 공적은 물론 사적인 교역조차 봉쇄당하는 지경이었다.

5. 맺음말

다음과 같은 崔南善의 글에서 분명히 드러나듯이 한국 근대에서 바다가 갖는 의미는 바로 세계로 가는 통로였다. 21세기 지구촌 시대에 이와 같은 바다의 역할이 더욱 커졌음은 두말할 필요가 없다.

> "큰 사람이 되려 하면서 누가 바다를 아니 보고 可하다 하리오마는 더욱 우리 三面에 바다가 들린 大韓民國=將次 이 바다로써 活動하난 舞臺를 삼으려 하난 新大韓少年은 工夫도 바다에 求하디 아니하면 아니 되고, 遊戲도 바다에 求하디 아니하면 아니 될 터인즉, 바다를 보고 볼 뿐만 아니라 親하고, 親할 뿐 아니라 부리도록 함에서 더 크고 緊한 일이 업난지라, 新大韓少年에게 있어서는 바다를 보지 못 하얏다 알지 못 하얏다 하난 것이 最大恥辱이요 最大愁傷인 것처럼, 그 反對로 바다를 보앗다, 안다 하난 것처럼 光榮스럽고 快悅한 일이 업나니라."57)

---

56) 『憲宗實錄』 권5, 憲宗 4년 7월 21일(庚申). "濟州民高漢祿, 自丁亥以後, 密募無賴輩, 偸船故漂, 深入彼地, 至爲四次, 筆談通譯, 索錢幻銀", "依西北犯越律, 付之該牧, 聚會軍民, 梟首警衆."

언제부턴가 지도를 거꾸로 놓고 보라는 이야기를 많이 한다. 그러면 우리나라는 대륙에 붙어있는 반도가 아니라 대양을 향해 뻗어나가는 교두보로 보인다. 변방이 때로는 새소식을 접하는 전초기지가 되기도 하는데, 변방의 도서·연안 지역의 표류인들이 바로 그런 정보전달자의 역할을 해 주었다. 표류해 온 자들을 통해 바다 바깥세상의 소식을 접하고, 표류에서 돌아온 자들을 통해 또 다른 바깥세상 소식을 전해들을 수 있었다. 이런 표류 경험을 통해 도서·연안지역은 새로운 문물을 접하는 선진지대가 되기도 하였다.

그 대표적인 예를 우이도의 문순득에서 찾을 수 있다. 그의 표해기록인『표해시말』을 통해 문순득을 비롯한 도서민들의 동아해역에 대한 지리적 지식 정도를 짐작해 볼 수 있는데, 이미 상당한 수준에 있었음을 알 수 있다. 당시인들이 바다 바깥세상에 결코 무지하거나 무관심하지 않았음을 알 수 있다. 또 문순득의 표류 경로는 한 사람이 겪은 것으로는 기구하지만, 당시 여러 사람들이 흔히 겪는 경로이기도 하였기 때문에 문순득이 쉽게 설명할 수 있었고, 정약전도 흥미롭게 정리할 수 있었을 것이다. 당시 사람들이 동아해역의 지리에 대한 지식이 많았음을 엿볼 수 있는 기록들은 의외로 많다.

하지만, 표류의 기록과 활용에서 확인할 수 있듯이 해양에 대한 수동적, 소극적 자세들이 해양을 진취적으로 활용할 수 없게 하였다. 그 결과 통상에 소극적이었던 우리 정부의 입장 때문에 국제관계는 외교에 그쳤고 오히려 통상을 통한 교역의 확대를 제한함으로써 근대의 발전적 전개에 한계로 작용하였다. 이처럼 해양에 대한 자세가 역사의 전개에 미치는 영향은 컸다.

---

57) 崔南善,『少年』제1년 제1권, 1908.11, 83쪽.

【참고 문헌】

김기주, 「<漂海錄>의 저자 崔溥 연구」 『全南史學』 19, 2002
노대환, 「제6장 조선후기 서양세력의 접근과 海洋觀의 변화」 『해양사관으로 본 한국사의 재조명』, 해상왕장보고기념사업회, 2004
徐仁錫, 「張漢喆의 <漂海錄>과 隨筆의 敍事的 性格」 『국어교육』 67, 한국어교육학회, 1989
윤일수, 「표류담의 전통과 작품화」 『해양문학을 찾아서』, 집문당, 1994
윤치부, 『한국해양문학연구』, 학문사, 1994
_____, 「장한철의 <漂海錄>과 한문단편의 관련양상」 『고소설연구』 제2집, 1996
이용욱, 「표해설화고(漂海說話攷)」 『해양문학을 찾아서』, 집문당, 1994
李薰, 『朝鮮後期 漂流民과 韓日關係』, 國學資料院, 2000
曺圭益, 「고전문학과 바다」, 『해양문학을 찾아서』, 집문당, 1994
조규익·최영호 엮음, 『해양문학을 찾아서』, 집문당, 1994
崔康賢, 「한국 해양문학 연구 – 주로 漂海歌를 중심하여 – 」 『해양문학을 찾아서』, 집문당, 1994
최성환, 「<유암총서>의 내용과 '문순득' 재조명」 『柳菴叢書』, 신안문화원, 2005
河宇鳳 外, 『朝鮮과 琉球』, 아르케, 1999
河宇鳳, 「제3장 조선시대 동남아시아 국가와의 교류 – 安南國을 중심으로 – 」 『해양사관으로 본 한국사의 재조명』, 해상왕장보고기념사업회, 2004
신안군·도서문화연구소, 『<비변사등록> 신안군 관계기사자료집』, 1998.

◇ 이 글은 「조선시기 표류경험의 기록과 활용」(『도서문화』 31, 도서문화연구원, 2008)을 보완한 것이다.

18~19세기 서남해 도서지역 漂到民들의 추이
― 『備邊司謄錄』 「問情別單」을 중심으로 ―

김 경 옥

1. 머리말

漂流·漂流民은 전통시기에 '異國과 異國文化'에 대한 견문을 넓힐 수 있다는 점에서 사람들의 이목을 집중시켰다. 그래서 '표류기' 혹은 '탐험기'는 모험과 호기심의 대상으로 주목받아왔다. 그러나 漂流·漂流民에 대한 연구는 그리 많지 않다. 그 이유는 여러 가지 복합적인 측면에서 검토되어야 하겠지만, 그동안 역사학계의 연구소재가 대부분 내륙 중심의 향촌사회에 집중되어 왔기 때문이라고 생각한다. 그래서 상대적으로 섬과 바다에 대한 관심이 적었던 것으로 보인다. 그런데 최근 역사학계의 연구 경향이 지방사(혹은 지역사)·미시사·일상사·생활사·문화사, 심지어 구술사에 이르기까지 인접학문의 다양한 연구방법론을 수용하게 되면서 연구주제와 연구시각이 크게 확대되었다.[1] 예컨대 역사학분야의 표류·표류민에 대한 연구는 한일관계사를 다루

---

1) 차장섭, 「조선후기」 『역사학보』 175, 한국 역사학계의 회고와 전망, 2002, 137~185쪽.

면서 중심 소재로 부각되었고, 최근 연구 성과가 집중적으로 발표되고 있다.[2] 이를 종합해 보면, 표류민의 표착경위, 표류민의 송환을 둘러싼 외교적 의례와 절차, 국가간의 외교관계, 표류민에 의한 정보교류, 표류 기록 D/B화의 필요성, 『표해록』분석 등 다양한 측면에서 검토되어왔다. 그러나 아직까지는 표류·표류민에 대한 연구시각이 외교사·무역사 등 대외적인 측면에 편중되어 있고, 또 한일간의 표류민 문제에만 집중되어 있어 연구영역의 확대가 필요하다.

우리나라는 삼면이 바다로 둘러싸여 있다. 그 중에서도 서남해 도서지역은 한·중·일 3국을 연결하는 고대 항로에 입지하고 있고, 또 무수히 많은 섬으로 이루어져 있다. 특히 전라도의 섬은 '중국의 닭 울음 소리가 들린다'고 할 만큼 중국 해역에 인접해 있다. 때문에 표류·표착이 빈번하게 발생한 해역에 속한다. 따라서 지역사와 관련하여 표류·표류민에 대한 연구는 더없이 중요한 연구주제라고 생각된다. 그럼에도 불구하고, 지금까지 전라도 지역의 표류·표류민에 대한 연구는 제주도를 논외로 한다면, 거의 주목받지 못하였다. 또 중국 관련 표류민 문제는 '한일 표류민 연구'에 밀려 시도된 바 없다.

---

2) 역사학계의 표류·표류민 관련 연구는 다음의 논저가 참고 된다. 이훈, 『조선후기 표류민과 한일관계』, 국학자료원, 2000 ; 한일관계사학회 편, 『조선시대 한일표류민연구』, 국학자료원, 2001 ; 고동환, 「조선후기 선상활동과 포구간 상품유통의 양상 - 표류관계기록을 중심으로」『한국문화』14, 1993 ; 박경수, 「동해를 중심으로 한 한·일간 민간 교류 - 18세기 중엽 일본인의 강릉표류에 관하여」『우리문화』창간호, 1994 ; 박진미, 「"漂人領來謄錄"의 종합적 고찰」, 경북대 석사학위논문, 1995 ; 이훈, 「'표류'를 통해서 본 근대 한일관계 - 송환절차를 중심으로」『한국사연구』123, 2003 ; 정성일, 「표류기록을 통해 본 조선후기 어민과 해상활동 - "漂人領來謄錄"과 "漂民被仰上帳"을 중심으로」『국사관논총』99, 2002 ; 정성일, 「전라도 주민의 일본열도 표류기록 분석과 데이터베이스화(1592~1909)」『사학연구』72, 2003 ; 주성지, 「표해록을 통한 한중항로 분석」『동국사학』37, 2002 ; 김경옥, 「19세기 초 문순득의 표류담을 통해서 본 선박건조술」『역사민속학』24, 2007.

이에 본 연구는 18~19세기 전라도 서남해 도서지역의 漂到民3)에 주목하고자 한다. 과연 어떤 사람들이, 어떤 목적으로, 바다를 항해하다가 우리나라 서남해 도서지역에 표착하게 되었는가를 살펴보려는 것이다. 이를 위해 본고에서는 다음과 같은 내용을 검토하고자 한다.

첫째, 서남해 도서지역의 역사문화적 배경 속에서 표도민 문제를 제기하고자 한다. 조선후기 서남해 도서지역의 인구가 증가하자, 異國人들이 출현하였다. 이에 조선정부는 도서지역에 대한 해양방어를 강화하는 한편, 비변사의 所掌「事目」에 표도민 문제를 상정하였다. 이러한 시대적 배경아래 異國人들이 표착하였던 서남해 도서지역의 실태를 소개하고자 한다.

둘째, 18세기 서남해 도서지역 표도민들의 현황과 추이에 관한 것이다.4) 특히『備邊司謄錄』「問情別單」을 분석하여 누가, 언제, 어떤 목적으로 바다를 항해하였으며, 폭풍을 만나 최종적으로 어디에 표착하게 되었는지, 표도민들의 표류과정을 살펴보고자 한다.

셋째, 표도민들의 이동루트를 통해 海路를 검토하고자 한다. 바다에서 항해하던 사람이 폭풍을 만나게 되면, 이후 뱃사람의 의지와는 상관없이 표류하게 된다. 이 때 출항지와 표착지를 연계할 경우 주요 海路를 확인할 수 있을 것으로 기대된다.

---

3) 본고의 핵심어는 '漂到民'이다. 표도민이란 "바다에서 풍랑을 만나 표류하여 우리나라 서남해 도서지역에 표착한 사람들"로 설정한 용어이다. 이는 18세기 비변사의 所掌「事目」에 異國人 송환과 관련하여 '漂到人'이란 용어를 사용하고 있는 점을 반영한 것이다. 따라서 서남해 도서지역에서 발생한 조선인의 표류는 분석대상에서 제외하였다. 추후 보완할 예정이다.

4) 본고에서 분석한 기초 자료는『備邊司謄錄』「問情別單」이다. 또 조선후기 서남해 도서지역 표도민의 발생현황과 추이를 검토하기 위해『朝鮮王朝實錄』『承政院日記』『日省錄』등 연대기 자료에서 표류 관련 기사를 발췌하여 비교 검토하였다. 이에 대한 자세한 내용은 본고 부록에 정리되어 있다.

2. 異國人이 표착한 서남해 도서지역의 실태

1) 島嶼民의 증가와 異國人의 출현

 조선초기 중앙정부의 서남해 도서에 대한 방침은 空島政策이었다. 공도정책은 끊임없이 침입해 오는 왜구들에 대한 국가의 대응이었고, 섬에 대한 정부의 입장이었다. 그러나 주민들은 국가의 정책을 위반하면서까지 섬으로 모여들었다. 왜냐하면 섬은 어염과 해산물이 풍부하고, 세금과 부역 부담으로부터 벗어날 수 있었기 때문이다.[5] 이러한 현상에 대해 조선 숙종 32년(1706)에 右水使 邊是泰는 "우리나라의 도서를 늘어놓고 보면 호남이 으뜸으로 근래에 인구가 날로 증가하고, 여러 섬의 호구가 해마다 증가하고 있습니다"라고 하였다.[6] 실제 필자가 서남해 도서지역 주민들을 대상으로 그들의 직계 선조들에 대한 入島由來를 조사해 본 결과, 조선후기 서남해 도서지역의 인구가 증가 추세였음을 확인할 수 있었다.[7] 다음 <표 1>은 조선후기 서남해 도서지역 주민들의 入島時期를 정리한 것이다.
 <표 1>에서 보듯이, 서남해 도서지역 주민들은 16세기 초에 하나 둘 섬으로 입도하기 시작하였고, 17세기 중엽부터 급증하여 18세기 중엽까지 꾸준히 증가한 것으로 확인된다.

---

5) 김경옥, 『朝鮮後期 島嶼硏究』, 혜안, 2004, 47~67쪽.
6) 『備邊司謄錄』숙종 32년 4월 14일.
7) 섬주민들을 면담해 보면, 대체로 어떤 성씨, 어떤 인물들이 島嶼文化의 주역들이었는가를 추론할 수 있다. 이러한 주민들의 제보를 토대로 하여 각 성씨별 『族譜』를 통해 入島由來를 정리하였다. 또 현전하는 古文獻·古文書, 섬마을 곳곳에 분포하고 있는 遺蹟·遺物, 入島祖 이하 직계 선조들의 墓域 등을 검토하였다.

〈표 1〉 조선후기 서남해 도서지역 주민들의 入島時期[8]

島嶼 時期	荷衣島	長山島	鳥島	蘆花島	古今島	薪智島	靑山島	金塘島	합계(%)
16세기초					1				1(1%)
16세기중					1				1(1%)
16세기말		1		1			1	1	4(3%)
17세기초	1	1	2	1			2		7(5%)
17세기중	2		6	2	4	4	2	1	21(16%)
17세기말	5	1	3	4	4		7	3	27(20%)
18세기초	3	3	5	2	3	2	1	1	20(16%)
18세기중			8	2	8	4	2	1	25(19%)
18세기말	1	1	2			3	5	3	15(12%)
19세기초				2	1	1			4(3%)
19세기중				2	2				4(3%)
합계	12	7	26	16	24	14	20	10	129(100%)

특히 필자가 수집한 총 129건의 입도유래 가운데 17~18세기에 해당하는 사례가 115건으로 무려 89%를 점유하고 있다. 이를 통해서 보건대, 서남해 도서지역 주민들은 18세기 중엽 섬마을에 이미 정착한 것으로 보인다. 이런 현상은 18세기 말엽에 간행된 『戶口總數』에서도 확인된다. 이에 따르면, 전라도의 각 郡縣 소속 도서를 한데 묶어 1개의 面으로 편제하여 그 명칭을 '諸島面'이라 칭하고, 그 하부에 도서지역의 섬마을이 편성되어 있다.[9] 이처럼 18세기 말 서남해 도서지역은 내륙과 동등하게 面里制에 편제되어 있다. 그만큼 조선후기 서남해 도서지역의 인구가 증가추세였음을 반증한 예라 하겠다.

이렇듯 조선후기 서남해 도서지역의 인구가 증가하자, 중앙정부의

---

8) 김경옥, 위의 책, 84~106쪽 재인용.
9) 『戶口總數』「全羅道」羅州牧·靈巖郡·珍島郡·長興郡·靈光郡·興陽郡의 附屬 島嶼.

섬에 대한 인식이 달라졌다. 예컨대, 15세기 중앙 정부에 의해 파악된 전라도 나주목 부속도서의 수는 32개에 불과하지만, 18세기에는 72개로 확인되고 있다. 또 다산 정약용(1782~1836)이 파악한 서남해 도서는 무려 1천 여 개에 달하고 있다. 뿐만 아니라 18세기 중앙정부가 수집한 도서에 관한 정보 역시 상당히 구체적이다. 그 내용이 古地圖에 반영되어 있다. 예컨대 섬과 섬과의 거리, 섬과 육지와의 거리, 戶口와 人口, 土産物, 해당 섬의 경제기반(토지·목장·송전·봉산) 등이 그것이다.[10] 이와 같이 서남해 도서지역의 인구증가는 섬에 대한 중앙정부의 인식까지도 변화시키기에 충분하였다. 그리하여 중앙정부는 이제 섬을 관망만 하지 않고, 적극적으로 島嶼政策을 수정하게 된다.

조선후기 중앙정부의 도서정책 가운데 가장 주목할 만한 변화는 設鎭·設邑論議이다.[11] 먼저 설진논의는 숙종 때 서남해 도서를 중심으로 추진되었다. 그 이유는 서남해 도서지역의 人口와 戶口가 크게 증가한 측면도 있지만, 보다 중요한 요인은 중국의 荒唐船과 일본의 倭寇가 우리나라 해역에 자주 출몰하였기 때문이다. 따라서 海防體制에 대한 구축이 절실히 필요하였다. 특히 중국이 자국인의 해외 渡航을 허용해 주는 정책을 표방함에 따라 魚探를 목적으로 한 중국 선박이 서해로 몰려왔기 때문이다. 조선은 중국인에 대한 해상 치안을 크게 우려하였다.[12] 이러한 시대적 배경아래 조선 숙종 때 서남해 도서지역에 대한 해양방어체계가 구축되는데, 바로 水軍鎭의 신설과 증설이었다. 이후 서남해역의 수군진은 海防을 위한 關防機能과 섬주민에 대한

---

10) 김경옥, 「조선후기 서남해 도서지방의 경제기반 변화」 『전남사학』 14, 2000, 44~61쪽.
11) 김경옥, 「조선후기 서남해 도서에 대한 국가의 정책변화」 『국사관논총』 102, 2003, 122~140쪽.
12) 배우성, 「조선후기 邊地觀의 변화와 地域民 인식」 『역사학보』 160, 1998, 189~192쪽.

對民業務(戶口·收稅·賦役)를 관장하는 行政機能까지 담당하였다.[13] 결과적으로 설진논의는 島嶼를 영토로 인식함과 동시에 島嶼民을 중앙정부에 귀속시킨다는 국가의 의도를 반영한 것이었다.

다음으로 설읍논의는 내륙지역의 부속도서로 편제되어 있던 서남해 도서에 독립된 郡邑을 설치하자는 것이다. 서남해 島嶼에 邑을 설치하자는 논의는 영조 5년(1729) 병조판서 趙文命에 의해서 주장되었다.[14] 조문명은 羅州牧의 여러 섬들의 땅이 비옥하고 백성이 많으니 섬에 독립적인 邑을 설치하여 직접 통제하자고 제안하였다. 그 후 영조 7년(1731)에 암행어사 黃晸이 서남해 도서지역을 순회하고 돌아와 다음의 5가지 이유를 들어 서남해 도시지역에 읍을 설치해야 하는 필요성을 제시하였다.[15] 황정의 주장은 ①서해안 일대가 중국과 서로 인접해 있어서 중국 선박이 무시로 출몰하지만, 섬에 堡壘가 갖추어 있지 않아 뜻밖에 우려되는 일이 발생하여도 방어할 수가 없기 때문이며, ②섬의 토양은 기름지고 비옥하나 量案에 누락되고, 戶籍에 등재되지 않은 사람이 10에 5~6이 되기 때문이며, ③반역의 무리들이 섬에 은닉하여 있으니, 이들을 통제하기 위해 설읍이 필요하며, ④서남해는 영남과 호남좌도의 稅船이 지나는 길목이므로, 이들 세곡선을 호송할 수군진이 필요하기 때문이며, ⑤섬주민들의 민원을 해소하기 위해 設邑이 필요하다고 주장하였다.

이와 같이 조선후기 도서정책은 국내적으로 서남해 도서지역을 제도권 안에 포함하려는 국가의 의도가 반영된 결과였고, 국외적으로는 중국의 황당선과 일본 왜구들의 출현에 대한 해방체제의 구축이 필요하였기 때문에 변화될 수밖에 없었다.

---

13) 김경옥,「조선후기 청산도진의 설치와 재정구조」『전남사학』22, 2004, 194~202쪽.
14)『英祖實錄』권21, 영조 5년 2월 25일 경자.
15)『備邊司謄錄』영조 7년 5월 3일.

2) 비변사의 「事目」에 제시된 漂到民 條項

우리나라는 삼면이 바다로 둘러싸여 있기 때문에 표류민 문제가 빈번하게 발생하였다. 표류민에 대한 인접 국가간에 송환문제가 정례화된 것은 17세기 이후이다. 즉 1637년부터 1644년까지는 청나라가 조선을 강압적으로 압박해오던 시기이고, 1645년부터 1735년까지는 이러한 강압적 태도가 점차 완화되었으며, 1735년 이후에 비로소 정상적인 외교관계가 성립되었다. 따라서 중국에서 조선 표류민을 송환할 때 順治年間(1644~1661) 이후에는 方物과 陳謝를 갖춰 보냈으나, 1728년 이후에는 陳謝表를 보내는 것을 정식으로 삼았다.16)

조선정부는 표류민 문제를 비변사의「事目」에 의정하여 체계적으로 관리하였다. 비변사의 표류민 관장사무에 대해서는『萬機要覽』에서 확인된다.『만기요람』에서 비변사의 所掌「事目」가운데 '표도민' 관련 조항은 다음과 같다.

> 異國人이 표착했다는 보고가 들어오면 뱃길이나 육로를 불문하고 표도민이 원하는 대로 송환시키는 방침을 아뢰되, 뱃길을 통과하는 동안의 피복과 식량을 제공하고, 雜人을 금하고 호송하는 제반 절차를 엄중 시달할 것이며, 표착인이 만일 육로로 송환을 원할 경우에는 홍제원에 들어온 뒤에 낭청을 파견하여 다시 사정을 査問하고, 피복과 각종 물품을 따로 내어주도록 한다. 단 전라도에서는 漂人이 뱃길로 돌아가기를 원하면 회송되는 공문을 기다릴 것 없이 바로 떠나보내고, 뒤에 경과를 보고하도록 정조 3년(1779)에 규례를 정하였다. 표착한 중국인이 육로로 돌아가기를 원하는 자는 內地人이면 따로 咨官을 정하여 호송하고, 만일 외지인이면 의주부의 통역관이 호송하여 鳳城에 인계한다. 중국에 보내는 문서는 금군

---

16) 고동환,「조선후기 선상활동과 포구 간 상품유통의 양상 – 표류관계기록을 중심으로」『한국문화』14, 1993, 285~287쪽.

을 정하여 의주부로 내려 보낸다.17)

　위의 사료에 제시되어 있는 바와 같이, 異國人이 우리나라 해역에 표착할 경우, 해당 지역 지방관이 즉시 비변사에 보고하였다. 이후 표류민은 한양의 남별궁으로 후송되어 표류과정에 대해 비변사의 심문을 받게 된다. 이 때 작성된 문건이「問情別單」이다. 대체로「문정별단」에는 표류민의 성명, 나이, 신분, 승선인원, 항해목적, 異國의 여러 가지 제도, 외국의 실태 등이 기록되어 있다. 이 과정을 통해 비변사는 변방의 정세를 파악하여 대책을 세울 수 있었고, 中國·日本·南蠻을 왕래하는 서양인의 동정까지도 파악할 수 있었다.18) 이런 까닭에 비변사에서 표도민 문제를 다룰 때「事目」에 제시되어 있는 송환절차에 따라 엄정하게 시행하고, 그 과정을 모두 문정별단에 기록하였던 것이다. 표도민들의 심문내용을 정리한 비변사의「문정별단」의 자료적 가치가 주목된다.

3. 서남해 도서지역 漂到民들의 현황과 추이

1) 年代記에서 검출된 표도민들의 발생현황

　조선후기 서남해 도서지역에서 표도민 문제가 발생한 것은 17세기 말이다. 숙종 10년(1684) 1월에 全羅水使가 智島에서 異國人을 발견하고 어떻게 처리할 것인가를 중앙에 보고하였다. 이에 숙종은 "譯官을 智島로 내려 보내서 정황을 조사하려면, 시일이 늦어질 뿐만 아니라,

---
17)『萬機要覽』「軍政篇」卷1.
18) 반윤홍,「비변사의 외교정책 議定硏究」『조선시대사학보』8, 1999, 166~169쪽 ; 고석규,「해제:비변사등록과 신안군의 역사연구」『비변사등록 - 신안군관계기사자료집』, 신안군·목포대 도서문화연구소, 1998, 11~21쪽.

자세히 질문할 수도 없을 것이니, 本道에서 差員을 따로 정해 서울로 엄히 후송하라"고 명하였다.19) 그리하여 智島의 표도민 문제는 지방관에서 비변사로 이관되고, 비변사에서는 심문절차를 준비하였다. 당시 비변사의 보고에 따르면, "지도에 표류한 漢人이 4~5일이면 한양에 도착한다고 합니다. 그래서 해당 부서로 하여금 미리 南別宮의 家丁들이 사용하던 방을 수리하여 표류인들의 임시 거처를 마련하도록 하였습니다. 또 禁軍 중에서 표류인들을 접해 본 경험 있는 사람 1명을 선발하였으며, 留衛軍 7~8명을 선정하여 雜人들의 출입을 금하도록 하였습니다"라고 하였다.20) 이로써 보건대, 전라도 외딴 섬에 이국인이 표류해 오자, 해당 지역 지방관이 지체 없이 중앙에 보고하고, 이를 접수한 비변사에서는 「事目」에 명시되어 있는 절차에 따라 표류인 문제를 신속하게 처리하고 있음이 확인된다. 국가가 표도민 문제를 얼마나 중히 여겼는가를 가히 짐작케 한다. 이후 서남해 도서지역에 표착한 이국인들의 표류기사가 지속적으로 확인된다. 다음 <표 2>는 조선후기 각종 연대기에서 서남해 도서지역 표류 관련 기사를 발췌한 것이다.21)

<표 2>에 제시되어 있는 바와 같이, 18세기 초 서남해 도서지역 표도민 관련 기사는 유일하게 1건이 확인된다. 즉 숙종 30년(1704)에 선박 2척이 전라도 珍島와 甑島 앞바다에 각각 표착해 온 사례가 그것이다. 이 때 전라우수사 申璨의 狀啓에 "진도의 南桃浦 앞바다와 해남의 甑島(필자: 현 신안군 증도면) 앞바다에 외국 선박 2척이 연이어 표착하였습니다. 이 가운데 진도에 표류한 선박은 중국 복건성 장주부 사람들이 일본으로 장사하러 가다가 돛대가 파손되어 표류되었다고

---

19) 『備邊司謄錄』 숙종 10년 1월 16일.
20) 『備邊司謄錄』 숙종 10년 1월 27일.
21) <표 2>에 대한 구체적인 내용은 본고 부록에 정리되어 있다.

〈표 2〉 18~19세기 서남해 도서지역 漂到民의 발생현황

번호	시기	표류사건	표착인원	번호	시기	표류사건	표착인원
1	1701년~1710년	1	116	11	1801년~1810년	4	64
2	1711년~1720년	0	0	12	1811년~1820년	5	178
3	1721년~1730년	0	0	13	1821년~1830년	8	94
4	1731년~1740년	0	0	14	1831년~1840년	6	141
5	1741년~1750년	1		15	1841년~1850년	4	99
6	1751년~1760년	2	52	16	1851년~1860년	4	99
7	1761년~1770년	2	16	17	1861년~1870년	4	105
8	1771년~1780년	11	376	18	1871년~1880년	4	47
9	1781년~1790년	4	6	19	1881년~1886년	4	35
10	1791년~1800년	3		20	합계	67	1,428

하는데, 승선인원이 116명입니다. 또 증도에 표류한 선박 역시 중국 복건성 동안현 사람들의 배인데, 역시 일본으로 행상을 나가다가 本邑에 표류한 것입니다"라고 하였다.22) 이 사건을 통해서 보건대, 18세기 초에 중국 복건성 상선들이 일본을 오가며 행상을 하였던 것으로 확인된다. 실제 기존의 연구에서도 18세기 西海를 통해 조선과 일본을 왕래하던 중국 선박들이 증가하고 있었음이 밝혀진 바 있다.23)

서남해 도서지역 이국인들의 표착 사례는 1750년대를 기점으로 1~2건씩 발생하더니, 1770년대부터 1870년대까지 약 100년 동안 급증하고 있다. 다음 <그림 1>은 18~19세기 서남해 도서지역에서 발생한 이국인들의 표착사례를 시기별로 구분한 것이다. <그림 1>에서 보듯이, 18~19세기 서남해역에서 발생한 표착사례 총 67건 가운데 1770년대부터 1870년대까지 발생한 사례가 49건(73%)으로 확인된다. 18세기 말~19세기 초에 이국인들이 우리나라 서남해역에 집중적으로 표착하였다는 것은 자연재해로 인한 기상 이변 때문이기도 하겠지만, 그 이면에는 異國船들의 항해가 그만큼 빈번하였음을 대변해 주고 있다.

---

22) 『備邊司謄錄』 숙종 30년 8월 15일.
23) 이민웅, 「18세기 江華島 守備體制의 强化」 『한국사론』 34, 1995, 20쪽.

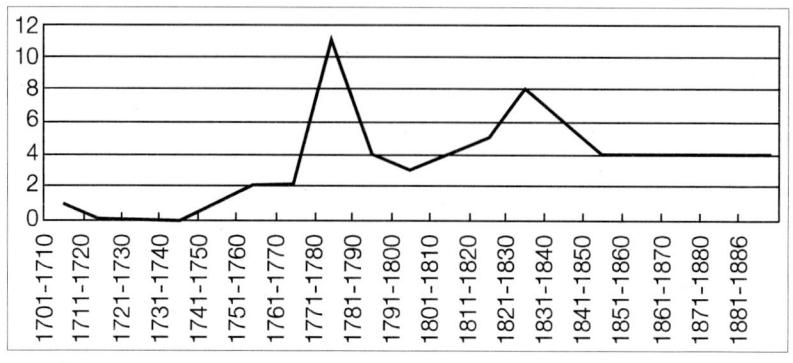

[그림 1] 18~19세기 서남해역에 표착한 異國人들의 시기별 분포

　예컨대 18세기 우리나라 해역에 자주 출몰하는 他國의 배를 荒唐船이라 칭하였는데, 황당선은 魚採, 즉 고기를 잡으러 온 선박이었다. 그런데 황당선 관련 기록 중에 어채뿐만 아니라, 密貿易의 형태를 띤 商去來를 목적으로 항해한 사례도 확인된다. 또 소규모이기는 하지만, 연해지방에 상륙하여 民家를 약탈하거나 沿邊을 지키는 군사들과 무력 충돌을 일으키는 상황까지 발생하였다. 이런 불법적인 행위에 대해 조선은 使行을 통해 청나라에 금지해 줄 것을 수차에 걸쳐 요청하였다.[24] 18세기 황당선과 함께 또 하나 주목할 것은 海賊이었다. 18세기는 이미 청나라가 중국 본토 지배권을 확립한 이후였지만, 연해 지방에서 활동하던 해적까지 근절하지는 못하고 있었다. 해적들이 자주 출몰하는 지역이 바로 중국의 복건성과 산동성 일원이었다.[25]
　이처럼 이국선이 우리나라 해역에 끊임없이 표착해오자, 서남해 도서지역에 대한 중앙정부의 도서정책이 대대적으로 정비되었다. 앞서 언급한 바와 같이, 18세기는 우리나라 서남해 도서지역에 독립된 郡邑을 설치하자는 논의가 이루어질 만큼 섬주민이 증가하였고, 또 도서지

---

24) 이민웅, 위의 논문, 21쪽.
25) 이민웅, 위의 논문, 22쪽.

역의 경제기반이 조성된 시기이다. 그리하여 도서지역 주민들도 육지와 마찬가지로 土地稅는 물론 船稅·漁場稅·海衣稅 등 각종 戶役과 身役을 부담하였다.26)

서남해 도서지역의 인구증가와 경제기반 마련은 중앙정부의 섬에 대한 인식을 변화시켰다. 또 우리나라 해역에 표착한 이국인에 대해서도 국가의 관심이 크게 증대되었다. 물론「문정별단」에 기재된 표도민들은 항해목적을 "일본으로 행상을 나가다가 폭풍을 만나 조선에 표착하였다"라고 하거나, 혹은 "자국의 연안지역을 오가며 교역하다가 바다에서 태풍을 만나 우리나라 해역에 표착하였다"라고 진술하고 있지만, 대외적인 위기감이 고조되고 있던 18~19세기의 시대적 상황과 결코 무관하지 않았던 것으로 이해된다.

2)「問情別單」을 통해 본 표도민들의 추이

본 절에서는「문정별단」을 분석하여 서남해 도서지역 표도민들의 추이를 살펴보고자 한다.27)『비변사등록』「문정별단」에 기재된 표도민에 대한 심문내용은 대동소이하다. 대체로 ①출신지, ②승선인원, ③출항일자, ④출항지역, ⑤선박(官船·私船), ⑥선적물품, ⑦목적지,

---

26) 조선후기 서남해 도서지역의 경제기반 변화에 대해서는 김경옥,「조선후기 서남해 도서지방의 경제기반 변화」『전남사학』14, 2000, 1~66쪽에 정리되어 있다. 또 서남해 도서지역 행정편제의 변화에 대해서는 "智島郡叢瑣錄"을 통해 본 19세기 서남해 도서지역의 위상변화」『역사학연구』29, 2007을 참조하기 바란다.
27) 조선후기 연대기에서 "표류"를 검색한 결과, 전라도 서남해역에서 발생한 표착사례 총 67건이 수집되었다(본고 <표 2>와 <부표> 참조). 표착사례 가운데 동일한 시기에 여러 섬에서 동시에 발생한 경우 1건으로 처리하였다. 때문에 표도민들의 발생현황은 이보다 더 많았을 것으로 추정된다. 또 우리나라 사람들이 서남해역에서 표류한 사례도 있지만, 본고의 연구대상에서 제외하였다. 이에 대해서는 추후 보완하기로 하겠다.

⑧항해목적 ⑨표류일자, ⑩표착지역, ⑪기타 각국에 관한 질문(행정구역·관원·거리·농사·풍속·물가·소지품) 등이다. 18~19세기 서남해 도서지역 표도민들의 추이를 살펴보면 다음과 같은 특징이 주목된다.

1) 표도민들의 국적

조선후기에 어떤 사람들이 우리나라 서남해 도서지역으로 표착하였을까? 표도민들의 국적은 조선의 입지조건, 자연환경, 대외교류라는 측면에서 주목된다. 「문정별단」을 토대로 하여 표도민들의 국적을 구분해 보면 다음 <그림 2>와 같다.

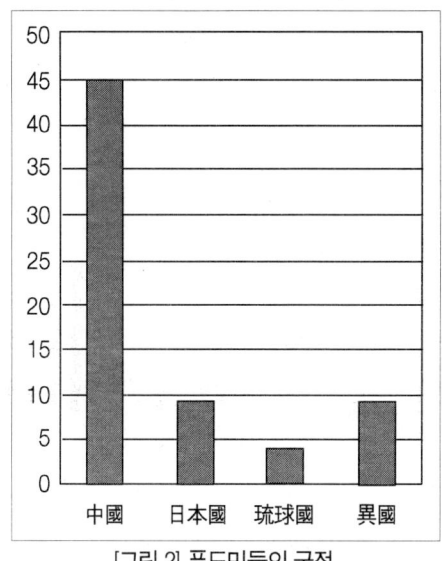

[그림 2] 표도민들의 국적

<그림 2>에서 보듯이, 18~19세기 서남해 도서지역 표착사례 67건의 국적을 구분해 보면, 중국이 45건(67%)으로 가장 많고, 그 다음이 일본 9건(13%), 유구국 4건(6%), 기타 9건(13%) 순으로 확인된다.[28] 이로써 보건대,

---

28) <표 3>, <그림1·2>에서 國籍이 확인되지 않은 9건의 경우, 자료에 단순히 "異國人"이라 표기되어 있을 뿐, 별도의 문정별단이 갖추어져 있지 않았다. 또 18~19세기 표도민의 언어와 풍속이 통하지 않아 국적을 확인할 수 없는 사례도 있었다, 예를 들면, 본고 [부표]에 수록된 1851년 4월 1일 전라도 비금도에 표착한 이국인을 발견하고 지방관이 보고하기를 "나주 비금도에 표류한 이국인 중 9명은 먼저 돌아갔고, 20명은 정황을 조사하는데, 언어와 문자가 모두 통하지 않았습니다, 저들은 종이에 돛이 2개인 大船을 그리고 20명이 승선하였다고 합니다. 저들이 종이에 그린 그림을 보면 이해되지 않은 부분이 있습니다. … 이것은 손으로 그림을 그린 것에 불과하고, 모양을 더듬어 찾았을 뿐

18~19세기 서남해 도서지역에 표착한 표류인은 중국 사람들이 가장 많았던 것으로 보인다.29)

우리나라 서남해역에 왜 중국인이 가장 많이 표착하였을까? 이 문제에 대해서는 여러 가지 요인들이 있겠지만, 가장 중요한 것은 海流·潮流·바람 등 해양조건 때문으로 생각된다. 기존에 확인된 연구 성과에 의하면, 다음 <그림 3·4>가 참고된다.

<그림 3>은 동아시아의 해류도이고, <그림 4>는 17~19세기 조선인들의 표류도이다. <그림 3>에서 보듯이, 한·중·일 3국은 리아스식 해안이 발달되어 있고, 무수히 많은 섬들로 이루어져 있다. 특히 한반도의 서남해안, 중국의 동해안(특히 절강성 주산군도 일대), 대한해협의 경우 조류가 매우 빠르고 지역적 편차가 심한 것으로 확인된다.30)

또 <그림 4>를 보면, 전라도 해안에서 표류한 선박들은 하나같이 일본의 五島列島를 지나 규슈의 중서부지역에 도착하고, 부산·울산·포항의 경우 혼슈 남부인 시마네현[島根]의 남부해안에 표착한다. 이처럼 출항지와 도착지의 지역성이 분명하게 드러나는 것은 출항지의 해양조건 즉 해상교통로가 있기 때문이다.31) 또 조선인의 표류항로가 전체적으로 서쪽에서 동쪽으로 표착한 원인은 대륙의 동쪽에서 불어오는 바람이 직접적인 원인이라고 하였다.32) 이러한 부면을 고려해 볼 때, 중국인이 왜 조선의 서남해역에 표착하게 되었는가의 문제도 海

어느 나라 사람인지 알 수 없습니다. … 평상시 보았던 표류민과 차이가 있습니다"라고 보고하고 있다(『備邊司謄錄』철종 2년 4월 11일).
29) 연대기에 의하면, 17세기 말에 중국인이 우리나라 서남해역의 智島에 표착해 왔을 때, 표류민들은 자신들을 "大淸國 사람들"이라고 구술하였다. 반면 비변사에서는 이들을 "荒唐人"이라 기술되어 있다(『備邊司謄錄』숙종 10년 1월 16일). 그런가하면 영조 36년(1760) 이후의 문정별단에는 중국인을 일반적으로 '大國人', '漢人', '淸人' 등으로 표기되어 있다(『備邊司謄錄』영조 36년 1월 28일).
30) 윤명철, 『한국의 해양사』, 학연문화사, 2003, 34쪽.
31) 윤명철, 같은 책, 22쪽.
32) 이훈, 『조선후기 표류민과 한일관계』, 국학자료원, 2000, 67~68쪽.

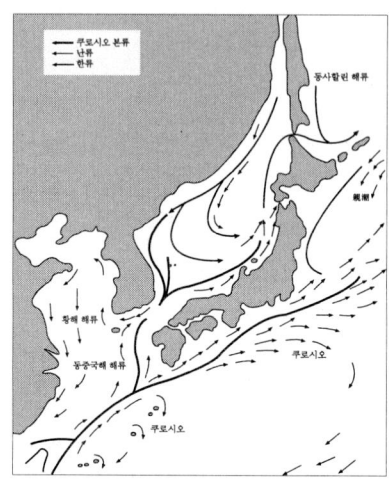 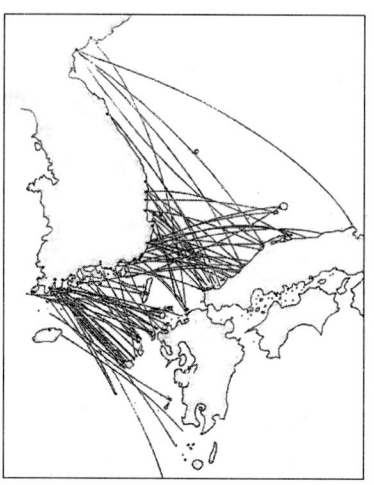

[그림 3] 동아시아 海流圖　　　　[그림 4] 17~19세기 조선인 표류도
(윤명철, 『한국의 해양사』, 23쪽 재구성)　(윤명철, 『한국의 해양사』, 145쪽 재인용)

流·潮流·바람과 같은 항해조건에서 비롯되었을 것으로 보인다.33)

　　표도민들은 언제 바다에 출항하였다가 폭풍을 만나게 되었을까? 서남해역 표도민들의 항해시기를 검토해 보면 다음<그림 5>와 같다.

　　<그림 5>에서 보듯이, 일반적으로 표류의 발생은 갑작스런 기상악화로 일어난 해난사고이기 때문에 특정한 시기가 정해져 있는 것은 아니다. 그러나 바다는 시기에 따라, 장소에 따라 다양한 형태로 변한다. 조선후기 서남해역에 표착한 중국인들의 항해 시기는 대체로 1월과 2월, 그리고 11월과 12월 등 동절기에 집중적으로 발생한 것으로 확인된다. 아마도 가을과 겨울에 북풍계열의 계절풍을 이용하여 항해를 하였기 때문인 것으로 추정된다.

---

33) 이 문제는 본고의 4장 「표도민들의 출항지와 표착지를 연계한 海路」를 참고하기 바란다.

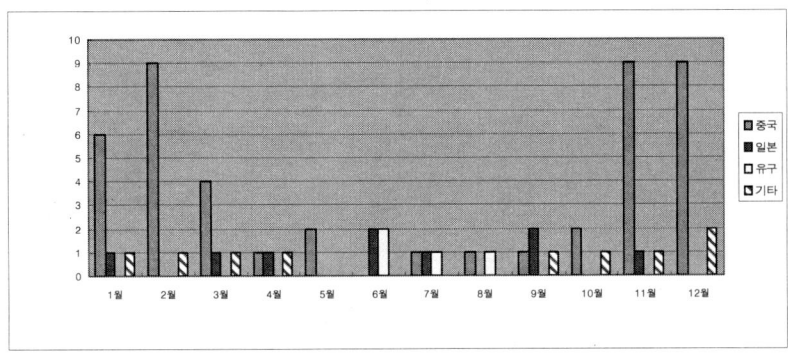

[그림 5] 18~19세기 서남해역 표도민들의 표착시기

2) 표도민들의 항해목적

표도민들은 어떤 목적에서 바다에 나갔다가 표류되었던 것일까? 비변사의 「문정별단」을 통해 살펴보도록 하자. 다음 <표 3>은 18~19세기 서남해 도서지역 표도민들의 「문정별단」을 정리한 것이다.

<표 3> 18~19세기 서남해 도서지역 표도민들의 「문정별단」

번호	표착일시 문정기	표류인원	출항지 (선적물)	목적지 (선적물)	표착지 (朝鮮)	선박	출전
①	1759.11.21. 1760.01.28.	28	중국 복건성 흥화부 (茶·布)	강남성, 산동성	黑山島		『備邊司謄錄』 영조 36년 1월 28일
②	1760.10.25. 1760.12.25.	24	중국 복건성 천주부 (사탕·茶器)	산동성(콩·면화·명주·버섯·율무)	慈恩島		『備邊司謄錄』 영조 36년 12월 25일
③	1786.05.06. 1786.06.21.	1	일본 살마주 야도촌	보리구매→걸식	順天海	私船	『日省錄』 정조 10년 6월 21일
④	1800.12.28. 1801.02.18.	7	중국 강남성 소주부 (대나무·황두)	산동성	在遠島	私船	『備邊司謄錄』 순조 원년 2월 18일
⑤	1813.11.06. 1813.12.23.	47	중국 복건성 천주부·장주부(사탕)	대만, 강남성 (찻잎 외 12종)	荏子島	私船	『備邊司謄錄』 순조 13년 12월 23일
⑥	1813.11.10. 1813.12.23.	73	중국 복건성 천주부·장주부(사탕 외)	천진부(홍대추)	在遠島	私船	『備邊司謄錄』 순조 13년 12월 23일

⑦	1819.10.01. 1819.11.10.	30	중국 복건성 천주부·장주부	봉천성 (콩 외 6종)	慈恩島	私船	『備邊司謄錄』 순조 19년 11월 10일
⑧	1825.10.10. 1825.01.19.	37	중국 복건성 장주부 (당화)	개평현 (콩 외 10종)	下苔島 荷衣島	私船	『備邊司謄錄』 순조 25년 1월 19일
⑨	1824.11.01. 1825.01.19.	14	중국 강남성 진강부	공유현(청구포 2병), 상해현	紅衣島	私船	『備邊司謄錄』 순조 25년 1월 19일
⑩	1826.11.08. 1827.01.12.	16	중국 절강성 영파부	진해현(술), 산동성(대추)	牛耳島	私船	『備邊司謄錄』 순조 27년 1월 12일
⑪	1836.10.29. 1837.03.17.	46	중국 복건성 장주부	광동성(사탕), 천진부(사탕), 연원주(콩)	黑山島	私船	『備邊司謄錄』 헌종 3년 3월 17일
⑫	1836.12.17. 1837.03.17.	3	중국 봉황성 수양부	금주부 (선박임대)	牛耳島	私船	『備邊司謄錄』 헌종 3년 3월 17일
⑬	1839.11.26. 1840.02.01.	11	중국 산동성 등주부	봉천성 (곡식운송)	慈恩島	官船	『備邊司謄錄』 헌종 6년 2월 1일
⑭	1874.10.08. 1875.02.15.	5	중국 산동성 등주부	대고산	黑山島	私船	『備邊司謄錄』 고종 12년 2월 15일

<표 3>에 정리되어 있는 바와 같이, 총 14건의 문정별단 가운데 13건이 중국 표도민에 관한 것이고, 유일하게 1건이 일본 표도민에 관한 것이다. 따라서 표도민들의 항해목적에 대해서도 다수를 점유하고 있는 중국 사례를 중심으로 살펴보자.

「問情別單」에 의하면, 중국의 표도민들은 모두 선박을 이용하여 자국의 내륙 연안지역에서 교역하다가 해난사고를 당한 것으로 진술하고 있다. 비변사의 문정별단에서 중국 표도민들의 교역 내용을 소개하면 다음과 같다.

 A-1. 우리는 大淸國 福建省 興化府 蕭田縣 사람들입니다. 우리는 모두 상인들이며, 작년 윤 6월 16일에 茶와 布를 싣고 江南 上海縣 海口를 출발, 7월 23일 山東 唐島에 도착하여 차와 옷감을 판 후에 이내 豆餅과 靑白豆를 사서 11월 1일에 출발하여 집으로 돌아오고 있었습니다. 11월 16일 밤 큰 바다에 이르니 비와 눈이 번갈아 내리고 사방이 어두워지면서 갑자기 서북풍의 큰 바람을 만나 파도가 하늘 높이 솟아올라 배를 제어할 수 없었고,

21일 처음 귀국에 도착하였습니다(①번 사례).34)

A-2. 우리는 江南省 蘇州府 南通州의 呂四場 사람들입니다. 저희들은 대나무 40개와 黃豆를 싣고 작년 12월 16일에 배를 출발하여 山東省 茶陽府로 향하다가, 20일에 서북풍을 만나 귀국 지방에 도착하였습니다(④번 사례).35)

위의 사례에서 보듯이, A-1)은 중국 복건성 사람들이 茶와 옷감을 싣고, 강남성으로 향하다가 표류한 사례이고, A-2)는 중국 강남성에서 대나무와 황두를 싣고 산동성으로 교역하러가다가 역시 표류한 사례이다. 이처럼 중국 상선들은 복건성에서 강남성·산동성·광동성까지, 그리고 복건성에서 해협을 끼고 臺灣까지 상선을 운항하여 물산을 교역한 것으로 보인다. 이 때 교역품은 복건성의 경우 茶·茶器·布·사탕·당화 등이며, 산동성은 콩·면화·명주·버섯·율무·홍대추·술 등이었다. 이렇듯 중국 상선들은 남부의 복건성을 출항하여 절강성·강남성·산동성 등지로 출항하였다가 풍랑을 만나 조선의 서남해 도서지역에 표착하였던 것이다. 이 때 이동 수단인 선박은 대부분 私船을 이용한 것으로 보이며, 유일하게 ⑬번 사례에서 官船이 확인된다. 이는 중국 산동성과 봉천성을 연결하는 곡식 운반선으로 官船을 이용한 것으로 이해된다.

또 <표 3>과 관련하여 한 가지 주목되는 것은 비변사의 문정 내용이다. 비변사가 조선 해역에 표착한 異國人에 대해 표류과정을 자세히 질의하는 것은 어쩌면 너무도 당연한 절차일 것이다. 그런데 비변사의 문정 내용을 살펴보면, 표류에 관한 사안이라기보다는 오히려 대외적인 항목이 더 많다는 사실이 주목된다. 예컨대, 선주·승선인원·사망자·선적물품 등에 관한 질의는 가장 기본적인 사항에 해당된다. 그러

---

34) 『備邊司謄錄』 영조 36년 1월 28일.
35) 『備邊司謄錄』 순조 원년 2월 18일.

나 異國 官員의 종류·이름·인원(②·④·⑥·⑦·⑧·⑨·⑩·⑪·⑬), 행정 편제(⑪·⑬), 지역간의 거리(①·②·④·⑤·⑥·⑩·⑪·⑫·⑬), 軍兵(①), 城郭(②) 등에 대한 질문은 표류와는 무관한 내용들이다. 이런 유형의 질문은 표도민 개인의 입장에서 보면 단순한 질의 정도로 치부할 수 있겠지만, 비변사 관원의 입장에서는 중국 각 지역에 대한 다양한 정보를 수집할 수 있었던 것이다. 뿐만 아니라 비변사 관원들은 異國의 토지세와 선박세, 해당 지역의 토산물과 풍속, 심지어 중국인들이 바다를 항해하다가 만난 他國 선박들의 동향에 이르기까지 다양한 유형의 질의를 시도하고 있었다. 그들은 표도민들을 통해 타국에 대한 다양한 정보를 수집하고 있었던 것으로 이해된다.

3) 표도민들의 표착지

우리나라 서남해역 표도민들은 대부분 중국 상선들이었음을 앞서 확인하였다. 그렇다면, 중국 표도민들은 우리나라 서남해역의 어느 곳에 주로 표착하였을까? 표도민들이 표착한 지점은 조선과 중국을 연결해 주는 海路를 이해하는데 시사하는 바가 있을 것으로 생각된다. 본고의 분석 대상인 67건의 표착지점을 정리해 보면 다음 <표 4>와 같다.

〈표 4〉 異國人·異國船의 표착지점

번호	권역	島嶼·浦口	표착건수	번호	권역	島嶼·浦口	표착건수
1	珍島 (3건)	珍島(體島)	1	6	羅州 (15건)	慈恩島	3
		南桃浦	1			都草島	3
		玉島	1			飛禽島	2
2	黑山島 (27건)	黑山島(體島)	13			八禽島	1
		大黑山島	1			下苔島	1
		靈山島	1			荷衣島	2
		苔士島	1			大也島	1
		紅衣島	3			甑島	1
		牛墨島	1			智島	1

		可佳島	1			荏子島	7
		牛耳島	5	7	靈光 (11건)	在遠島	2
		小牛耳島	1			角耳島	2
3	濟州島 (13건)	濟州島(體島)	12	8	海南 (3건)	所安島	1
		楸子島	1			蘆兒島	1
4	順天(1건)	近海	1			甫吉島	1
5	高興(1건)	外羅老島	1	9	靈巖(1건)	近海	1

　<표 4>에 제시되어 있는 바와 같이, 표도민이 우리나라 서남해역에 표착한 지점을 섬과 섬, 혹은 섬과 내륙을 연계하여 각각 권역을 설정해 보았다. 왜냐하면 표도민들이 표착한 지점은 곧 선박이 침몰한 해역이기도 하지만, 동시에 바닷길의 길목에 해당된다고 생각되었기 때문이다. 이런 점을 염두에 두면서 표도민들의 표착지를 구분해 본 결과, 흑산도가 37%로 가장 많았고, 서남해 다도해의 행정관할지였던 羅州牧이 20%, 그리고 濟州島가 17% 순이었다. 이 가운데 흑산도와 제주도는 古代 한·중·일 3국을 연결하는 航路라는 점을 재확인할 수 있었다. 또 나주와 영광지역은 전라도에서 한양으로 연결되는 西海 海路의 길목에 입지하고 있다는 점에서 주목되었다. 특히 <표 4>에서 거론되고 있는 진도의 南桃浦, 나주의 荏子島·甑島·智島, 영광의 在遠島 해역은 조선후기 서해 해로의 요충지에 해당한다. 이에 대해서는 경종 3년(1723)에 전라감사 황이장이 올린 狀啓에서도 확인되는데, "호남 海路에서 右水營(필자: 해남)이 가장 큰 요해처가 되고, 이곳을 지나 柴河(필자: 목포 근해)의 큰 바다를 건너면 荏子島가 또 하나의 큰 요해처가 되며, 임자도에서 靈光의 七山海를 건너면 古群山(필자: 군산 근해)이 또 하나의 큰 요해처가 되는데, 대개 임자도와 고군산은 모두 四面이 바다로 둘러 싸여 있어 배를 대기에 아주 적합하여 남쪽에서 북으로 가는 海船이 모두 이곳에 정박합니다"36)라고 하였다. 다시 말해서 전라도 서

---

36) 『景宗實錄』 권13, 경종 3년 7월 18일 을미.

남해역의 <진도-나주(임자도)-영광(칠산해)-고군산>은 한양으로 연결되는 서해 해로의 요충지였던 것이다. 그러나 서해 해로는 중국과 인접해 있어 이국인들이 자주 출몰하였고, 또 조수간만의 차가 심하여 항해하는 선박들의 파선이 집중적으로 발생한 해역이기도 하였다. 이런 문제들 때문에 조선정부는 서해 해로의 안전, 특히 남에서 북쪽으로 운항되었던 조운선의 항해 안전에 주목하였던 것이고, 이를 위해 각 해역마다 수군진을 배치하였던 것이다. 그래서 서해 해로는 비변사의 주된 관심 대상 지역이었다.

4. 표도민들의 출항지와 표착지를 연계한 海路

본 절에서는 표도민들이 항해를 시작한 지점과 풍랑으로 인해 표착한 지점을 연계하여 바닷길을 추적해 보고자 한다. 앞서 살펴본 바와 같이, 18~19세기 서남해 도서지역 표도민 사례 총 67건을 분석한 결과, 중국이 45건(67%)으로 가장 많고, 그 다음이 일본 9건(13%), 유구 4건(6%), 기타 9건(13%) 순으로 확인된다. 특히 다수를 점유하고 있는 중국 사례를 통해 海路를 검토하기로 하자. 다음 <그림 6>은 중국 표도민들의 출신지역을 정리한 것이다.

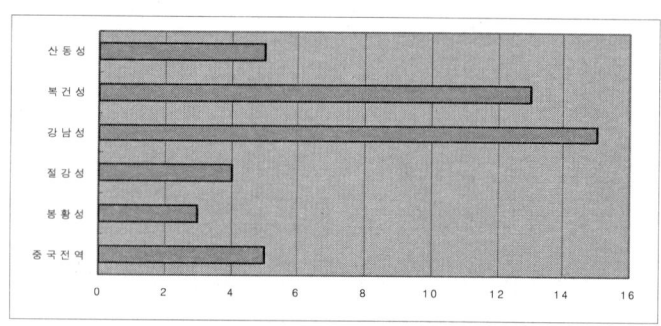

[그림 6] 중국 표도민들의 출신지역

<그림 6>에서 보듯이, 중국 표도민의 경우 특정 지역 출신들이 우리나라 해역에 표착해 온 것으로 확인되고 있어 매우 흥미롭다. 즉 중국 강남성 출신이 15건으로 가장 많고, 그 다음 복건성 사람이 13건, 그리고 산동성·절강성·봉황성 順으로 확인된다.

즉 <산동성-강남성-절강성-복건성>으로 연결되는 이 지역은 중국의 남부 연안에 해당하고, 또 무수히 많은 섬으로 이루어져 있으며, 바다를 사이에 두고 우리나라와 마주 바라보고 있다. 이런 까닭에 역사이래로 중국 연안과 한반도는 밀접한 관계를 맺고 있었다. 예컨대 절강성의 舟山群島는 무려 1,340개의 섬으로 이루어진 곳인데, 한반도 해역으로 회유해오는 대표 어종인 서해안 조기의 월동장이었다. 또 절강성의 영파는 당나라 때 대표적인 교역항구로, 바로 장보고 선단의 활동무대로써 해상교류가 활발하였던 곳이다.[37]

한편 중국 표류인들이 우리나라 해역에 표착한 지점을 앞의 <표 4>를 토대로 하여 중심 권역을 구분해 보면 다음 <그림 7>과 같다. <그림 7>에서 보듯이, 중국 표류인들이 가장 많이 표착하였던 곳은 흑산도이다. 무려 37%에 달하는 사례가 확인된다. 이런 실정이었기에, 흑산도는 일찍이 중앙정부에 의해 주목되었다. 즉 조선후기에 이중환은 『택리지』에서, "신라가 당나라로 들어갈 때 모두 羅州의 바다에서 배를 출발하였는데, 하루를 가면 흑산도에 이르고, 또 하루를 가면 홍의도(필자: 홍도), 또 하루를 가면 台州의 寧波府 定海縣에 당도한다"라고 하였다.[38] 바로 이중환이 언급하고 있는 바닷길은 흑산도에서 출발하여 동중국해 및 황해 남부를 사단하여 절강성 영파에 이르는 여정을 언급하고 있는 것이다. 이런 까닭에 중국의 절강성은 승려·상인·사

---

[37] 이경엽 외, 『중국의 섬과 민속I - 주산군도 승사도의 해양민속』, 민속원, 2007, 5쪽.
[38] 이중환, 『擇里志』「전라도」나주.

160 제2장 표류와 인간

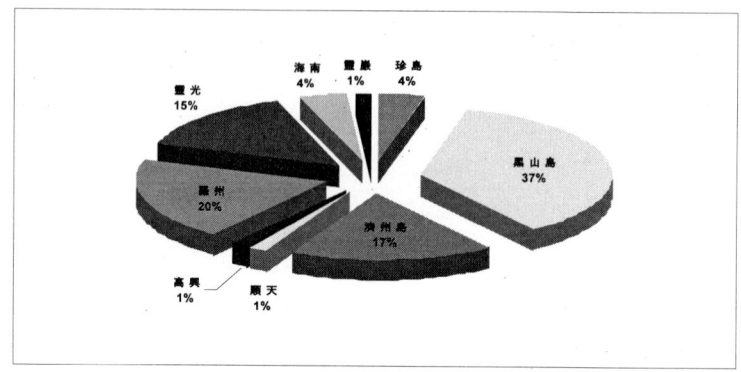

〈그림 7〉 중국 표류인들의 표착지점

신·유학생들의 도착과 출발지였고, 한반도와 일본열도를 연결하는 항구로 기능하였다.39)

흑산도 다음으로 중국 표류인들이 가장 많이 표착한 우리나라의 섬은 전라도 나주목 소속 부속도서들이다. 즉 하의도·하태도·장산도·비금도·도초도·팔금도·안좌도 등 오늘날 전남 신안군 소속 도서지역이고, 그 다음이 제주도이다. 기존의 연구에 따르면, 제주도는 중국·일본·유구 등 주변 국가들과 빈번하게 왕래하였던 것으로 확인된다.40) 그런 만큼 각국 주민들의 표착이 발생하였다. 특히 제주도 표착 이국인 가운데 중국인이 가장 많고, 그 중에서도 절강성 영파부 소속 사람들이 주류를 이룬 것으로 확인된다.41)

한편 전라도 서남해안과 중국 절강성을 연결하는 표류사례가 15세기 최부의 『표해록』에서 확인되고 있어 주목된다. 최부는 조선 성종 19년(1488) 1월에 제주도를 출발하여 서남해역을 향하여 출항하였다

---

39) 윤명철, 「황해의 지중해적 성격 연구(1) – 동아지중해호 탐사결과를 중심으로」 『한중문화교류와 남방해로』, 국학자료원, 1997, 229~230쪽.
40) 주성지, 앞의 논문, 252쪽.
41) 김영원 외, 『항해와 표류의 역사』, 솔, 2003, 60~63쪽.

가 추자도 근해에서 표류되어
중국 절강성 영파부에 표착하
였다.42) 즉 최부가 파선된 배
에 몸을 싣고 중국에 당도한
것은 오직 자연 조건만을 이
용하여 남중국에 표착하였던
것이다.43) 결국 최부가 서남
해역의 추자도에서 표류하여
중국의 절강성에 표착한 표류
항로와 18~19세기 중국의 표
도민들이 풍랑을 만나 우리나
라 서남해 도서지역에 표착한

[그림 8] 출항지와 표착지를 연계한 해로

표류항로를 그려보면 <그림 8>과 같다. 다시 말해서 18~19세기 중국 표도민들이 출항하였던 <복건성·절강성·강남성·산동성>과 그들이 표착하였던 우리나라 서남해역의 <珍島·黑山島·羅州諸島·濟州島> 등 출항지와 표착지를 상호 연결해 보면 조선과 중국을 잇는 海路를 확인할 수 있다.

5. 맺음말

이 글은 18~19세기 서남해 도서지역 표도민들의 추이를 검토하기 위해 작성되었다. 특히 우리나라 서남해역에 표착한 중국 표도민들의 출항지와 표착지를 연계하여 표류항로를 주목하였다는 점에서 연구의 의의가 있다.

---

42) 최부 저, 서인범·주성지 역, 『표해록』, 한길사, 2004.
43) 주성지, 앞의 논문, 230쪽.

조선초기 중앙정부의 서남해 도서에 대한 방침은 空島政策이었다. 그것은 끊임없이 침입해오는 외세에 대한 국가의 대응이었다. 즉 조선 정부는 섬에 사람이 살지 않으면, 도서지역의 경제기반이 마련되지 않을 것이고, 사람이 살지 않은 섬에 이국인들도 출몰하지 않을 것이라는 의도에서였다. 그러나 서남해 내륙 연안지역 주민들은 국가의 도서 정책을 위반하면서까지 섬으로 모여들었다. 왜냐하면 섬과 바다가 제공해 주는 풍부한 해산물과 소금, 간척으로 인한 토지, 그리고 내륙지역 주민들에게 부과되었던 세금과 부역부담으로부터 벗어날 수 있었기 때문이다. 그리하여 17~18세기 서남해 도서지역의 인구가 증가하고, 경제기반이 마련되었다. 이제 중앙정부는 더 이상 섬을 관망만 하지 않고, 島嶼政策을 적극적으로 수정하기에 이른다. 즉 조선후기 도서정책은 국내적으로 서남해 도서지역을 제도권 안에 포함하려는 국가의 의도를 반영한 결과였고, 국외적으로는 중국의 황당선과 일본 왜구들의 출현에 대한 해방체제의 구축이 필요하였기 때문에 변화될 수 밖에 없었다.

이처럼 조선후기 서남해 도서지역의 인구 증가와 경제기반이 마련되고 있을 때 異國人들이 우리나라 해역에 표착해 왔다. 이들 표류민의 문제는 이웃한 국가간에 분쟁을 야기시켰다. 그리하여 17세기에 각국은 표류민 송환문제를 정례화하였고, 18세기에 정상적인 외교관계가 성립되었다. 이에 조선정부는 비변사로 하여금 표도민에 대한 송환문제를 체계적으로 관리하도록 하였다.

조선후기 표도민들의 송환문제는 『備邊司謄錄』「問情別單」에 자세히 수록되어 있다. 즉 異國人이 우리나라 해역에 표착하게 되면, 해당 지역 지방관이 즉시 비변사에 보고하고, 이후 표류민은 한양으로 후송되어 비변사의 심문을 받게 되는데, 이 때 작성한 문건이 「문정별단」이다. 「문정별단」을 통해 조선후기 서남해역에 표착한 표도민들을 분석한 결과 다음과 같은 내용들이 주목되었다. 첫째, 서남해 도서지역의 표도민들은 18세기 중엽부터 19세기 중엽까지 집중적으로 표착해 왔다. 둘째, 이들 표도민들의 국적은 중국이 대다수를 차지하였고, 그 다음이 일본국과 유구국 사람들이었다. 셋째, 중국 표도민들의 항해목적은 자국의 남부 연안지역을 오가며 교역하는 商船들이었다. 넷째, 중국 표도민들의 항해 시기는 가을에서 겨울에 이르는 동절기에 집중되어 있었다. 다섯째, 중국 표도민들의 출신지역은 강남성·복건성·절강성 순으로 나타났다. 여섯째, 중국 표도민들이 우리나라에 표착한 지점은 흑산도와 제주도를 비롯한 서남해 도서지역이었다. 일곱째, 18~19세기 중국 표도민들이 출항하였던 <복건성·절강성·강남성·산동성>과 이들 표도민들이 표착한 우리나라 서남해역의 <珍島·黑山島·羅州諸島·濟州島>를 상호 연결해 본 결과 조선과 중국을 잇는 주요 海路를 확인할 수 있었다.

◇ 이 글은 「18~19세기 서남해 도서지역 표도민들의 추이 - ≪비변사등록≫ <문정별단>을 중심으로」(『조선시대사학보』 44, 조선시대사학회, 2008)을 보완한 것이다.

164 제2장 표류와 인간

[부표] 18~19세기 서남해 도서지역 漂到民 관련 기사

번호	년대	표류인원	출항지	표착지	항해목적	비고(典據)
1	1704.08.05.갑신	116	중국 복건성 장주부	珍島(南桃浦)	일본	선박1척(備)
			중국 복건성 동안현	甑島		선박1척(備)
2	1742.09.17.임술		異國 商船	大牛耳島(鑛村)	상선	(備)
3	1759.12.22.기묘	28	중국 복건성 흥화부 소전현	黑山島	상인	問情別單(備)
4	1760.11.18.경진	24	중국 복건성 천주부 동안현	慈恩島(分界村)	상인	問情別單 2건(備)
5	1762.10.19.임오		異國人	智島		智島萬戶 처벌(파직)(備)
6	1770.01.10.경인	16	異國人	荏子島(二黑岩)	상인	水路(備)
7	1774.11.19.갑오	59	異國人	都草島	상선	1차표류(부안), 水路(備)
8	1776.12.09.병오	87	중국	荏子島	상선	18명은 2월 수로로 이동, 69명은 육로로 이동(日)
9	1777.07.26.기축	28	일본	靈光 근해	선박	海路(日)
10	1777.10.22.갑인	7	중국 산동성	珍島(南桃鎭)	장사	(日)
11	1777.11.07.정유	22	중국 복건성 장주부 해징현	都草島(老仇味)	상선	(備)(日)
12	1777.11.12.정유	26	중국 복건성 장주부 용계현	飛禽島	상선	水路, (備)(日)
13	1777.11.17.기묘	15	중국 강남성 소주부	靈光 근해	상선	(日)
14	1777.11.26.정유	31	중국 복건성 장주부 용계현	靈山島	상선	水路, 대흑산도 부속(備)(日)
15	1777.11.28.경인	24	중국 복건성 장주부	玉島	상선	珍島의 부속도서(日)
16	1778.05.22.신사		중국인(표류한 백성)	靈巖 근해		(日)
17	1779.07.03.을유	77	중국	露兒島, 甫吉島	상선	영암 於蘭鎭 부속도서, 일본행 희망(日)
18	1784.12.13.갑진	1	중국 강남성 소주부 남통주	苔士島	장사	(備)
19	1784.12.18.갑진	0	異國船(승선자 없음)	八禽島		태사도 표류선으로 추정, 선재 소각령(備)
20	1786.02.09.계미	4	중국 등주	楸子島(嶼草里)	고기잡이	(日)
21	1786.06.15.정해	1	일본 薩摩州 也島	順天 근해	어부	問情別單(日)
22	1796.12.08.무진		異國人	智島	상인	(備)
23	1797.02.10.정사		異國人	所安島, 黑山島, 紅衣島		水路, (備)
24	1797.03.04.정사		異國船	紅衣島		선박1척, 1차표류(무장), (備)
25	1801.02.18.신유	6	중국 강남성 소주부 남통주	在遠島	상인	問情別單(備)
26	1801.02.07.신유	7	중국 강남성 소주부 숭명현	牛墨島	상선	기좌도 부속도서, 水路(備)
27	1806.03.04.임자	22	중국 소주	濟州島		(實)
28	1810.11.21.경오	29	중국 복건성 천주부 동안현	荏子島(二黑岩)	상선	(備)
29	1813.11.28.계유	47	중국 복건성 동안·해징·남안현	荏子島(三頭里)	행상	問情別單(備)(實)
30	1813.12.05.계유	73	중국 복건성 장주부 해징·동안·용계·진강·남안현	在遠島	행상	問情別單(備)
31	1819.03.26.기묘	14	중국 강남성 소주부	牛耳島	상선	(備)
32	1819.10.20.기묘	27	중국 복건성 천주부 동안현	慈恩島	행상	問情別單(備)
33	1820.01.04.경진	17	중국 강남성 소주부	小牛耳島		都草島로 대피(備)
34	1821.06.15.계사	6	琉球	濟州島		북경으로 후송(實)
35	1822.02.14.임오		중국 강남성 소주부	下苔島	행상	問情別單, 선박1척(備)
				荷衣島	행상	선박1척(備)

36	1824.11.24.갑신	37	중국 복건성 장주부 해징현	荷衣島	행상	(備)(實)
37	1824.12.23.갑신	14	중국 강남성 진강부 단양현	紅衣島	행상	問情別單(備)
38	1826.06.16.병인	3	琉球	外羅老島	상인	흥양현 소속(實)
39	1826.12.03.병술	16	중국 절강성 영파부 진해현	牛耳島	장사	右水使 징계(備)(實)
40	1827.01.12.정해	16	중국 절강성 영파부 진해·은현	牛耳島	장사	問情別單, 黑山鎭 부속도서(備)
41	1829.12.07.정묘	2	중국 산동성	珍島		(實)
42	1831.01.16.신묘	35	大國人	荏子島		(備)(實)
43	1831.07.25.을해	3	琉球 那覇府	濟州島		북경으로 호송(實)
44	1831.09.13.임술	48	일본 薩摩島	濟州島		동래부 왜관으로 호송
45	1836.12.29.병신	41	중국 복건성 장주부 조안현	黑山島	행상	問情別單(備)
46	1837.01.13.정유	3	중국 봉황성 수양현 수양현 城밖	牛耳島		問情別單(備)
47	1839.12.27.기해	11	중국 산동성 등주부 황현현	慈恩島	장사	問情別單(備)
48	1841.02.27.신축	6	중국 절강성 영파부 진해현	牛耳島	장사	(備)
49	1841.04.13.신축	18	중국 절강성 영파부	大黑山島	장사	(備)
		13	중국 강남성 송강부	濟州島(遲月鎭)	장사	(備)
		21	중국 강남성 소주부	濟州島(旌義縣)	장사	(備)
50	1847.02.03.정미	15	중국 강남성 소주부 해문현	黑山島	장사	(備)
51	1850.03.23.경술	9	중국 강남성 통주부 태흥현	黑山島	행상	(備)
		17	중국 강남성 소주부 태창주 보산현	黑山島	행상	水路(備)
52	1851.04.01.신해	29	異國人	飛禽島		(備)
53	1852.02.25.임자	1	중국 강남성 송강부 상해현	黑山島	행상	(備)
		10	중국 산동성 등주부 복산현	黑山島	행상	
54	1856.01.26.병진	14	중국 강남성 소주부 직현, 강남성 남통주	大也島	행상	荷衣島의 부속도서(備)
55	1857.01.11.정미	11	중국 강남성 소주부 남통주	荏子島	행상	물건교환(備)
		13	중국 강남성 소주부 남통주	黑山島		선박1척(備)
		11	중국 강남성 태창주 보산현	黑山島		선박1척(備)
		10	중국 강남성 태창주 숭명현	黑山島		선박1척(備)
56	1864.03.07.정미	20	日本國 薩州	濟州島(旌義縣)		(承)
57	1864.05.08.갑자	8	중국 강남성 통주	都草島(新木仇味)		水路(承)
58	1866.01.04.갑자	10	日本 平戶島	濟州島		(承)
59	1868.03.18.병인	67	중국	濟州島		(承)
60	1871.09.23.신미	22	琉球	可佳島		水路(備)(承)(實)
61	1871.04.24.신미	10	日本 薩州 鹿兒島	濟州島		(承)
62	1873.06.16.임진	10	日本 薩州 鹿兒島	濟州島		(承)
63	1875.02.15.을해	5	중국 봉황성 등주부 양가권	黑山島	행상	問情別單(備)(承)
64	1881.09.07.병신	15	중국 산동성	濟州島		(承)
		1	紅毛國(홀란드)			
65	1883.02.19.계미	8	중국 등주부	黑山島	행상	(備)(承)
66	1884.11.03.계묘	8	日本人	角耳島	상인	영광 부속도서(備)(承)
67	1886.09.26.병술	3	日本船	荏子島		일본 선박이 왕래하는 포구로 후송(備)(承)(日)

備考(典據) : 『朝鮮王朝實錄』(實), 『備邊司謄錄』(備), 『承政院日記』(承), 『日省錄』(日)

조희룡의 임자도 유배생활에 대하여

고 석 규

1. 머리말

又峰 趙熙龍이 임자도의 인물로, 그래서 2004년 1월 문화관광부 선정 '이 달의 문화인물'로 주목받게 된 데에는 '조희룡의 흔적을 찾는 사람들'의 노력이 컸다.[1] 조희룡은 임자도에 유배 와서 제2의 인생을 살면서, 예술의 난숙기를 이루었다. 그러나 해배되어 임자도를 떠난

---

1) '조희룡의 흔적을 찾는 사람들'의 모임은 1999년 9월 최초로 조희룡선생 기념 사업회를 출범하여 관련 자료 수집 및 홍보에 각고의 노력을 기울였고, 그 모은 자료들을 묶어 '꽃보라'(2001)란 책을 냈다. 그 후 각 분야별로 심도 있는 연구를 추진하여 2003년 10월에는 조희룡을 문화관광부 선정 2004년 1월의 문화인물로 지정하게 하는 성과를 얻기도 하였다. 그리고 2003년 12월에는 김영회 대표집필로 『조희룡 평전 – 조선문인화의 영수』(2003, 동문선)를 출간하였고, 임자도에 기념조형물을 설치하고 나아가 적거지 萬鷗吟館 복원 사업까지 추진하고 있다. 이 글을 쓰는데도 이 모임의 성과들이 큰 도움이 되었다. 한편, 조희룡의 글들은 實是學舍 古典文學硏究會에서 『趙熙龍全集』 전6책(1999, 한길아트)의 역주본을 발간하여 조희룡을 알고 알리는데 결정적인 도움을 주었다. 책의 구성은 1책: 石友忘年錄, 2책: 畵鷗盦讕墨, 3책: 漢瓦軒題畵雜存, 4책: 又海岳庵稿·古今詠物近體詩抄·藝林甲乙錄題畵詩, 5책 : 壽鏡齋海外赤牘·又峰尺牘, 6책: 壺山外記 등으로 되어 있다.

후 어느덧 잊혀졌다. 그러던 그가 신안 출신 사람들로 구성된 '조희룡의 흔적을 찾는 사람들'에 의해 21세기의 새로운 시작과 함께 신안의 인물로 다시 한번 세상에 태어났다.

조희룡(1789~1866)은 19세기 전반기에 주로 활동했고, 시·서·화에 두루 능하여 墨場의 領袖라고 불렸다. 그는 부 相淵과 모 전주 최씨 사이에서 3남 1녀 중 장남으로 서울에서 태어났다. 자는 而見, 雲卿이고, 호는 壺山, 又峯, 石憨, 鐵笛, 丹老, 梅叟, 梅花頭陀 등 여러 개다. 진주 晉州 陳씨 益昌의 딸을 아내로 맞아 星顯, 奎顯, 昇顯의 세 아들과 딸 셋을 두었다. 그의 집안은 조선후기에 영락하여 무반직으로 출사하다가, 아버지와 그의 당대에 이르러 중인계층으로 자리 잡게 된 것으로 보인다.2)

그는 78세까지 살았다. 그 중 임자도 유배기간은 1851년 8월 22일3) 부터 1853년 3월 18일까지 햇수로는 3년이지만 실제 기간은 불과 19개월에 지나지 않았다. 당시 사람으로는 유난히 오래 살았던 조희룡이었는데, 그럼에도 불구하고 19개월의 짧은 유배기간 동안 그의 주요 저작들이 대부분 이루어졌다.4) 그렇기 때문에 그에게 유배기는 각별한

---

2) 이지양, 「19세기 여항 문예와 조희룡의 예술 세계」『趙熙龍全集』1, 한길아트, 1999, pp.22~23 참조. 그의 연보에 대하여는 신안군 문화관광정보(http://tour.sinan.go.kr/) 중 '우봉 조희룡' 사이트 참조.
3) 19세기에 편찬된『義禁府路程記』에 따르면 전라도는 영암이 9일정, 진도가 12일 반정 등으로 규정되어 있다. 하지만 실제 여정은 대체로 이보다 많이 걸렸다. 따라서 조희룡이 임자도에 도착하기까지는 대개 보름 이상 걸렸을 것으로 보인다. 여기서 말하는 8월 22일은 유배여정의 시작일이다.
4) 특히 그는 "어렸을 적에 키만 크고 비쩍 마르고 약하여 옷을 이기지 못하니, 스스로 오래 살 상이 아님을 알았다."라고 할 만큼 약골이었다. 그래서 열세 살 적에 아무개 집안과 혼인 얘기가 있었는데 요절할 것이라는 이유 때문에 퇴짜를 맞기도 했다고 한다. 그러나 그는 70세를 넘겨 살았고 아들이 있고 딸도 있으며 손자와 증손자가 수두룩하였다. 그래서 스스로를 '壽道人'이라 호할만큼 오래 살았다. 「石友忘年錄」(『趙熙龍全集』1), 59항, 105쪽.

의미를 지닌다. 유배기에 그는 예술에 관한 잡록인『화구암난묵』, 시집『우해악암고』, 친구들에게 보낸 편지를 모은『수경재해외적독』등 3종의 책자를 남겼다. 그밖에 그의 그림에 써넣었던 화제들을 집성한 『한와헌제화잡존』도 유배 즈음에 완성한 것으로 보이며, 유배에서 풀려난 후 서울 강가에 은거하며 정리한 글인『석우망년록』이 또 그의 주요 저술로 꼽힌다. 따라서 유배기를 전후한 시기를 사상적 난숙기라 평할 수 있다. 이처럼 임자도의 유배생활은 그에게 뜻밖의 시간과 장소를 제공함으로써 그의 생각들을 글로 표출하여 세상에 남게 하였다.

물론 절정기의 그림들도 이때 대부분을 그렸다. 당호가 있는 조희룡의 작품 총 19점 중 8점이 유배기간 중에 나왔다. 이것 모두가 병풍·화첩·대련일 정도로 대작들이었다.5) 유배지에서의 외로움과 울적함을 이기고자 밤낮을 가리지 않고 작품 활동에 매진한 결과였다. 또한 그림 이론의 정립에도 힘을 쏟았다. 자신만의 묵죽법이 나왔고, 괴석을 그리는 법을 새로 터득했다. 나아가 조선의 산수화법을 만들었다. 그 결과 그의 그림 역량은 최고의 수준에 이르러 이론까지 겸비된 완숙의 경지로 들어섰다.

이처럼 원하지는 않았지만, 결과적으로 그의 예술세계를 난숙하게 한 유배생활에 대해 집중적으로 살펴보는 것은 의미 있는 일이다. 그가 어떻게 살았고, 유배지에서 무엇을 보고 무엇을 느꼈으며, 그것이 그의 예술세계에 어떤 작용을 했는지 살펴본다.6) 또 아울러 그가 섬에 남긴 것 또 반대로 섬에서 배워간 것은 각각 무엇이었는지를 일방적이

---

5) 김영회 외, 앞의 책, 294쪽.
6) 조희룡에 대한 연구는 시·서·화와 관련된 미술사 분야와 중인 지식인으로서의 활동과 관련된 문화사 분야에서 비교적 많이 이루어졌다. 그러나 그의 유배기를 대상으로 한 연구는 '조희룡의 흔적을 찾는 사람들'에 의한 성과들이 전부이고 그 대부분은『조희룡 평전』으로 엮였다.

아닌, 상관관계 속에서 검토해 보고자 한다. 그런 가운데 유배에 대한 '상식'과 '사실'의 차이도 비교할 것이고, 그의 유배생활이 지니는 특징도 찾아보고자 한다.

2. 유배여정

조희룡은 왜 유뱃길에 오르게 되었는가? 그의 유배 이유에 대해서는 대략 다음과 같이 전해지고 있다.

안동 김씨 세도가들과 왕실의 典禮 문제를 둘러싼 공방으로 권돈인·김정희 등이 유배를 가게 되는데, 이는 정치적으로 김조순 일파가 권력을 독점하면서 견제 세력을 제거하기 위한 것이었다. 이때 조희룡은 오규일과 함께 각각 권돈인과 김정희의 爪牙心腹으로 지목되어 함께 유배당하였다.

왜 임자도라는 섬으로 갔는가? 당시 섬은 각광(?) 받는 유배지였다. 따라서 그가 섬으로 유배 온 것은 추세였고, 그 중 임자와 인연을 맺게 된 것은 그야말로 인연이었다. 『조선왕조실록』에 의하면, 조선시대의 유배지는 대략 408곳으로 파악된다. 이 가운데 25곳이 섬으로 그 비율은 6% 정도였다. 그러나 섬으로 보내진 유배인의 수는 그 비율이 훨씬 높았다. 유배지별 이용 빈도를 보면, 1위에서 5위까지가 각각 제주도·거제도·진도·흑산도·남해 등의 순으로 모두 섬이었다.[7] 서남해 섬들이 유배지로 본격 이용되기 시작한 때는 18세기 들어서였다. 따라서 조선후기에 신규로 추가되는 유배지가 대부분 서남해안에 배치되어 있음을 볼 수 있다. 특히 전라남도 지역은 12곳이나 새롭게 등장하고 있다. 이는 유배지로 이용되는 섬의 확산이 대부분 이 지역에서 이루

---

7) 장선영, 「조선시기 流刑과 絶島定配의 推移」 『지방사와 지방문화』 제4권 2호, 2001, 188~190쪽에서 재인용.

어지고 있음을 알 수 있다. 이와 같은 절도 정배지 증가 상황을 그리면 <지도 1>과 같다.8)

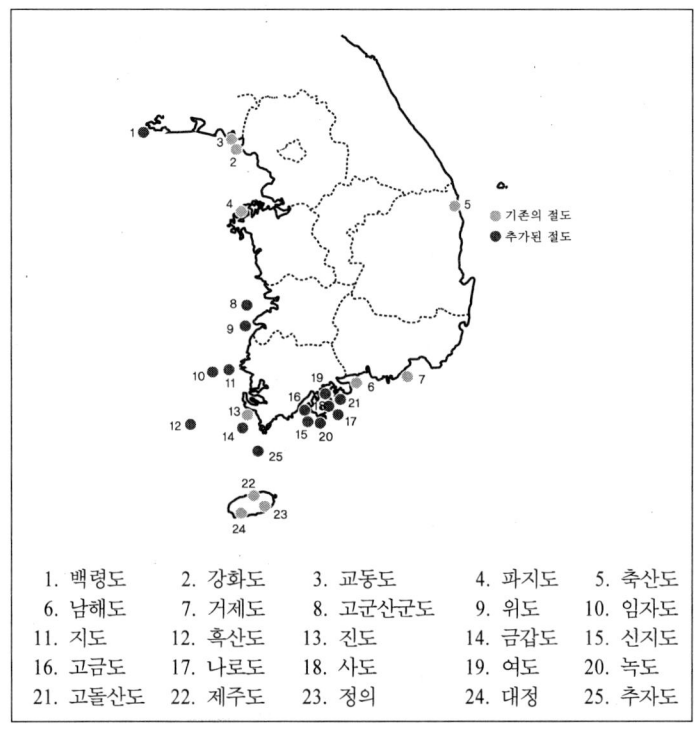

〈지도 1〉 조선후기 절도 정배지 증가 상황

이처럼 서남해안 섬들이 유배지로 대거 등장하게 된 이유는 무엇일까? 첫 번째 이유는 섬으로의 유배가 점차 증가하였던데 반하여 절도 정배지는 부족했던 데서 그 원인을 찾을 수 있다. 유배지 한 곳으로 많은 유배인을 보낼 수 없다는 규정 때문에 절도로 유배되었다 할지라도 절도 유배지가 다 차버렸으면, 다른 육지지역으로 보내야 했다. 그러

---

8) 장선영, 같은 글, 191쪽에서 재인용.

나 중죄인의 경우, 절도 정배가 불가피하였을 것이고, 기존에 있던 절도 정배지만으로 그 절도 정배인을 모두 감당하는 것은 불가능했을 것이다. 그러므로 중앙정부는 새로운 지역을 절도 정배지로 탐색하기에 이르렀던 것으로 보여진다.[9]

임자도 역시 이런 과정에서 추가된 절도 정배지 중 하나였다. 임자도는 원래 사복시(司僕寺)의 목장지였었는데,[10] 1796년(정조 20)에 그 목장을 압해도로 이설하고, 목장터는 농토로 전환하도록 조치하였다.[11] 따라서 사람들이 모여들었고 이로 인하여 유배인들도 받아들일 만한 여력이 생겼다고 보아 유배지로 추가되었다.

임자도 유배인은 19세기 들어 부쩍 늘어났다. 1801년(순조 1) 吳錫忠이 유배 왔다.[12] 오석충은 薪智島에 정배한 죄인 정약전, 長鬐縣에 정배된 죄인 정약용, 추조의 죄인 金伯淳, 端天府에 정배된 죄인 이기양과 함께 모두 서학 때문에 같이 유배되었다.[13] 1846년(헌종 12) 유안이 유배되어 왔다. 이때 金鏽은 古今島에 圍籬安置하고, 李承圭는 鹿島에, 李魯圭는 珍島郡에, 成容默은 呂島에, 柳泰東은 智島에, 羅采奎)는 薪智島에 配所를 정하여 압송하게 하였다.[14] 모두 서남해의 섬들이 유배지였다. 이듬해에는 李穆淵이 安置되었고,[15] 1862년(철종 13)에는 金厚根이 각각 定配되었다.[16]

한편, 조희룡의 유배여정을 보면, 여타 유배인들과 다르지 않았다. 일반적으로 우리들은 유배 갈 때 轞車押送이라 하여 감옥 같은 수레에

---

9) 『정조실록』 권14, 정조 6년 8월 정해.
10) 『비변사등록』 65책, 숙종 39년 2월 7일(6권 448쪽 상).
11) 『비변사등록』 184책, 정조 20년 8월 8일(18권 471 상).
12) 『순조실록』 권2, 순조 1년 3월 병술.
13) 『순조실록』 권2, 순조 1년 3월 갑오.
14) 『헌종실록』 권13, 헌종 12년 11월 임오.
15) 『헌종실록』 권14, 헌종 13년 11월 계미.
16) 『철종실록』 권14, 철종 13년 6월 갑술.

실려 가거나, 또 유배지에 가서는 이른바 "산 사람의 生冢"17)이라 불리듯 圍籬安置되어 철저히 통제된 생활을 한다고 알고 있다. 물론 그런 경우도 있지만, 오히려 예외라고 할 만큼 적었다. 유배지까지 가는 방법에는 여러 가지가 있었고 유배지에서의 생활도 그야말로 다양했다. 비록 거주이전의 자유는 없었지만, 지정된 곳에서는 보통사람들과 어울려 그들과 다름없이 살았다. 간혹 "지체 높은 양반들"은 마치 호화판 여행이나 내려온 것처럼 지내 지탄을 받는 경우까지도 있었다. 그러나 아무리 그래도 자유가 구속되는 것은 어쩔 수 없었기 때문에 유배는 누구나 원치 않았음은 물론이다.

조희룡의 유배여정이나 유배생활도 함거압송이니 위리안치와는 거리가 멀었다. 가는 길에 관촉사 석불을 보고 시도 지으며, 감도 사 먹고, 전주를 거치면서 서서히 내려갔다. 유뱃길에는 고금도로 가는 오규일과 함께 했다. 갈림길에서 석별의 정을 나누고 각각 유배지를 향해 발길을 옮겼다. 그러나 "가련하게도 열흘 동안 생선 한 토막 먹지 못하고 시골 부엌의 비린내나는 음식도 억지로 먹는다."18)라고 하듯 물론 유쾌한 여행길은 아니었다.

임자도를 앞에 두고 "漁宿를 빌려 잠을 자며 깊은 밤 등잔불로 고기 줍는 사람들"을 보기도 했다.19) 섬에 들어가려면 물때를 타야 했기에 하는 수 없이 생선기름을 빌려와 작은 등불을 밝히며 삼경의 물때를 기다려야 했다. 밤 빛 컴컴한 바다에 배를 풀어 건너기 시작했고 해 뜰 즈음에 도착해서 낯선 섬과 대면하였다. 서울 여항인에게는 섬과의 만남 자체도 낯설겠지만 그 만남의 방법 또한 낯설기 그지없었다.

우여곡절 끝에 겨우 구한 그의 거처는 문 앞에 외진 포구가 있는 바

---

17) 『服齋集』 권4, 「圍籬記」 ; 심재우, 「조선전기 유배형과 유배생활」(『국사관논총』 92, 국사편찬위원회)에서 재인용.
18) 「又海岳庵稿」『趙熙龍全集』 4, 39쪽.
19) 같은 책, 47쪽.

닷가 마을 이흑암리였고, 그의 집은 황토로 된 움집이었다. 게딱지 집 [蟹舍],[20] 달팽이 집[蝸廬][21]이라고도 하였다. 하지만 "외진 포구 문 앞 길은 사해로 통하는데 한 척 돛배로 강남에 이를 수 있다 하네."[22]라는 그의 표현대로 격리된 유배지였지만, 오히려 포구가 있어 더 넓은 세상과 접할 수 있는 미래를 꿈꾸게 하였다. 이렇게 그의 유배생활은 시작하였다.

3. 유배생활

1) 別離의 고통, 평안, 달관의 교차

1851년(철종 2) 9월부터 시작된 그의 유배 생활은 해배되는 1853년(동 4) 3월 18일까지 햇수로는 3년이지만 기간은 약 19개월이었다. 그 기간 동안 방황의 연속이었지만 그 중에도 때로는 적응하고 때로는 평안을 찾곤 했다. 그런 그의 일상을 좇아 유배생활을 정리해 보자.

(1) 별리의 고통

그는 유배지에 당도한 처음 심정을 다음과 같이 담아 景集에게 보냈다.

"저는 천리 여정에 겨우 섬에 이르렀습니다. 그러나 객지에서 이리저리 옮겨다니다 보니 여러 가지 고통과 괴로움, 그리고 온갖 상황은 사람의 情理로써 견디지 못할 지경입니다. 어떤 억압으로 이런 억울한 고난을 당하

---

20) 같은 책, 55쪽.
21) 같은 책, 59쪽.
22) 같은 책, 50쪽.

고 있는지 알지 못할 뿐입니다."23)

그는 "안개 바다 적막한 물가, 황량한 산 고목 사이의 달팽이 마냥 작은 집에서 몸을 움츠려 쓸쓸히 지냄이 마치 병든 중과 같다."24)고 스스로를 비하하고 있었다. 그의 외로움, 울적함은 정도의 차는 있겠지만 유배기간 내내 그의 곁을 결코 떠나지 않았다. 특히 특별한 날에는 더욱 심했다. 어느덧 세월이 지나 둘째 해 마지막날, 새해를 맞는 감회에 앞서 느끼는 적막감은 더욱 심했다. "섣달 스무 아흐렛날 밤에 등잔불을 돋우고 외로이 앉으니 백 가지 느낌이 밀려든다."25)라고 그의 복잡한 심사를 토로하였다.

이런 외로움, 울적함이 떠나지 않았던 이면에는 또 항상 그를 떠나지 않았던 그리움이 있었기 때문이었다. "海苔箋 위에 몇 글자를 써내어서 '日望五雲庵'이라 편액을 달고 싶네"26)라는 시를 통해 서울을 그리는 마음이 세월이 가도 여전했음을 엿볼 수 있다. 그리움이 크면 클수록 그가 느끼는 외로움, 적막감도 더 컸다.

이런 그에게 절망만 있었던 것은 아니었다. "다만 위안을 삼는 바는 水土가 심히 나쁘지는 않아서 뱀·지네의 무리가 거의 없거나, 간혹 있는 정도입니다. 또한 환궤(闤闠, 저자의 문, 곧 시장을 말함) 중에서는 일찍이 있지 않았던 것으로, 매일 해안에 나아가 고래가 입을 벌리고, 자라가 기어 나오는 것을 보며, 이로써 詩想을 펼치는 것입니다."27)라고 하여 자연을 벗삼아 시를 짓는 일에서 위안의 실마리를 찾아갔다.

---

23)「壽鏡齋海外赤牘」『趙熙龍全集』5, 43쪽.
24)「又海岳庵稿」『趙熙龍全集』4, 107쪽.
25) 같은 책, 103쪽.
26) 같은 책, 56쪽. 해태전은 김종이이고 오운은 오색 구름이 있는 서울 하늘을 가리킨 것으로 日望五雲庵이란 "날마다 서울 하늘을 바라보는 집"이란 뜻이다.
27)「壽鏡齋海外赤牘」『趙熙龍全集』5, 43쪽.

훗날 그렇게 쓴 글들이 그의 대표적 저작으로 남을 줄은 그도 몰랐을 것이다.

(2) 평안

처음 움집에서 그를 위로해 준 첫 번째 것은 집 주변의 소나무와 대숲이었다. "위로됨은 이곳에 긴 대나무 잘 자라는 것,"[28] "이 곳에서 기뻐할 것은 소나무와 대숲뿐,"[29] "산죽 숲 속 작은 집이 은은하다."[30]라고 자위하면서 주변의 자연을 통해 유배생활에 적응해 갔다. 유배지의 자연에 적응하면서 평안을 찾아가는 모습을 그의 시에서 다음과 같이 쓰고 있다.

> "기러기·오리·갈매기·해오라기·귀뚜라미·매미·벌·나비 같은 작은 것들도 모두 나와 교섭이 있는데, 하물며 산천초목과 雲霞에 있어서랴! 감정이 없는 것들에게 친분을 맺음은, 바로 '목전에 말을 걸 만한 곳은 모두 말을 걸 수 없고, 말 걸 수 없는 곳이야말로 정말 말 걸 수 있는' 곳이기 때문이다. 나는 바닷가에 살면서 금석·蟲魚의 공양이 없는데도 조금씩 병이 줄어들 수 있었고, 지인이나 벗과의 교유가 없어도 한가롭게 노닐며 세월을 보낼 수 있게 되는 것은 모두 산천초목·운하의 도움이니 이는 또한 언어 문자의 밖에 있는 것이다."[31]

이렇게 자연과 벗삼아 갔다. 그는 그런 과정을 "저는 모래 사장의 갈매기와 더불어 세상 밖의 친구로 삼아, 無情한 곳에 우정을 맺었으니, 이야말로 참다운 우정을 맺은 것입니다."[32]라고 하여 무정한 곳 즉 자

---

28) 「又海岳庵稿」『趙熙龍全集』 4, 51쪽.
29) 같은 책, 53쪽.
30) 같은 책, 54쪽.
31) 「畵鷗盒讕墨」『趙熙龍全集』 2, 59항, 90쪽.
32) 「壽鏡齋海外赤牘」『趙熙龍全集』 5, 76쪽. "結契於無情處 是眞結契也"

연에서 진짜 우정을 맺었다고 표현하였다. 마침내 유배 온 이듬해 봄에는 "고대광실이 이 띠집 하나와 어떠하뇨? 종정과 산림 각각 자기대로 사는 것. 덧없는 세상 어찌 일정한 처소 있으리요. 만나는 데 적응하면 그것이 내 삶이로세."33)라고 하여 말 그대로 적응하고 있었다.

그가 가장 친한 친구 山樵34) 柳最鎭에게 보낸 편지에서 "백번, 천번의 편지가 단지 이별의 고통만을 말하고 있으니 오히려 지리함을 깨닫게 됩니다. 지금 이후로는 한 장의 종이 가운데에 평안 두 글자를 크게 써서 이것으로 한 전례를 삼으면 곧 편지 쓰는데 힘을 줄이는 한 방편이 될 것입니다."라고 하여 별리의 고통에서 벗어나 평안의 단계로 나아가려는 그의 의지를 보여 주었다. 물론 평안을 찾겠다고 해서 저절로 평안이 오지는 않았다. 이어지는 글에서 여전히 "그러나 붓대를 잡으면 한만하고 무료한 말을 그치지 못하는 것은 情誼가 모여드는 바이니, 비록 부처와 보살이라도 또한 어쩔 수 없을 것입니다."35)라고 하듯이 적응과 부적응 사이에서 방황하는 모습을 보여주고 있었다.

"무료함이 심했고 이를 산수와 난초 꽃을 그리면서 잊으려 했다."라 하듯이 그가 적응, 다시 말하면 별리의 고통을 잊기 위하여 의지했던 것은 시와 그림이었다. 근심과 울적함을 풀기 위해 시를 짓고 그림을 그렸다. 술도 마시고, 담배는 "하루의 흡연이 백여 대를 넘었다."36)라고 스스로 썼듯이 엄청나게 피우며 괴로움을 잊고자 했다.

(3) 달관

평안의 상태를 유지하려 하나 별리의 고통에서 비롯되는 외로움,

---

33) 「又海岳庵稿」『趙熙龍全集』4, 61쪽.
34) 유최진은 『樵山雜著』라는 책을 썼다. 그래서 그의 호로는 초산이 더 많이 알려져 있다. 다만 이 책에서는 산초라고 되어 있어 이것을 따랐다.
35) 「壽鏡齋海外赤牘」『趙熙龍全集』5, 73쪽.
36) 「又海岳庵稿」『趙熙龍全集』4, 56쪽. "日吸煙 不下百餘臺"

적막감은 결코 가시지 못했다. 그것은 여전히 해배에 대한 기다림 때문이었을 것이다. 그러나 1852년 8월에 김정희가 해배되었음에도 자신은 여전히 유배 신세를 벗어나지 못한 채 3년째를 맞이하게 되자 체념에서 왔는지도 모를 달관의 경지를 모색하게 되었다.

> "나는 바다 밖 섬 속에서 배회한지 이미 삼년이니라, … 그러나 魚鳥를 노래하고 산림을 문장에 옮겨 하루의 懺果를 대신할 뿐입니다. 그런데 이 억울한 고초는 옛사람도 이에 당한 자가 어찌 한정이 있겠습니까만 이른바 '達觀'이란 두 글자는 어떻게 할 수 없는 처지에서 나온 듯합니다. 옛사람의 경지에 이르지 못했으니 또한 쉽게 논할 수 없습니다."37)

라는 편지에서 그런 심정을 폈다. 그리하여 체념하지 않을 수도, 그러나 체념할 수는 없는 복잡한 심사를 바닷가의 물에 비유하여 다음과 같이 말했다.

> "날마다 바닷가에 가서 물을 보는 법을 얻게 되었는데, 맑고 넓은 것은 그 본성이요 용솟음치고 급하게 흐르며 파도치는 것은 그 우는 것으로, 그 지형에 따라 그렇게 되는 것인가 봅니다. 저의 사정은 이 막다른 지점에 이르러서 어찌 울지 않고 배길 수 있겠습니까? 울음이 일변하면 취함에 이르고, 취함이 일변하면 잠에 이르고, 잠이 일변하면 꿈에 이르고, 꿈이 일변하면 진경이 되어 선생과 손을 맞잡고 산사와 야외의 별장으로 노닐며 지었던 기유의 시편들이 역력하게 기억나게 됩니다. 이는 곧 인생의 꿈 속의 꿈이라 어느 것이 꿈이 되고 어느 것이 현실인지 알 수 없지만 저는 장차 꿈과 현실 사이에서 처하여 애오라지 세월을 마치고자 할 뿐입니다."38)

꿈과 현실 사이에서 살 수밖에 없는 안타까운 심정을 엿볼 수 있다.

---

37) 「壽鏡齋海外赤牘」『趙熙龍全集』 5, 60쪽.
38) 같은 책, 63쪽.

달관에 이르려는 그의 노력은 끝내 거기에 다다르지는 못한 듯하다. 삼년 째에도 여전히 그는 "지금의 저의 여러 사정을 폐일언하면 단지 원통과 고달픔뿐입니다. 평소 그림 그리기를 좋아했으나 섬에 귀양 온 후에는 위축되고 말문은 막혀 어디서부터 시작해야 할지 모릅니다."39)라고 쓰고 있었다.

2) 일상생활

조희룡은 자신의 거처를 화구암(畵鷗盦, 갈매기로부터 畵意를 얻는 집), 또 『화구암난묵』의 서문에서는 만구음관(萬鷗唫舘, 갈매기 소리가 들린다는 뜻) 등으로 불렀다. 자연과의 친화를 강조하려는 뜻 같다. 그러면서도 자신에 대하여는 고독한 노인으로40) 표현하였다. 그의 일상이 이루어지는 공간은 자연과 어울려 있으면서도 섬이 주는 고독을 그대로 안고 있었다. 그의 집 모습은 실경을 그린 것으로 보이는 그의 「荒山冷雲圖」나 「倣雲林山水圖」를 통해 어느 정도 짐작할 수 있다.41)

일상생활의 고통부터 보자. 무엇보다 질병이 어려운 기억이었다. 그는 유배 온 이듬해 가을, 선개(癬疥, 옴)에 걸려 한동안 고생이 심하였다. 스스로 그 병의 원인을 "무엇이 빌미가 된 것인지 모르겠다. 가만히 생각건대, 나는 본래 해물을 먹지 못하고 오직 닭고기를 좋아하는 식성이라. 이 섬에 들어온 두 해 동안 거의 몇 백 마리를 먹은 것 같은데, 이로 인해 풍이 발병한 것인가?"42)라고 분석하기도 했다. 그 선개의 고통이 심하자 그는 우스개 글을 쓰면서까지 이를 잊고자 하였

---

39) 같은 책, 65쪽.
40) 「畵鷗盦讕墨」『趙熙龍全集』2, 1항, 29쪽.
41) 고경남, 「임자도에 꽃핀 조희룡의 예술세계」『新安文化』13호, 2003, 45~46쪽 참조.
42) 「畵鷗盦讕墨」『趙熙龍全集』2, 61항, 93쪽.

다. 열병도 걸렸다.43)

심지어는 다음과 같은 몸 상태가 되기도 하였다.

"띠풀을 누르게 하는 장독이 폐와 간에 스며들고 해안을 쪼개는 듯한 바람이 얼굴을 때려 사대의 온 몸이 한 군데도 성한 곳이 없으니, 이것이 어찌 사람의 생리로서 감당할 바이겠습니까?"44)

질병은 먹을 것으로부터 비롯되기도 하였다.

"위장이 막혀 식사를 못한 지가 이미 열흘이 되었습니다. 이곳의 생선 맛을 볼 수 있는 자가 모두 몇 사람이나 되겠습니까? 그런데 이것이 매일 밥상에 올라오니 사치스럽지 않은 것이 아니지만, 비린내가 창자를 치밀어 보기만 하여도 토하고 싶습니다. 하물며 목구멍으로 넘길 수 있겠습니까?"45)

그나마 먹을 것도 여의치 않았다. "만약 날마다 술 한 병과 돼지 어깨 한쪽을 보내오는 자가 있다면 (내가 그린 그림을-필자) 곧 줄 수 있지만, 그렇지 않으면 구겨 태워서 문 밖으로 나가지 않도록 하겠다."46) 라고 하여 그림을 술 한 병과 돼지 어깨 한쪽과 기꺼이 바꿀 준비가 되어 있었다. 단 맛이라고는 볼 수 없었고,47) 예외적으로 농어,48) 홍시와 푸른 배를 먹기도 하였다.49)

그의 객지 사정을 泰碩에게 보낸 편지에서 신랄하게 적었다. 즉

---

43) 「壽鏡齋海外赤牘」『趙熙龍全集』 5, 36쪽.
44) 같은 책, 83쪽.
45) 같은 책, 90쪽.
46) 「畵鷗盦讕墨」『趙熙龍全集』 2, 129쪽.
47) 「又海岳庵稿」『趙熙龍全集』 4, 64쪽.
48) 같은 책, 58쪽.
49) 같은 책, 139쪽.

"나는 섬에 한번 들어온 뒤로 새와 물고기가 새장과 못 속에 갇힌 것처럼 꺾이고 넘어지고 고통에 겨워 귀신과 더불어 이웃하고 있다네. 남쪽 땅은 지대가 낮고 습하여 이미 익숙하지 못한데, 장독 기운이 있는 안개가 끼는 움집 속, 화염을 내뿜는 듯한 구름이 덮고 있는 땅에 파리와 모기는 비오듯 몰려와서 다시는 사람이 살 수 있는 곳이 아니라네. 그리고 나는 체중까지 겹쳐서 기력이 다해 몸져 누워있다네. 이른바 객지 생활의 형편이 이와 같을 뿐일세."50)

여름에는 또 여름대로 "더위를 먹고 혹독히 시달려 숨이 끊어지려 하고 있으니, 이 무슨 사람의 운명인가요?"51) "나는 더위를 먹고 쇠약해져서 다른 사람과 같지 못한 것이 열에 여덟, 아홉은 됩니다."52) 등등 어려웠다. 그리하여 그는 "황토 진흙 굴 속에서 고달파 죽고 싶은 한 老物"53)이라 할 만큼 열악한 사정에 있었다.

그러나 마냥 어렵기만 한 것은 아니었다. 때로는 사냥도 다녔고,54) 차를 마시는 것도 즐거운 일상 중 하나였다.55) 유배 온지 1년이 지나자, 조희룡 역시 섬 주민들의 일상을 그대로 반복하고 있었다. 그런 그의 모습을 다음 시에서 볼 수 있다.

"푸른 주전자, 붉은 촛불 이미 아득한 옛일이고
질그릇, 돼지기름 이웃에게 빌리느라 부끄럽다네.
충어에 주를 다는 것 뇌락한 일이 아닌데.
하물며 몸소 쌀과 소금 살피는 신세임에랴!"56)

---

50)「壽鏡齋海外赤牘」『趙熙龍全集』5, 49쪽.
51) 같은 책, 51쪽.
52) 같은 책, 52쪽.
53) 같은 책, 34쪽.
54)「畵鷗盦謾墨」『趙熙龍全集』2, 41항, 58쪽.
55)「壽鏡齋海外赤牘」『趙熙龍全集』5, 38쪽.
56)「又海岳庵稿」『趙熙龍全集』4, 67쪽.

그의 일상은 섬 주민의 일상과 대부분 다름이 없었다. 그리고 청정한 섬의 자연은 그에게 건강을 유지할 수 있는 토대가 되어 주었다.[57]

3) 詩·畵 생활

그가 섬 주민과 다른 일상을 지녔다면 그건 바로 시와 그림이었다. 처음 그의 일상을 새롭게 한 것은 시였다. 그가 유배기에 쓴 시들은 『又海岳庵稿』로 모았다. 이 책에는 1851년(철종 2)에 유뱃길에 오르던 때부터 3년째 해배되어 서울로 돌아오는 길에 금강을 건너던 시점까지의 다양한 경험을 시로 적어 대체로 시기순으로 배열, 수록하였다. 여기에 수록되어 있는 시들을 ①유뱃길의 고달픔과 유배지에서의 고독한 심사, ②집소식을 기다리는 초조함과 벗에 대한 그리움, ③고독을 극복하기 위한 노력의 일환으로 섬의 경승, 특히 괴석에 대한 관심, ④화론, ⑤소동파 숭모의 정, 문자결습에 의한 문인적 취향 등을 주제로 한 시들로 구분하기도 한다.[58]

날마다 해안에 임하여 고래가 입을 벌리고 자라가 뛰노는 모습을 보면서 시상을 발하여 시 수백 편을 얻었다.[59] 하지만, 스스로 "시를 지으매 모두 위태롭고 고독하고 메말라 부드러운 글자와 여유로운 글귀의 빼어나고 활발하고 명랑하고 윤택한 것이 없다."[60] 또 "시 모두가 슬프고 괴롭고, 막힌 듯 고르지 못한 소리여서 다시는 시를 짓지 않았다."[61]라고 말하듯이 시는 그의 유배생활을 달래주기는커녕 오히려 쓰면 쓸수록 외로움은 커져만 갔다. 그래서 한 때 쓰기를 멈추기도 하

---

57) 「壽鏡齋海外赤牘」 『趙熙龍全集』 5, 99쪽.
58) 이현우, 「畵鷗盦讕墨」 해제, 『趙熙龍全集』 2, 22~2쪽3 참조.
59) 「畵鷗盦讕墨」 『趙熙龍全集』 2, 19항, 42쪽.
60) 같은 책, 22항, 45쪽.
61) 같은 책, 19항, 42쪽.

였다. 조희룡 시의 중요한 특성 중 하나가 유희성이었음에도 불구하고,62) 초기 유배의 고통은 그조차 쉽게 허락하지 않았던 듯하다.

그래서 그는 시를 덮어두고 그림에 들어갔다. "이에 시가 열 손가락 사이로 터져 나와 매화가 되고, 난초가 되고, 돌이 되고, 대가 되었는데, 연이어져 끝낼 수가 없었다."63)고 하였다. 그래서 그림들이 곧 집에 가득 찼다. 하지만 그 그림들은 외로움을 달래는 것 외에 다른 용도에 쓸 일이 없었다. 그래서 하릴없이 그것들을 불살라 버리곤 하였다. "손이 가는 대로 칠하고 그어 먹기운이 생동하여 가슴속의 불평한 기운을 표출해내니, 문득 소슬하고 높은 뜻이 있음을 깨닫게 된다. 오직 이 한 가지 일이 일체의 고액苦厄을 극복해 가는 법인 것이다."라 하듯이 그림 그리기는 고액 극복의 수단이었다.64) 그래서 그는 글 쓰는 것보다 그림 그리는 데 3배의 시간을 썼다.65)

그의 그림은 돌과 매화로부터 시작하여 매화에서 난으로, 난에서 대·솔·국화로 이어졌다. 그럴 때마다 상자를 가득 채웠다. 그림 중에서도 매화와 대나무 그림은 이런저런 사정을 통해 마을 주민들에게 이야깃거리로 전해졌다. 먹을 쏟아 붓듯 하여 큼직한 대나무를 그려 모두 촌늙은이에게 주었는데 이로부터 묵죽이 퍼져나가 백여 가구 되는 온 경내에 거의 보급되기도 하였다.66) 제자들과 대 그리는 법을 논하기도 하였다.67)

2년 째 되던 해 그가 "2년 동안 개구리와 물고기만 있는 고장에서 문을 닫고 그림을 그려 거의 하루도 빠지지 않았다."68)라고 할 만큼 그림

---

62) 「又海岳庵稿」『趙熙龍全集』4, 25쪽.
63) 「畵鷗盦謾墨」『趙熙龍全集』2, 19항, 42쪽.
64) 같은 책, 22항, 43쪽.
65) 같은 책, 39항, 55쪽.
66) 같은 책, 27항, 47쪽.
67) 같은 책, 29항, 48쪽.
68) 같은 책, 20항, 42쪽.

에 몰두했다. 그러다 보니 그 스스로 그림의 난숙을 이루었을 뿐 아니라 주민들에게도 영향을 미쳤다. "간혹 문 밖으로 흘러나간 내 그림이 있어도 그것들을 내버려두었다. 이로부터 고기잡이하는 늙은이나 소 먹이는 아이들도 매화 그림과 난초 그림을 얘기할 수 있게 되었다."라는 그의 말처럼 조희룡 덕분에 섬 주민들도 매화니 난초니 그림들에 대해 이야기하게 되었던 것이다. 아래와 같은 시 한 구가 있다.

"이로부터 고기잡이가 매화 그림을 얘기하니/
스스로 웃는다. 이 황무지에 하나의 유희 개시하게 된 것을."69)

그는 임자도에 그림에 관한 유희를 전달해 주었음을 스스로 자랑스러워하였다.

한편, 그의 그림은 유배생활을 위한 밑천이기도 하였다.70) 벗들이 서울에서 그의 그림을 팔아 비용을 대주었을 것이며, 마을 주민들도 그림을 받고 먹을 것을 주었다.

"창졸간에도 오히려 그림 싣고 떠나가고, 경황 중에도 끝내 詩情을 버리지 못하네"71)라고 한 그의 시처럼 이래저래 항상 그가 함께 했던 것은 시·화였다.

4) 편지 쓰기

편지 쓰고 읽기 또한 매우 중요하면서도 독특한 그의 일상이었다. 그리고 그는 그가 쓴 편지들을 모아 책으로 만들어 전해 줌으로써 주

---

69) 위와 같음.
70) 김영회 외, 앞의 책, 251쪽 참조.
71) 「又海岳庵稿」『趙熙龍全集』 4, 60쪽.

요한 자료가 되고 있다. 『수경재해외적독』이 바로 그것이다. 이 책은 조희룡이 임자도 유배기간 중 쓴 편지를 자신이 직접 골라 편집한 것으로 서른 한 명에게 보낸 총 60편의 글이 실려 있다. 대개 서울에서 교유하던 중인층의 사람들에게 보낸 것으로, 碧梧社의 좌장인 초산 유최진과 그의 아들 柳學永, 그리고 石經 李基福, 古藍 田琦, 蓀菴 羅岐 등 벽오사의 동인이 그 중심을 이루고 있다. 또 한편 유배지에서 교유한 신지도 鎭將과 역시 그곳에서 인연을 맺은 제자 洪在旭 등에게 보낸 것들이 수록되어 있다.[72]

편지들은 조희룡이 "집 아이에게 시켜 모든 편지를 감영 편에 부쳐서 이곳에 전달되도록 해 주십시오."[73]라고 함에서 감영을 통해 전달되었음을 알 수 있다. 이렇게 주고받는 편지는 격리된 공간에서 밖으로 통할 수 있는 길이었다. 서울에 대한 그리움을 달래 주는 수단이었고, 때로는 그 그리움을 더욱 깊게 하는 아픔이기도 하였다. 그래서 그가 쓴 편지들에는 거의 모두 객지, 즉 유배지에서의 어려운 사정을 하소연하듯이 적고 있다.

한편, 그는 편지를 쓰는 데도 나름대로의 독창성을 발휘하려 애썼다. 즉 편지를 각각 다르게 쓰려 노력하였다.

> "열 장의 편지로 말한다면 열 사람으로부터 온 것이지만 이쪽은 열 장의 답장이 한 사람의 손에서 나가게 된 것이니, 하나하나 창작으로 한 글자도 서로 중복된 것이 없도록 한다는 것은 무리입니다. 적이 그러한 이유 때문에 옆에서 두 소년이 매 편지마다 기록하여 한 자 한 구라도 빠뜨리지 않고 있습니다. … 다시 두 소년이 베껴 둔 편지글 중에서 형에게 보낸 편지 몇 통을 점검하고 그 다르고 같은 점을 교정하고 있으니 스스로 한번 웃습니다."[74]

---

72) 이철희, 「壽鏡齋海外赤牘」 해제, 『趙熙龍全集』 5, 21쪽.
73) 「壽鏡齋海外赤牘」 『趙熙龍全集』 5, 65쪽.

라고 하였다. 할 일 없고 무료해서 하는 일이라고 쓸쓸히 웃고 있지만, 그저 베끼는 일을 용납할 수 없는 그의 습성이 여기서도 작용했기 때문이다. 그리고 이 일에 그의 두 제자가 도왔다는 점도 기억할 만한 일이다.

편지 외에도 밖으로 통하는 길이 간혹 있었다. 즉 직접 사람이 찾아오는 경우였다. 사위도 찾아오고 아들도 찾아왔다.[75] 때로는 섬 밖으로 배를 타고 직접 나가기도 하였다. 유배 이듬해 6월 13일에는 제자들과 함께 壽島에 놀러갔다가 오면서 즉흥으로 시 한수를 읊어 보는 즐거움을 갖기도 했다.[76] 또 해배 되기 직전으로 여겨지는데 智島鎭將의 부름을 받고 지도에 출타하는 일도 있었다. 그러나 나가는 것은 좋지만 다시 들어와야 한다는 것은 생각만 해도 끔찍했던 모양이다. 즉 지도진장의 부름에 답하면서

"귀중한 부르심에 이 새장 속 갇힌 처지로서 어찌 날개 돋친 듯하지 않으리요마는 한 가지 그릇된 소견이 있어 우러러 묻습니다. 적이 상상컨대 섬을 나서는 날, 한 척의 돛단배로 만나 맞이함은 크게 기껍고 유쾌한 일이지만, 며칠 동안 즐겁게 노닐던 끝에 다시 이 섬을 향해 돌아옴은 마치 아이가 잡은 새를 공중에 놓아주고서 다리에 묶었던 실은 그대로 손에 쥐고 있는 것과 같을 것입니다."[77]

라고 하여 그런 안타까운 심정을 토로하였다.

완전한 해배 이전에 주어지는 외부와의 접촉이란 늘 허망할 뿐이었다. 또 그는 지도진장을 통해 중국 소식을 직접 접할 기회를 찾기도 하였다. 지도진장이 표류한 중국인들을 호송하고 돌아오자 이에 이를 위

---

74) 같은 책, 101쪽.
75) 「又海岳庵稿」『趙熙龍全集』 4, 63쪽.
76) 같은 책, 132쪽.
77) 「壽鏡齋海外赤牘」『趙熙龍全集』 5, 82쪽.

로하고자 편지를 보냈다. 그 편지에서

"고래물결 일렁이는 바다 천릿길을 한 척 돛배로 잘 돌아오셨으니, … 다만 표류한 호인들을 호송할 때 반드시 신경을 괴롭히는 일이 많았을 터이지만, 또한 들을 만한 이야기도 많이 있을 것이니, 옛 사람의 '봉사기략'을 본받아 제목을 붙이기를 '흑산소초'라 하여 보여주시지 않으렵니까? 이 호인의 무리들이 강남의 대추를 매매하는 상인이라고 들은 것 같습니다. 배 안에 실린 대추가 몇 섬이나 되며, 대추의 크기가 우리나라에서 생산된 것과 비교하여 과연 어떠한지 알 수 없습니다만 혹 몇 개 가져온 것이 있으면 부쳐 주시지 않겠습니까?"

라 하여 중국에 대한 지대한 관심을 표명하였다.[78] 그의 바깥 세상에 대한 관심은 바다 너머까지 뻗어 있었다.

4. 임자도와 맺은 인연

그의 일상을 변화시키고 창조의 기틀을 마련하게 한 것은 여러 가지였다. 이를 자연과의 만남, 주민·주변인과의 교류, 제자와의 만남 등으로 구분하여 무엇을 주고받았는지 살펴보면서 임자도와 어떤 인연을 어떻게 맺었는지 살펴보기로 하자.

1) 자연과의 만남

유배생활은 고난의 일상이었지만, 이를 잊기 위해 몰두했던 시·화 생활은 그에게 예술의 난숙, 독창성의 완성을 이루는 뜻하지 않은 기

---

78) 같은 책, 41쪽.

회가 되기도 하였다. 임자도에서 그의 예술혼이 완성의 경지에까지 이르렀다면 그 힘은 단연코 임자도의 자연이었다.

그는 돌, 대나무, 산, 물, 潮水 등등 섬에서 흔히 보는 자연과 그 현상에 대해 새롭게 인식하고 새로운 발견을 한다. 그 중에서도 돌과의 만남을 첫손에 꼽을 만하다. 그 과정은 이렇다.

> "友石선생[79]이 또한 이 섬으로 귀양오신 지 이미 사년이 된다. 천성이 돌을 좋아하여 바람 물결을 헤치고 가서 푸른 바다 속에서 괴이한 돌무더기를 얻었다. 조수가 물러가면 캐어올 수 있는 것이어서 큰 돌, 작은 돌들이 오색으로 서로 섞이어 있고 주름지거나 구멍이 나 있거나 영롱하여 하나하나 사랑할만한 돌들을 배로 실어와 포개고 쌓아 산을 이루니, 찬란하기가 마치 雲霞와 같았다. 나도 좇아가 주워 온 것이 많다. 하루는 무료하던 차에 우연히 돌 그림 한 폭을 그려 벽에 걸어 두었더니 우석선생이 보고 좋아하였다. 이로 인하여 내게 그림 그릴 마음이 일어나 이때부터 돌에서 매화로, 매화에서 난으로, 난에서 대·솔·국화를 그렸다. 그럴 때마다 상자를 가득 채우니 괴석을 쌓아 둔 숫자에 비유하매 거의 배나 되었다. 바다 밖에서 그림 그리는 일은 이렇게 해서 이루어진 것이다."[80]

우석을 통해 바다 속 돌[海中異石]과의 새로운 인연이 시작되었다. 그림 뿐 아니라 초기 시에도 怪石에 대한 것들이 많았다. 그가 섬에 들어와 그림을 다시 그리게 되는 데는 이처럼 우석선생과의 만남이 컸고, 그 계기는 돌이었다. 돌과의 만남은 계속되었고 마침내 돌 그리는 법을 새롭게 터득하게 되었다. 그것은 다음과 같았다.

> "하늘이 바다를 보게 해주매 고래물결에 붓을 적셔 이에 벽과자로써 거처하는 곳에 편액을 걸기를 壽梅壽石廬라고 하였다. 석자는 바닷속에서

---

79) 우석은 金台, 金統制使라고도 불렸으며, 將軍이라고 칭하였다.
80) 「畵鷗盦讕墨」『趙熙龍全集』2, 40항, 56쪽.

취해온 품목이고 매자는 곧 스스로 그린 것이요, 수자는 법 받는다는 뜻이다[壽字法也]. 요즈음 돌을 그린 것이 모두 이 돌에서 가져온 것이다. 농묵과 담묵으로 마음 내키는대로 종이 위에 떨어뜨려, 큰 점 작은 점을 윤곽의 밖까지 흩뿌려 농점은 담점의 권내로 스며들게 하고, 담점은 농점의 영역에 서로 비치게 하니 준법을 쓰지 않더라도 스스로 기이한 격을 이루게 된다. 이 법은 나로부터 비롯된 것이다[此法自我始也]. 그러나 먹 쓰기를 영모하고도 활기 있게 한 뒤에라야 얻을 수 있을 것이다. 그렇지 않으면 다만 한 점의 먹일 따름이다."81)

다음은 대나무였다. 바다 밖에서 살면서부터 대 그림이 매우 많아져 매화나 난초 그림이 도리어 열에 하나가 되었다. 섬에는 국화가 없고 대와 돌이 많았기 때문에 매·란·국·죽 대신 매·란·죽·석이 소재가 되었다.82) 이런 대 그림에서도 스스로 독창성을 구가했다.

"나의 대 그림은 본래 법이 있는 것이 아니고, 내 가슴 속의 느낌으로 그렸을 따름이다. 그러나 어찌 스승이 없겠는가? 崟山의 만 그루 대나무가 모두 나의 스승이니 곧 韓幹의 마구간에 만 필의 말이 있는 것과 같다."83)라든가 "정판교가 '무릇 내가 그린 대나무는 스승에게서 이어 받은 바가 없고, 대부분 홍창분벽의 햇빛, 달그림자 속에서 얻었다.'라고 하였다. 나 또한 그렇게 말하고 있다."84)라고 하는 것이 모두 새로움이었다. 그리하여 대를 그리는 네 가지 원칙을 스스로 제시하기까지 하였다.85)

이런 자연에 대한 새로운 터득은 더 많은 새로움에 대한 호기심으로 이어졌다. 그래서 潮汐에 대한 해석도 새롭게 하고 싶었다. 그러나

---

81) 같은 책, 44항, 62쪽.
82) 같은 책, 34쪽.
83) 같은 책, 9항, 34쪽.
84) 같은 책, 14항, 38쪽.
85) 같은 책, 16항.

이는 그의 능력 밖이었다.86) 신기루에 해당하는 海市에 대한 관심도 그런 것이었다.87)

두 해가 지난 어느 날 그는 산에 대하여도 새롭게 깨달았다.

"곽희가 말하기를 '봄산은 담담히 꾸미어 미소짓는 것 같고, 여름 산은 짙푸르러 물방울이 떨어지는 것 같고, 가을산은 산뜻하여 분바른 것 같고, 겨울산은 참담하여 조는 것 같다'고 하였다. 이 말이 한번 나오자 예나 지금이나 산을 보는 안목이 다 폐해지고 말았다. 산을 그리는 이치에 깊지 못하면 묘경에까지 통해 이를 수 없다. 나는 바닷가에 거한 지 이미 두 해가 되어, 네 계절을 두루 겪어 보았는데 바다 산은 다른 산들과 크게 다른 점이 있다. 봄산은 어둑하고 몽롱하여 안개가 낀 듯하고, 여름산은 침울하여 쌓여 있는 듯하고, 가을산은 겹치고 끌어당겨 흐르는 듯하고, 겨울산은 단련되어서 쇳덩이와 같다. 이러한 뜻을 바다 산을 그리려는 사람에게 줄 만하다. 그러나 바다 산을 보지 못하면 이것을 알 수 없을 것이며, 비록 보아도 그 뜻을 얻지 못하는 자는 능히 그릴 수 없다."88)

흔히 보았던 물도 새롭게 보였다.

"물을 그리는 사람이 천하의 물의 이치를 알지 못하면 그릴 수 없을 것이며, 그것을 보고 보배로 여기는 사람이 그림 그리는 사람의 안목이 없다면 분별해낼 수 없을 것이다. 내가 바닷가에 살면서 날마다 물을 보는 걸음을 하게 되는데 맑고 담담하게, 깊고 넓게, 도도하게 흐르는 것 등이 그 본래의 성질이다. … 비록 물 보는 법이 있더라고 천하의 물 구경을 다하지 않으면 어찌 이것을 알 수 있겠는가?"89)

---

86) 같은 책, 82항, 141쪽.
87) 「石友忘年錄」『趙熙龍全集』1, 177항, 219쪽.
88) 「畵鷗盦讕墨」『趙熙龍全集』2, 49항, 69쪽.
89) 같은 책, 57항, 86쪽.

앞서 돌 그림도 그렇고, 대 그림 역시 육지에서는 접해 보지 못했던 것들이었다. 따라서 애당초 이는 '변형에 의한 창조'의 단계를 넘어선 그야말로 홀로서기일 수밖에 없었다. 그의 독창성이 새로운 경지에 다다랐음은 바로 이런 자연의 선물이었다. 다시 그의 말을 빌려보자.

"이제 바닷가 산기슭에 살면서 고요히 나무·돌·구름·놀의 모습을 바라보노라면 늙은 나무와 여윈 돌은 焦墨이 아니면 그 古勁하고 蒼老한 意境을 표현할 수 없고, 변화하는 구름과 환상적인 놀은 淡墨이 아니면 착잡하게 펼쳐지고 점점이 엮어진 뜻을 얻을 수 없을 성 싶다. 어찌 여기에서 체득하여 그렇게 말한 것이 아니겠는가?"[90]

임자도 자연에서 스스로 체득하여 깨달은 새로움의 경지, 바로 그것이 조희룡의 예술을 완성하게 한 동력이었다.[91]

2) 주민과의 만남

주변 사람과의 만남에서는 무엇보다 앞서 말했듯이 이미 유배와 있던 우석선생이 제일 먼저, 그리고 제일 친한 벗이 되었다.

"우석선생 또한 이 섬에 유배와 있었는데 나와 함께 정답게 지내면서 날마다 돌을 주워 모으는 것으로 일거리를 삼았다. 매양 바람결에 파도를 타고 이르지 않는 곳이 없이 기이한 돌을 많이 얻어다 각자 대나무 숲 속에 작은 산을 만들어 놓았다. 서울 성중에 있을 때에는 이같이 맑고 훤한 정취를 얻을 수 없었다."[92]

---

90) 같은 책, 58항, 87쪽.
91) 조희룡은 임자도의 삼절을 鵲島의 가을새우, 黑石村의 모과, 壽門洞의 밝은 달로 꼽았다. 같은 책, 92항, 154쪽.
92) 「又海岳庵稿」『趙熙龍全集』4, 78쪽.

라 하듯이 돌을 통해 돈독한 우정을 나누었고 외로운 조희룡에게 큰 기쁨이 되었다. 괴석을 캐러 배를 타고 바다 가운데 나가 채집하기도 하였다.93) 또 우석과는 함께 술도 마시고, 해안에 올라 달을 구경하고 야밤이 넘어 돌아오기도 하며, 신기한 돌을 찾아 섬의 이쪽저쪽을 두루 찾아다니기도 하였다.94) 그리하여 "섬의 사방 수십리 안에 무릇 돌로서 볼만한 것이 있으면 안 가 본 곳이 없다"95)라고 할 정도였다. 돌과 벗한다는 이름의 우석선생과 벗이 되어 돌아다니다가 어느덧 그마저 돌과 친구가 되어 버렸다.

한편, 섬에서 사는 날이 길어지면서 자연스럽게 섬 주민들과도 만났다. 그러나 그 만남들은 어색함으로부터 시작하였다. "시골 사투리[村語] 때로 들으니 鴃舌과 같아, 서로 만나매 마냥 되물어 비웃음 사네"96)라는 시의 표현에서 그가 겪었을 어색함을 엿본다.

아무래도 아이들과의 만남이 쉬웠으리라. "구월 이십사일 다시 괴석 밭에 이르러 돌을 싣고 돌아왔는데, 아이 둘과 개 한 마리가 따라왔다",97) "눈보라치는 겨울 … 이에 홍매 한 폭을 그려서 글을 배우러 온 이웃 아이에게 주었다"98)라 하듯이 아이들과 격의 없이 만날 수 있었고, 이를 통해 점차 주민들과의 만남도 이어졌다. 아이들에게 매화를 준 이후 매화 그림을 간청하는 이가 많아졌다. 대개는 꾸짖어 물리쳤으나, 어찌 한두 번 응해 준 적이 없겠는가. 이로부터 섬사람들도 매화가 있는 줄 알게 되었다. 이를 조희룡은 "이로부터 고기잡이들도 매화 그림을 이야기하나니. 우습도다, 한 가지 유희 이곳에 개시하였구

---

93) 같은 책, 68쪽.
94) 같은 책, 86·88·163쪽.
95) 「畵鷗盦讕墨」『趙熙龍全集』2, 93항, 154쪽.
96) 「又海岳庵稿」『趙熙龍全集』4, 59쪽.
97) 같은 책, 90쪽.
98) 같은 책, 91쪽.

나"99)라고 하였다.

　주민들과의 만남에서 빼놓을 수 없는 것은 선개의 치유였다. 앞에서 이미 말했듯이, 두 번째 해 겨울 그는 뜻하지 않게 선개를 얻어 고통 받았다. 그런데 뜻밖에도 섬 사람의 도움으로 그 고통에서 벗어날 수 있었다. 그는 그 과정을 다음과 같이 썼다.

　　　"나는 장기를 호흡하는 나머지에 문득 선개의 증세를 얻어 큰 구슬 작은 구슬 모양의 것들이 온몸에 무수히 퍼졌습니다. … 바다의 섬, 서너 집이 사는 마을에서 한 瘍醫를 찾아 한번 치료를 하매 열에 일고여덟 떨어져 없어졌으니 어찌 이곳에서 또한 이러한 보살의 손을 얻을 것이라 생각이나 했겠습니까? 일신상의 다행입니다."100)

라 하였다. 설마 했던 후미진 섬에서 고통스럽던 선개를 치유받았다는 것이 그에게는 너무 신기했다. 이는 주민과의 접촉에서 일방적이 아닌 쌍방의 관계를 형성하는 중요한 계기가 되었으리라 여겨진다.
　이런 관심들이 점차 확산되면서 흑산도에 유배 가서 『자산어보』라는 소중한 어류도감을 펴냈던 정약전 못지 않은 고기잡이 지식을 얻는다. 그가 얻은 지식의 일단을 보자.
　"바닷가에 살다 보니 이해할 수 없는 일이 많다. … 또 이해하기 어려운 일은, 물고기가 물 속에서 다니는 길을 사람들은 볼 수 없는데 어부들이 그물을 칠 때는 산 사람을 높은 곳에 올라가 망을 보게 한다. … 보아서 스스로 알 뿐 특별한 비법은 없다고 한다"101)라고 기록하거나, 웅어·넙치·북어 등등 61개의 魚名을 나열하고 있음을 본다.102) 고기

---

99) 같은 책, 93쪽.
100) 「壽鏡齋海外赤牘」『趙熙龍全集』5, 79쪽.
101) 「畵鷗盦讕墨」『趙熙龍全集』2, 56항, 85쪽.
102) 같은 책, 60항, 91쪽.

에 대한 관심이 그만큼 커졌고 상당 수준의 어보 지식을 획득했음을 뜻한다. 그러면서

> "이러한 글자들은 모두 물고기 이름인데, 천에 하나를 들어 본 정도이다. 그 이름은 알지만 그 모양을 보지 못하고, 그 모양은 보았으나 그 이름을 알지 못한다. 간혹 바닷가에서 일찍이 보지 못한 물고기를 보고 그 이름을 물으면 문득 방언[方語]으로 대답하니 우스운 일이다. 생각건대, 우리나라 사람들이 物名에 가장 어두운 것은 바로 그 언어 때문이다. 어린아이가 말을 배울 때, 자라나 잉어를 두고 鼈자와 鯉자로 가르치지 않고 꼭 방언으로 가르친다. 초목·조수의 이름도 모두 이와 마찬가지다. 이름은 이름대로 말은 말대로 따로 되어 이같이 멍청하게 되었으니 애석한 일이다. … 그러니 물명의 어려움이 천고에 모두 그러한가 보다."103)

라 하여 한자와 방언의 표현차로 인한 지식의 한계에 대해 지적하면서 안타까움을 전했다. 이런 관심이 조금만 더 나아가 정리되었다면 또 하나의 새로운 자산어보가 나왔음직하다.

주민들과의 만남에서 그는 수석의 기괴함을 들어 놀라기도 하고,104) 또 鮫人, 즉 인어이야기를 들어 놀라기도 하였다.105) 이런 만남 속에서 어민들의 삶을 묘사한 그의 글들은 우리들에게 옛 삶의 일단을 전해준다. 즉 "짚 새끼로 엉성하게 그물코를 만들어, 주민들 한 척 차는 고기를 셀 수가 없네. 두세 마리 파리한 암소는 봄 밭에 있고, 마을 아낙들 줄지어 목면을 심네"106)라는 시에서 어민들의 일상이 쉽게 연상된다.

주민들은 그에게 어로지식을 전해주었고, 병을 치료해 주었고, 먹

---

103) 위와 같음.
104) 같은 책, 72항, 123쪽.
105) 같은 책, 71항, 121쪽.
106) 「又海岳庵稿」(『趙熙龍全集』4), 116쪽.

을 것을 대 주었다. 반면 그는 그림의 유희를 전해주었고, 제자를 키워 시·화의 맥을 잇게 하려 시도하였다.

한편, 유배 이듬해가 되자 그의 이름이 주위에 퍼지고 주변에서 사람들도 찾아 왔다. 그러면서 그의 섬 내에서의 명성 또한 높아졌다.[107] 또 유명인에 기대어 섬의 이름이 남을 기뻐하는 섬 주민들 의식의 일단을 엿볼 수도 있다. 다음 글이 그렇다.

> "영광[108] 사또가 만겹 파도 밖에 있는 이 老物을 생각하여 일부러 사람을 보내 술을 전하고 겸하여 매화 그림을 청해 왔는데, 열 손가락을 움직이면 되는 일이라 굳이 사양할 게 없었다. 가만히 생각해 보니, 이 섬에 사람이 살기 시작한 이래로 처음 있는 운치스런 일이어서 이에 시 한수를 지었다. … 홍생과 주생에게 이 시를 내보이자, 두 서생은 '이 섬이 선생님으로 말미암아 비로소 빛이 나게 되었습니다.'라고 말하여 서로 마주보고 한번 웃었다."[109]

3) 제자와의 만남

유배문화를 말할 때 흔히 거론되는 공식이 있다. 즉 유배인을 고급 지식인으로 전제하고 그런 고급 지식인인 유배인이 그들의 고급 지식을 시혜의 차원에서 지역민에게 남겨 주었고, 그 때문에 그 지역민들이 "우리도 그와 버금가는 문화인"이 되었다고 자랑한다. 그래서 특히 우리 남도의 경우 유배문화는 남도문화를 이루는 당당한 요소 중 하나

---

107) 같은 책, 63쪽.
108) 원문에는 武靈이라 되어 있는데 이를 주석본에서 영암으로 해석하였다. 그러나 「又海岳庵稿」(『趙熙龍全集』4), 152쪽을 보면, 같은 내용이 보이는데 그곳에는 '靈光使君'이 요청한 것으로 되어 있다. 따라서 무영은 영암이 아니라 영광이 맞다.
109) 「畵鷗盦讕墨」(『趙熙龍全集』2), 150쪽.

가 되어 있다. 과연 그럴까? 사실보다 과장되거나 혹은 왜곡된 측면은 없을까? 이런 점들을 확인할 수 있는 고리의 하나를 조희룡의 경우에도 찾을 수 있으니 바로 제자와의 만남이었다. 제자와의 만남을 통해 과연 그는 제자들을 통해 어떤 문화적 시혜를 남겼는가? 그리고 그런 관계는 일방적이었는가? 이런 점들에 대하여 알아보자.

언제부터인지 분명하지는 않지만, 유배온 그 해 말 언저리부터 조희룡을 따르는 두 명의 제자들이 있었다. 그 제자들에 대하여 조희룡은 다음과 같이 말한다.

> "이곳에 洪在郁·朱俊錫 두 사람이 약관 동갑으로 밤낮 상종하고 있는데 시와 글씨가 청묘하여 놀랍고 기뻐할 만하다. 붓과 벼루 사이에 일을 맡아 조금도 게을리함이 없으니, 어찌 魚蝦의 고장에서 이런 아름다운 젊은이를 얻어, 나의 시름을 위로해 줌이 이와 같을 줄 알았으리요. 이에 그 시를 묻는 뜻에 응답하노니 말은 비록 조리가 없지만 또한 스스로 옛법이 되는 것이니 혹 詩道가 아니겠는가?"110)

조희룡이 섬에 대해 지녔던 선입견에 상당한 오해가 있었음을 짐작할 수 있지만, 두 제자와의 만남은 조희룡에게 커다란 위로였고 힘이 었음은 분명하였다. 두 제자 중에서도 특히 홍생에 대한 신뢰가 컸다. 그는 홍생을 '及門'이라고 표현하여 자신의 문인임을 인정해 주었다.111) 그러면서 수시로 여러 가지 것들에 대하여 제자들과 이야기를 나누었고 그것을 시나 글로 남겨 두었다.

제자에게 그의 모임인 벽오사와 그 수장인 산초 유최진을 소개하여 그들의 무리 속에 넣고 싶을 정도의 동질감을 가지기도 하였다.112) 그

---

110) 「又海岳庵稿」(『趙熙龍全集』4), 107쪽.
111) 「石友忘年錄」(『趙熙龍全集』1), 176항, 218쪽.
112) 「壽鏡齋海外赤牘」(『趙熙龍全集』5), 39쪽.

리하여 제자들에게 거는 기대 또한 컸다. 1852년 봄, '春日雜詩'를 쓴 직후, 홍생에게 쓴 편지를 보면, "이 섬에 사람이 산 이후로 일찍이 한 묵의 일이 있지 않았는데, 그대 한 사람으로 이 섬이 이로부터 개명될 것이니, 알지 못하는 자는 웃을 것일세"113)라고 하였다. 남은 웃을지언정 진정 만나 본 홍생의 모습은 제자 삼기에 더구나 자신의 뒤를 이어가기에 충분하다고 느꼈음을 보여준다. 그런 감정을 홍생이 壽島로 가서 잠시 주변을 비우자 빨리 돌아오기를 바라는 마음을 "지금 이후로 翰墨의 한파가 바다 밖 섬 속에도 있게 될 것이니 위로할 만하고 치하할 만하지 않은가"라는 역설적인 표현에 담았고, 더구나 어느 날 홍생이 없는데 주생조차 고기 잡으러 가서 안 오자 더 큰 아쉬움을 느끼고 홍생에게 자신이 애써 그린 그림을 보여주지 못해 아쉬워하기도 하였다.114)

조희룡이 해배되어 섬을 떠날 때도 홍생과 상의하였고,115) 해배되어 서울에 가서도 홍생을 잊지 않고 아래의 편지를 보냈다.

"바다 밖에서 증교하여 삼년 동안 서로 친하게 지냈고, 낮이나 밤이나 잘 보살펴 주어 피붙이의 사이를 넘어섰은즉 이것은 한 큰 인연이라 하겠네. 그리고 필묵으로 맺은 인연은 또한 한가지 중요한 공안이라 하겠네. 그러니 이 큰 인연이 향한 바의 의미를 저버리지 말게나. 이것이 나의 변변치 못한 바람이라네. 보내온 편지는 친구들에게 돌려보이니 모두 혀를 차며, 그 필체가 나를 꼭 닮았다고 하네. 내 무엇 보잘것 있겠는가마는 더불어 영광을 느꼈다네. 거듭 자라노니 노력하여 전진하면 무척 다행이겠네. 이만 줄이네."116)

---

113) 「壽鏡齋海外赤牘」(『趙熙龍全集』5), 101쪽.
114) 같은 책, 106쪽.
115) 같은 책, 108쪽.
116) 같은 책, 110쪽.

그리고 열 살 밖에 먹지 않은 홍생의 생질 喜祚에게도 편지를 보냈고,117) 그 편지를 각별히 묶어『수경재해외적독』에 묶은 것으로 보아 그만큼 홍생에 대한 정이 각별했음을 엿볼 수 있다. 하지만, 그 후 홍재욱, 주준석 두 제자의 행방은 현재까지 확인하지 못하고 있다. 조희룡이 임자도에 있을 때도 인근 섬으로 떠났던 사정이 있었음을 보면, 조희룡이 임자도를 뜨자 굳이 임자도에 있을 필요를 느끼지 못해 역시 떠난 것으로 보인다. 따라서 그들의 흔적은 임자도보다는 인근 다른 섬에서 찾아보아야 할지 모르겠다.

4) 인연으로 맺은 성과

그의 예술세계를 두고 '不肯車後'라는 말을 들어 그 홀로서기를 강조하고 있다. '불긍거후'란『한와헌제화잡존』에서 "『좌전』을 끼고 정강성의 수레 뒤를 따르려 하지 않고 외람된 생각으로 나 홀로 나아가려 한다[而不肯挾左傳隨鄭康成車後 妄意孤詣]."라고 한 데서 나온 말이다. 그 말대로 조희룡은 모두에게 익숙하였던 진경산수의 길을 가지 않고 중국 남종문인화의 길로 들어갔다.118) 그렇다고 남종문인화도 그대로 답습하였던 것은 아니었다.

중인들의 시·서·화에 대하여는 흔히 書卷氣나 文字香이 부족하다고119) 비판한다. 그런데 조희룡의 그림에 대하여는 서권기와 문자향이라는 이념미가 탈색되고 手藝論에 입각한 프로의 기량으로 처리된 조선적 감각의 색채미가 나타났다고 평가한다.120) 그러면서 그 때문

---

117) 같은 책, 112쪽.
118) 이 점에 대하여는 김영회 외, 앞의 책, 95, 169~171쪽 참조.
119) 정옥자,『朝鮮後期 知性史』, 일지사, 1991, 287쪽.
120) 김영회 외, 앞의 책, 177쪽.

에 추사류와 다르고 그것이 조희룡의 장점이라고 말한다. 하지만 서권기와 문자향이 없다는 것은 보통 창의력이 부족하고 그에 따라 참신성이 모자라 상투적 작품에 그쳤을 때 흔히 평하는 말이다. 그러다보니 손놀림 같은 수예에 의존하게 되기 쉽다는 뜻이다. 따라서 수예론만을 강조하는 것은 조희룡에 대한 바른 평가는 아니라고 본다. 그의 다른 말을 보자. 예를 들면, "화가에게 있어서 노숙함과 유치함, 능란함과 졸박함은 모두 第二義에 속한다. 문장과 학문의 기운이 종이와 먹 사이에 떠올라 생동해야만 보배가 될 수 있다."[121)라고 하는 것을 보면, 서권기·문자향이 필요 없다는 뜻이 결코 아니었다. 그렇기 때문에 창조의 단초를 스스로 지니고 있었다고 본다.

따라서 그가 홀로서기를 통한 창조의 길을 말할 때, 그 창조에는 단계가 있었던 듯하다. 이를테면 그는

"書契가 생긴 이래로부터 천하의 온갖 이치를 옛사람들이 모두 말하여 남김이 없다. 후대의 사람들이 비록 힘을 고갈시키고 생각을 다하여 옛사람들이 말하지 못한 것을 창출하려고 해도 끝내 옛사람들이 이미 말한 것에서 벗어나지 못한다. … 옛사람들이 이미 말한 것을 말하지 않은 것처럼 하는 것, 그것이 바로 묘체이다[古人已經道者 如不經道者 是乃妙諦]."[122)

라 하였다. 이때의 창조는 "옛사람들이 이미 말한 것을 말하지 않은 것처럼 하는" 정도의 것이었다. 이는 말하자면, 옛것을 수용하여 이를 변용하는데서 비롯되는 창조를 뜻한다고 볼 수 있다. 한편, 그는 "무릇 시를 지으매 매양 음식 찌꺼기를 주워 모으는 것을 면치 못하니 스스로 창의를 내어 독자적인 성령을 표출한 자는 몇 사람인가[自出機杼

---

121) 「石友忘年錄」(『趙熙龍全集』1), 103항, 145쪽 ; 李秀美, 「趙熙龍 繪畫의 硏究」, 서울대 대학원 고고미술사학과 석사학위논문, 1991, 45쪽 참조.
122) 같은 책, 68항, 115쪽.

獨標性靈者 凡幾人]? 안목은 한 세상을 짧게 보면서 옛사람을 넘어서고자 한다"123)라고 하여 "스스로 창의를 내어 독자적인 성령을 표출"한다는 의미의 창조를 말하기도 한다. 이런 의미의 창조는 단순한 변용에 의한 창조와는 달라 보인다. 이런 창조의 단계적 차이, 즉 변용에 의한 창조에서 스스로 창의를 내어 독자적인 성령을 표출하는 창의로 단계적 상승의 과정이 있었다고 보인다. 창조의 단계적 성숙, 이는 어떤 계기에서 가능했을까? 답은 다름아닌 임자도 유배생활의 경험이었다고 본다. 이제 그 점에 대하여 좀더 살펴보자.

임자도에는 "옛사람들이 이미 말한 것"도 "주워 모을 음식 찌꺼기"도 없었다. 법 받을 만한 아무 것도 없었다. 오직 새롭게 다가오는 자연 뿐이었다. 따라서 그는 그것들을 스스로 창의를 발휘하여 새롭게 해석해야 하였다. 그의 독창성에 대한 강조는『화구암난묵』의 여러 글에서 절정을 이룬다. 유난히 독창적 수법, 나만의 수법을 강조한다. 특히 대와 돌을 그림으로 해서 유배가 만들어준 독특한 소재를 독특하게 활용하여 자기만의 세계를 만들었다.124) 섬 유배가 조희룡에게 준 선물은 바로 섬의 자연을 통해 이 독창성을 완성할 수 있게 해 준 것이었다. 그가 육지에서 겪어 보지 못했던 새로운 경지들이었다. 변용에 의한 창조에 머물던 그에게 이를 벗어나 진정한 창조의 길로 들어설 수 있게 한 것은 바로 이와같은 임자도의 경험이었다. 임자도에서 거둔 성취, 그것은 바로 창조의 완성이었다.

그가 평소 지녔던 사상적 자유로움도 창조의 기반이 되었다. 불교에 대한 호감도125) 도가적 풍모도126) 그런 자유로움의 기반이 되었다. 이런 자유 분방함이 있었기에 그가 임자도의 자연을 만났을 때 스스로

---

123) 같은 책, 143항, 185쪽.
124) 이수미, 앞의 글, 1991, 64~65쪽 참조.
125) 같은 책, 36항, 73쪽.
126) 같은 책, 180항, 223쪽.

순수 창조의 단계에 들어갈 수 있었을 것이다.

조희룡이 小痴 許維를 평가하는데서도 그가 지향하는 창조의 경지를 엿볼 수 있다. 그가 평한 내용을 들어보자.

"소치의 필력은 비록 스스로 창안해 낸 것이 아니어서 진적보다 한 등급 낮지만, 당나라 사람이 진첩을 본 떠 베낀 작품에 떨어지지 않는다. 좌석 가까이에 그것을 걸어 두면 맑고 깨끗한 법연을 얻을 만하다."[127]

칭찬하는 듯하지만, 스스로 창안해 낸 것이 아님에서 애당초 한등급 낮게 평가하였다. 또 소치의 그림을 논하면서 다섯 수의 시를 지어 주었는데 그 중 첫 번째 시를 보면, "나는 말하노니 그림 그리는 것 글씨 쓰는 것과 같다. 임지할 때 누가 종왕을 배우지 않을까마는, 명가는 끝내 서로 답습하지 않느니[名家畢竟不相涉]. 누가 원추를 봉황 같다 하였던가?"[128]라고 하였다. "명가는 끝내 서로 답습하지 않느니"라는 말에 소치의 한계를 역설적으로 담아 내고 있다. 물론 이런 평가가 소치에 대한 모든 평가를 대변하지는 않는다. 다만 조희룡이 스스로 만들어낸 창의를 얼마나 강조했는가를 말하기 위한 예일 뿐이다.

5. 해배

그는 유배 이듬해에 지은 '춘일잡시'에 다음과 같이 말하고 있다.

"아득한 시름 무성한 풀을 보고
늙은 종 황량한 마을에 점을 물으러 가네.

---

127) 같은 책, 2항, 42쪽.
128) 「又海岳庵稿」『趙熙龍全集』 4, 199쪽.

산천초목이 마치 지금 雨露에 혜택 받듯이
천풍 해외에서 金雞를 바라네."129)

금계라는 단어를 통해 바로 해배의 은택을 바라는 마음을 담고 있다. 그의 가족이나 지인들은 서울에서 나름대로 해배를 위해 노력하였다.130) 나응순에게 자주 호의를 받는다고 하였다. 조희룡은 "일이란 성사 여부에 있지 않다. 다만 해배는 인력으로는 되지 않는 것이니 운수에 맡길 따름이다"라고 생각하였다.

이처럼 언제나 기다리며 애태웠던 해배의 소식은 유배 3년 째되는 해의 3월 14일에 다가왔다. 그의 말대로 "바닷가에서 고기잡는 것을 보고 있었다. 이날 집에 온 편지를 받아 해배의 명을 듣게 되니, 황감하고 간절한 마음 이길 수 없다"라 하듯 기쁜 마음 그지없었다.131)

해배의 소식을 듣고 그는 먼저 자연과 이별한다.

"나의 정 도리어 無情한 곳에 극진했거니
어찌 오직 머물면서 어조에게만 그러했으랴.
다시 창 앞 두어 그루 대나무 있어
꼿꼿하게 붙들고 지켜준 지 삼 년이었네."132)

그가 무정한 곳에서 우정을 얻었던 자연과의 작별은 아쉬움이었지만, 그가 서울을 떠나올 때 겪었던 별리의 고통과는 차원이 다른 것이었다. 3월 18일에 마침내 섬을 나가며

---

129) 같은 책, 116쪽. 나라에서 죄인의 사면령을 발표할 때 장대 끝에 금으로 만든 닭을 매다는데 이를 금계라 한다.
130) 김영회 외, 앞의 책, 300쪽 참조.
131) 「又海岳庵稿」『趙熙龍全集』 4, 164쪽.
132) 같은 책, 166쪽.

"눈 아래 드넓은 바다 머리 위 하늘
굽어보고 우러러보매 바야흐로 성은임을 깨닫네.
백한이 높이 나니 내 마음 저와 같아
흔연히 봄바람 부는 거룻배[葦葉船]에 오르네"[133]

라 하여 날아갈 듯이 기쁜 마음을 읊었다. 23일 금산사를 거쳐 금강을 건너 서울로 돌아갔다.[134] 해배소식은 그에게 모든 것이었다. 그리고 잊지 못할 기억들은 가져갔다. 그러나 물론 다시 임자도를 찾지는 않았다. 이렇게 그는 임자도를 뒤로하고 서울로 떠났다. 그리고 그에게 남은 유배의 기억은 그리 좋은 것은 아니었다. 유배 다음해 그가 한 말, 즉 "내가 지난 해 바닷가에서 연기와 구름을 호흡하고 연기와 구름에 목욕하다시피 했지만 노쇠함은 나날이 심해져 흙과 나무의 말라빠진 형해 그대로이다."[135]라고 함에서 육체에 남은 고통의 흔적이 유배생활의 기억을 힘들게 했음을 알 수 있다.

유배에서 풀려난 후 조희룡은 서울 강가에 은거하며 『석우망년록』을 완성하였고, 여항인들의 문집에 서문을 지으며 한가로이 즐기다 여생을 마친 듯하다.

6. 맺음말

그는 예술인으로서 누구 못지 않은 자부심을 지녔다. 그래서 "회화와 같은 예술에 속한 일은 산림처사나 귀족고관의 생활 밖에 있다. 그것을 관리하고 차지함에 따로 사람이 있다. 일반 사람들이 얻을 수 있는 바가 아니다"[136]라고 하여 산림처사도 귀족고관도 할 수 있는 일이

---

133) 위와 같음.
134) 같은 책, 167쪽.
135) 「石友忘年錄」『趙熙龍全集』1, 45항, 82쪽.

아니라며 그들 예술인만의 독자 영역임을 자부하고 있다. 그런 그의 자부심은 비록 중인층의 일을 하고 있다고 해도 부끄러워하기보다는 스스로 중인으로 자정하고 있었음에 충분히 나타났다.

그러면서도 중인에 대한 편견이나 신분적 장애에 대하여는 정면으로 비판하기도 하였다. 그는 蘭의 遇·不遇에 자신의 처지를 비유하면서 "난초가 깊은 산중에 있어서 쑥, 기름사초 따위와 더불어 섞이어 있게 되면 마침내 땔나무 묶음 속에 들어갈 것이다. 그림 속에 들어옴으로부터 옥색 머리에 수놓은 띠와 보배로운 침구로서 완연히 높은 마루 큰 벽 사이에 있게 되어 신선, 선녀의 환패와 같이 가까이서 어루만질 수 없게 된다. 난초는 미물이지만 그 우·불우함이 대개 그와 같다"[137]고 하여 자신과 같은 중인 예술인은 난초임에도 불구하고 불우하여 땔나무 묶음과 같은 대우를 받고 있다는 불만을 담았다.

그러면서 인재를 고르는 당시의 관행 역시 비판했다. "사람이 나비를 보면 다만 그 금색과 청색의 현란함을 사랑하고 그 前身이 꿈틀꿈틀하여 미워할 만했다는 것은 따지지 않는다. 그런데 사람을 취함에 있어서는 그렇게 하지 않으니, 과연 사람이 곤충만도 못하단 말인가?"[138]라 하여 출신보다는 현재의 성취가 중요한데도 불구하고 오로지 출신만을 중시하는 당시의 신분제를 겨냥했다.

그런 기반 위에서 스스로 창의를 구했고 그것을 이루었다. 중요한 것은 그런 경지의 실현이 바로 임자도 유배생활에서 가능했다는 점이다. 78세를 살았던 조희룡에게 임자도 유배생활은 불과 19개월 정도 밖에 되지 않는 짧은 기간이었다. 하지만 시간의 길이와는 비교할 수 없을 만큼 그에게 소중한 성취를 이루게 하였다. 원하지도 않았던 뜻

---

136) 같은 책, 46항, 84쪽.
137) 같은 책, 159쪽.
138) 같은 책, 79항, 124쪽.

밖의 유배였지만, 유배지 임자도는 그에게 많은 시간적 여유와 참신한 공간을 제공하였다. 거기서 그는 무정한 자연과 진정한 우정을 쌓았고, 주민들과 제자들은 그의 창조적 노력이 결실을 맺을 수 있도록 도와주었다. 그의 성취가 있었다면 그것은 그 혼자만의 것이 아니었다. 임자도의 자연과 주민, 제자들이 함께 만든 공동의 산물이었다.

19개월의 짧은 시간이었지만 이렇듯 긴 여운을 남긴 조희룡의 유배지 임자도. 여기서 우리는 육지와 격리된 공간에서 독특한 삶이 이루어지는 섬은 그 다양성으로 인하여 항상 새로움을 창조할 수 있는 기반이라는 점을 다시 한번 확인할 수 있다.

◇ 이 글은 「조희룡의 임자도 유배상활에 대하여」(『도서문화』 24, 도서문화연구원, 2004)을 보완한 것이다.

암태도 소작쟁의 주역의 세 가지 길* : 서태석·박복영·문재철

정 병 준

1. 머리말

　1923~24년간 전라남도 무안군 암태도와 목포에서 벌어진 암태도소작쟁의는 한국 농민운동사에서 큰 의미를 지닌다.[1] 암태도의 소작농들은 소작인회를 결성하고 지주들을 상대로 7~8할의 소작료를 4할로 인하해 달라고 요구했다. 양측의 갈등은 고조되었다. 소작인회는 소작료 불납운동 등으로 맞섰고, 지주측은 폭력행사 및 일본 경찰 등을 동원했다. 양측의 무력충돌로 소작인회 주동자와 지주측 인사들이 구속

---

　* 이 논문은 정병준, <암태도소작쟁의 주역의 세 가지 길 : 서태석, 박복영, 문재철> ≪한국민족운동사연구≫ 51집, 한국민족운동사학회, 2007을 전재한 것이다.
1) 암태도 소작쟁의에 대해서는 다음을 참조. 박순동, 「암태도소작쟁의」『신동아』9월호, 1969 ; 박순동기록, 『암태도소작쟁의』, 청년사, 1980 ; 박순동, 『암태도소작쟁의』, 이슈투데이, 2003 ; 김종선, 「서남해 도서지역의 농지분쟁 및 소작쟁의에 관한 연구 : 암태도 소작쟁의를 중심으로」 『인문과학』 1, 목포대 인문과학연구소, 1984.

되었다. 이 소작투쟁은 지주-소작관계의 갈등뿐만 아니라 그 치열성과 전투성, 지속성, 복합성으로 유명했다. 600여명의 소작인들이 수주 동안 목포에서 아사동맹을 맺으며 투쟁한 결과 소작인들의 입장이 대체로 관철되었다. 이에 대한 한국 학자들의 평가 역시 일제하 농민운동에서 유례가 없는 소작인들의 승리로 요약된다. 일제하 농민운동사의 권위자 조동걸은 이렇게 평가했다.

> 1923년 8월부터 1924년 8월까지 1년간 계속된 암태도 소작쟁의는 끝내 소작회측의 승리로 결말을 지었다. (중략) 암태도 소작쟁의는 그후 전국적으로나 또는 전라남도 지방, 특히 서해안 여러 섬의 소작쟁의를 자극하였고 더구나 암태 소작쟁의의 승리보다는 다른 소작쟁의에 자못 용기를 불어 넣어 주었던 점에서 농민운동사상 의미 깊은 운동이었다.2)

북한 역시 "암태도농민들은 목포시내 로동단체, 청년단체들뿐만 아니라 다른 여러지방의 광범한 농민들의 적극적인 지지 성원 밑에 계속 완강하게 투쟁"하였고, "조선농민들의 혁명성과 애국적 기개를 시위"하였다고 정리했다.3) 그렇지만 "맑스-레닌주의당의 조직적인 령도를 받지 못하였으므로 더욱 발전하지 못하고 결국 실패"했다는 교조주의적 결론을 벗어나지 못했다.

암태도소작쟁의에서 나타난 세력들의 관계·입장은 동일하지 않았다. 조선총독부와 한국인 지주(문재철)는 협력관계를 기조로 하면서도 부분적인 긴장·갈등관계를 유지했고, 조동걸의 평가처럼 한국인 사회에 대한 "분열정책"이 내재해 있었다.4) 다른 한편으로 한국인 지

---

2) 조동걸, 『일제하 한국농민운동사』, 한길사, 1979, 126, 135쪽.
3) 조선민주주의인민공화국 사회과학원 력사연구소, 『력사사전』Ⅱ, 사회과학출판사, 1971, 1197~1198쪽.
4) 조동걸은 일제가 지주·소작인 쌍방이 지칠 때까지 방관하거나 지주측을 적당히 비호하면서 우롱하여 쟁의를 자기들 나름의 유리한 방향으로 조종했다

주와 소작인들의 관계 역시 단지 계급적 갈등만으로 해명되기 어려운 측면이 있었다. 암태도 소작쟁의에는 암태도의 소작인들뿐만 아니라 1920년대 초반이래 활성화되기 시작한 전국의 농민운동, 노동운동, 청년운동 등 사회운동세력이 조직적으로 개입했고, 지역적으로는 전남·목포 지방을 뛰어넘어 전국적 차원의 문제로 발전했다.

즉 조선총독부-한국인 지주-한국인 소작인·사회운동세력의 관계는 계급·민족문제만으로 해명되지 않는 복선적이며 중층적인 상호관계를 보여주었다. 암태도 소작쟁의는 지주 대 소작인의 계급적 갈등, 한국인(지주·소작인) 대 조선총독부의 민족적 갈등, 민족해방운동(민족주의·사회주의) 대 대일협력·친일의 민족 내부적 갈등, 민족주의 대 사회주의의 사상적 갈등·분화 등 다차원·층위적 갈등구조를 내재하고 있었다.

이 글은 암태도 소작쟁의의 주체로 소작인회를 대표했으며 초기 투쟁을 지휘한 서태석, 청년회의 지도자로 서태석의 검거 이후 후기 투쟁을 지휘하며 소작인회의 이익을 관철시킨 박복영, 초기에는 일제의 강력한 지원을 받는 것으로 보였지만 소작쟁의가 전국적 관심사가 된 후 쟁의의 전국적 파장을 고려한 일제의 압력으로 조정안에 강제합의할 수 밖에 없었던 지주 문재철 등 3인이 암태도 소작쟁의 이후 걸어간 길을 간략하게 비교 검토하는 것을 목적으로 하고 있다. 거의 동년배였던 이 세 사람은 한국근현대사가 겪은 굴곡을 전남 차원에서 가장 철저하게 체현했던 대표적인 인물이었다.

徐邰晳(1885~1943)은 농민운동 및 사회주의·공산주의 운동가 등으로 활동했고, 3차례 이상 투옥과 일제의 고문 끝에 정신이상으로 생을 마감했다. 朴福永(1890~1973)은 일제하 임정계 민족주의자로 청년운동·농민

고 평가했다. 즉 한국인 사회를 분열시켜 일제에 대한 저항력을 빼앗았으며, 지주 역시 여기에 '우롱' 당했다고 보았다(조동걸, 위의 책, 134쪽).

운동에 동참했고, 해방 후 우익진영의 일원이 되었는데, 문재철이 임시정부에 재정지원을 했다는 증언을 남겼다. 文在喆(1883~1955)은 '악질 친일파이자 지주'란 비난을 받았고, 해방 후 반민특위에 친일파로 그 이름이 거론되었다. 문재철은 일제하 목포부민의 소원이던 중학교설립에 사재를 출연해 이를 성공시킴으로써 교육자란 명성을 얻기도 했다. 죄명은 상이했지만 세 사람 모두 일제하 투옥경험을 가지고 있으며, 대한민국정부에 의해 독립유공자(서태석·박복영) 및 교육유공자(문재철)로 포상 받았다. 1920년대 중반 암태도에서 예각적으로 대립했으며, 이후 대립적인 3인 3색의 인생행로를 겪은 세 사람이 20세기 후반 대한민국에서는 모두 유공자로 포상·포용된 셈이다.

이 글은 암태도 소작쟁의의 일단락이 이후 3인의 행로에 미친 영향을 분석하는 것을 구체적으로 목표하고 있다. 이는 암태도 소작쟁의가 품고 있던 다층적 갈등구조의 역사적 전개·변화과정에 대한 해명이자 일종의 시론이다.

2. 서태석의 길: 면장에서 공산주의자로

서태석에 대한 이전의 소개글과 공적조서 등에 입각해 그의 생애를 추적해 보자.[5] 서태석의 본적은 전남 무안군 암태면 基洞 991번지이

---

5) 박순동, 「암태도소작쟁의」 『신동아』 9월호, 1996(박순동기록, 『암태도소작쟁의』, 청년사, 1980 ; 박순동, 『암태도소작쟁의』, 이슈투데이, 2003 등으로 복각·간행); 최성민, 「서태석」 『한겨레신문』 1989년 10월 13일 ; 이재의, 「호남인물사(7) 암태도 소작쟁의 지도자 서태석」 『월간예향』 1월호, 1993 ; 편집부, 「항일농민운동의 영웅(1885~1943) 서태석 : 「일제하 암태도 소작쟁의를 승리로 이끈 인물」, 신안문화원, 『신안문화』 14호, 2004 ; 편집부, 「해사 서태석씨 약력과 소작인회 관계 소송기 : 암태면 고 양은호옹 1991년 11월 작성기록」, 신안문화원, 『신안문화』 14호, 2004.

며, 1885년 6월 17일 徐斗根·朴南里의 아들로 태어났다. 1920년 경찰신문조서에서 서태석은 동산·부동산 약 1만원을 보유했다고 진술했고, 현지 경찰은 그가 논 32두락, 밭 35두락을 소유하여 부유하다고 평가했다. 경찰은 서태석이 "성질이 온순한 것 같지만 매유 교활하고 교묘"하며 품행은 "대량으로 음주하나 주벽은 없음"이라고 기록했다.6) 즉 서태석은 소작농이 아닌 자작농 출신이었다.

검찰진술에 따르면 6년 동안 한문을 배웠으며, 경찰조서는 7세부터 18세까지 향리 서당에서 한문을 수학했다고 기록하고 있다. 그는 侍天敎의 일파인 濟愚敎를 믿고 있었다. 증언에 따르면 서태석은 한학과 의학서적에 통달해 16세 되던 1901년 안좌면 옥도에 괴질이 들자 이를 치료했으며,7) 양은호는 서태석이 18세까지 옥도에서 掛藥을 하며 명의라는 칭송을 얻었다고 증언했다.8)

서태석은 29세 되던 1913년 암태면장에 임명되었고, 1919년 11월까지 그 직을 유지하였다.9) 흉년 구황작물로 무상분배된 메밀을 팔아먹은 관계직원을 고발하는 등 모범면장으로 이름을 얻었다. 서태석이 본격적으로 사회운동에 발을 들여놓게 된 계기는 1919년 3·1운동이었다.

3·1운동 발발 직후 서태석은 별다른 움직임을 보이지 않았다. 3·1운

---

6) 國史編纂委員會, 『韓民族獨立運動史資料集 47』(三·一運動一週年宣言文 配布 事件·十字架黨 事件 1), 2001, 「徐邰晳 소행조서」(1920. 3. 26 작성, 木浦경찰서 箕佐島경찰관 주재소 순사 田口眞一)
7) 이는 양은호, 서길석 등의 증언으로 보인다(최성민, 위의 글, 119쪽)
8) 양은호, 「海舍 서태석씨 약력과 소작인회관계 소송기: 암태면 고 양은호 옹 1991년 11월 작성기록」『신안문화』15호, 2004, 86쪽
9) 『조선총독부및소속관서직원록』에 따르면 서태석은 1919년 현재 전라남도 무안군 巖泰面長으로 나타나있다[한국역사정보통합시스템 검색결과(2006. 12. 24)]. 서태석은 검찰신문조서에서 1919년 11월까지 7년 정도 암태도에서 면장을 하고 있었다고 진술했으므로 1913년에 면장이 된 것을 알 수 있다(『韓民族獨立運動史資料集 47』三·一運動一週年宣言文 配布事件·十字架黨 事件 1 「徐邰晳 신문조서」).

동이 전국을 휩쓸고 지난 후인 1919년 11월 면장직을 사임한 후 1919년 12월 25일부터 1920년 2월 25일까지 2개월간 봉천, 대련, 여순, 경성 등지를 여행했다. 7년여 동안의 면장 활동을 접고 여행을 떠난 것은 3·1운동을 계기로 한 민족의식 각성과 관계가 있었을 것이다. 만주에서 서태석은 滿洲保民會社라는 단체에 관계했다. 서태석은 경성의 李寅秀, 金澤鉉, 表聲天, 梁正黙, 崔炳基 등과 함께 발기인으로 참여했으며, 이 회사는 사무소를 봉천과 경성(죽첨정 44번지)에 두었다. 1919년 12월 23일 경성에서 개최된 임시총회에서 서태석이 회장이 되었고, 1920년 2월 5일 발기인 총회가 있었다. 서태석은 발기비용으로 3백원을 출자했다.

서태석에 따르면 이 회사는 이인수가 고안한 것으로 만주 조선인들로 하여금 토지를 매입해 개간하고 주택을 건설해 입주시키는 등 생활 안정을 취하는 한편 제우교도와 조선독립운동자 사이의 끊임없는 충돌을 조정·화해시키려는 계획으로 제우교 신도들이 설립한 것이었다.10) 검찰조서에 따르면 제우교는 시천교의 일파로 1916년부터 만주에서 시천교를 포교하던 金棟椿이 1919년 10월 개설한 것으로 만주에 2천명, 전남에 2~3백명의 신도가 있었다. 일본 경찰은 서태석이 "조선인 불량배들을 순화시킨다"는 위장된 명목으로 保民회사를 설립한 후 독립운동을 했다고 우려했지만, 제우교는 명백한 친일활동을 하던 단체였다. 만주 독립운동진영이나 임시정부에서 제우교 교주에 대한 암살령을 내렸고, 제우교 신자들이 일제의 토벌작전에 협력해 독립운동 진영에 의해 처단된 사례가 적지 않았다. 유명한 친일밀정 裵貞子가 보민회의 주역이었던 것으로 미루어 단체의 성격을 알 수 있다.11)

---

10) 『韓民族獨立運動史資料集 47』 三·一運動一週年宣言文 配布事件·十字架黨 事件 1 「徐邰晳 신문조서(제2회)」.
11) 김주용, 「滿洲保民會의 설립과 '鮮滿一體化'」 『한일관계사연구』 제21집, 2004 ; 최봉룡, 「만주보민회의 활동과 그 성격: 만주에서의 제우교를 중심으로」 『한

일제 심문 당시 서태석은 만주의 독립단이 보민회를 친일조직으로 생각해 태극기와 경고문 등을 보내 시위를 종용했기 때문에 사업에 방해를 받지 않기 위해 부득이 비밀리 경고문 등을 목포에 배포했다고 진술했다. 그런데 친일 성향의 보민회가 목포의 3·1운동 재현사건과 관련된 것은 교단이나 보민회사의 방침이 아니라 제우교 전도사였던 表聲天의 개인적 인맥때문이었다. 표성천은 목포에서 3·1운동을 주도했던 장산도 출신의 장병준으로부터 1920년 목포에서 만세시위 재현운동이 필요하다는 이야기를 듣고 이에 동감했다. 그가 건네준 격문과 태극기를 받은 표성천은 목포로 내려와 "함께 (보민)회사사업을 경영하는 친구로서 극히 서로 의기투합하고 있는 사이"인 서태석을 이에 동참시킨 것이었다. 즉 서태석이 1920년 만세시위에 참가한 것은 주도적 입장이나 조직적 배경이 있었기 때문이라기보다는 장병준-표성천으로 이어지는 목포 지역 출신인사들과의 개인적 친분에 이끌린 것으로 보인다.

서태석은 1920년 2월 29일 태극기를 목포 松島공원과 철도정거장에 게양했고, '대한독립 기념 축하 경고문'을 목포시내에 살포하는 한편 전주보통학교에도 경고문을 우송했다. 이 사건으로 1920년 12월 21일 경성지방법원에서 정치범죄처벌령위반 및 보안법위반으로 징역 1년 (미결 200일 산입)을 받았다.12) 서태석은 1921년 6월 만기출옥했다.13)

서태석의 수감생활은 그의 정치적 의식을 급격히 각성·고양시켰을 것으로 추정된다. 암태면장으로 식민지 지배체제에 대해 큰 저항의식이 없던 서태석은 1920년 3·1재현운동 동참과 투옥경험을 통해 식민

국민족운동사연구』 43집, 2005.
12) 독립운동사편찬위원회, 『독립운동사자료집』 5, 1978, 258~262쪽.
13) 『동아일보』 1921년 6월 7일. 이하의 신문자료들은 인터넷 검색(국사편찬위원회·한국역사정보통합시스템) 및 박찬승편, 『목포근현대신문자료집성(상) 1896~1945』, 목포문화원, 2002를 이용했다.

지 조선인의 객관적 좌표를 정확하게 인식하게 되었다. 서태석은 서울 -만주 여행을 통해 식민지 조선의 국제적 위상을 구체적으로 인식하게 되었고, 만세운동과 투옥경험을 통해 독립운동가이자 사상가로 단련되었다. 감옥생활은 그의 삶을 치열하고 혁명적 방향으로 이끌었다. 이후 서태석은 급격하게 좌파적 경향성을 띠면서 투쟁적·혁명적 사회운동에 투신했다.

출옥 직후 서태석의 행적은 정확히 알려지지 않았다. 양은호는 서태석이 서울청년회를 경유하여, 러시아 블라디보스톡을 다녀왔다고 증언했고, 최성민 역시 서태석이 1922년 블라디보스톡을 방문해 한인 독립운동가들을 만나 의식의 폭을 넓혔다고 썼다.[14] 서태석은 1922년 군자금을 모집하였다는 혐의로 조사받은 후 석방되었고, 1923년에는 김상옥의 폭탄테러사건과의 연관성을 의심한 경찰에 체포되기도 했다.[15] 그는 1924년 4월 결성된 조선노농총동맹 중앙집행위원으로 선출되었다. 즉 서태석은 1921년 출옥한 이후 독립운동진영의 일원으로 일제의 주목을 받기 시작했으며, 본격적으로 사회주의·공산주의에 공명하기 시작했다. 이 시기부터 서태석은 서울청년회계와 긴밀한 연계를 갖고 활동했다.

1923년 암태도로 귀향한 서태석은, 그해 8월 암태면 기동리 金潤泰의 집 정원에서 면민대회를 개최하고, 소작료를 밭 3할, 논 4할로 하자는 강령을 내세우고 암태소작인회를 조직했다. 당시 암태도의 대표적 지주는 문재철과 천후빈이었는데, 문재철은 만석꾼, 천후빈은 천석꾼으로 불렸다. 소작회는 문재철에 대해 7~8할의 고율 소작료를 4할로

---

14) 1923년 1월 의열단원 김상옥의 종로경찰서 폭탄의거 당시 "해삼위(블라디보스톡)에서 돌아온 서태석(39세)"이 관련혐의로 검거되었다고 보도되었으므로, 그가 1922년 블라디보스톡 여행을 한 것을 알 수 있다(『동아일보』 1923년 10월 7일).
15) 『동아일보』 1922년 5월 2일 ; 1923년 10월 7일.

내려달라고 요구했고, 이를 거부한 지주측에 대해 소작료불납운동으로 맞섰다. 쟁의는 격렬해졌고 목포경찰이 섬에 상륙해 소작인을 위협했다. 불납운동은 1924년 봄까지 지속되었고, 소작인 간부가 문지주측에 구타당하기도 했다. 여러 차례 지주·소작인들의 충돌이 벌어졌고, 5월 22일 문재철 부친 문군옥의 송덕비가 파괴된 이후 난투극으로 5월 23일 경찰에 의해 소작인 등 50여명이 목포로 연행되었다. 이중 소작회 16명, 지주 3명이 예심에 회부되었다. 서태석은 구속되었고, 5월부터 7월까지 암태도 소작인 수백명이 목포로 몰려가 아사동맹을 결성하고 수감자 석방투쟁을 벌였다. 1920년대 초반 한국 사회운동의 활성화 속에서 암태도 소작쟁의는 전남지역 농민운동이라는 지역·부문운동 차원을 뛰어넘어 곧 전국적·전부문적 문제로 비약되었다. 조선노농총동맹이 개입했고, 국내 각지는 물론 일본·하와이 등에서 투쟁성금과 전보가 답지했고, 유명 변호사들이 무료변론에 나섰다. 강한 압력과 위기감을 느낀 일제는 쟁의의 원인제공자인 지주 문재철을 설득했다. 그 결과 1924년 8월 30일 일제를 대표한 경찰부 고등과장 高賀, 소작회인회 대표 박복영, 사회단체 대표 광주 노동회 간사 徐廷禧가 합의해 소작료 조정 약정서를 체결했다. 소작인들이 주장하던 바대로 소작료 4할, 쌍방고소 취하, 지주의 소작인 위로금 2천원 기부, 1923년도 소작료 3년간 무이자 분할상환 등의 조정안이 확정되었다. 이 사건으로 서태석은 예심(1924. 9. 14)에서 징역3년형, 1925년 3월 13일 대구복심법원에서 소요 및 상해로 징역 2년형을 선고받았으며,[16] 징역 1년 11월 12일로 감형되었다.

두 번째 출옥 후 서태석은 본격적으로 노동운동, 사회주의·공산주

---

[16] 자세한 경과에 대해서는 다음을 참조. 김종선, 「서남해 도서지역의 농지분쟁 및 소작쟁의에 관한 연구: 암태도 소작쟁의를 중심으로」 『인문과학』 1, 목포대 인문과학연구소, 1984.

의운동의 길을 걸어갔다. 『한국사회주의운동인명사전』은 이후 서태석의 행적을 다음과 같이 정리하고 있다.

> 1927년 5월 조선사회단체중앙협의회 임시집행부 서기를 맡았으며, 한때 일본경찰에 검속되었다. 그 해 조선공산당에 입당하여 전남도당에 소속되었다. 조공 대회에 참석할 전남지역 파견원으로 선정되었으나 비밀을 누설한 혐의로 대의원 자격을 취소당했다. 9월 조선농민총동맹 중앙집행위원으로 선임되었다. 12월 서울, 상해파 합동의 조공 제3차대회[춘경원당]에 전남 대표로 참석하여 중앙위원 겸 선전부장으로 선출되었다. 1928년 신의주경찰서에 체포되었다. 1943년 6월 12일 고문후유증으로 사망했다.[17]

1927년은 서태석이 일생 중 가장 활발한 활동을 벌인 한 해였다. 이 해 5월 신간회 지원 등을 내건 조선사회단체 중앙협의회가 결성될 때 서태석은 무안 암태위원으로 참가해 경찰에 일시검속되었다.[18] 9월 조선노농총동맹이 노동총동맹과 농민총동맹으로 분립될 때 서태석은 농민총동맹 중앙집행위원 자격으로 書面대회에 선거위원회에 참가했다,[19] 이후 농민총동맹 중앙집행위원으로 서울에서 활발한 활동을 벌였다.

서태석은 노농운동은 물론 공산당 활동에까지 적극적으로 참가했다. 그는 1927년 12월 세칭 춘경원당 결성에 참가하여 중앙집행위원 겸 선전부장으로 선출되었다.[20] 이후 서태석은 1928년 4월 신의주경찰서에 검거되었다. 그는 예심과정에서 공산주의를 "학문상 討究"했

---

17) 강만길·성대경, 『한국사회주의운동인명사전』, 창작과비평사, 1996, 238쪽.
18) 「조선사회단체중앙협의회 창립대회에 관한 건」(京鍾警高秘 제5504호, 1927.5. 17. 경성 종로경찰서장), 『사상문제에 관한 조사서류(2)』
19) 『동아일보』 1927년 9월 9일.
20) 김준엽·김창순, 『한국공산주의운동사』 3, 청계연구소, 1986, 312~323쪽.

다고 밝혔는데, 그가 이해한 공산주의사상의 수준은 미상이다.21) 이 사건으로 서태석은 1929년 12월 5일 신의주지법에서 징역 4년형을, 1930년 5월 15일 평양복심법원에서 치안유지법 위반으로 징역3년형(미결 526일 산입)을 선고받았다. 세 번째 복역이었다.

세 번째 출옥이후 서태석의 행적은 정확히 알 수 없다. 흥미로운 것은 이 즈음 그의 행적에서 협력과 저항의 두 가지 단서가 발견된다는 사실이다. 먼저 서태석의 행적에 대한 암태도 주민들의 기억은 농민운동 지도자의 연장선상에 놓여 있다. 암태도 소작쟁의에 참가했던 朴承采는「岩泰小作鬪爭史」란 手記를 통해 서태석이 자은도·도초도 등 인근 무안군의 소작쟁의에 관여했고, 나아가 하의도 농지반환사건에 앞장 서 야마나시(山梨半造) 전 총독과 담판한 후 체포되어 3년간 옥고를 치루었다고 썼다.22) 양은호 역시 1933년경 서태석이 하의도의 諸葛奉佐·孫學振 등과 함께 일본 오사카에 피신중인 자신을 찾아와 하의도 농지반환문제를 협의했으며, 이를 위해 효고현(兵庫縣)으로 야마나시를 찾아가 만났다고 증언했다. 서태석이 야마나시를 통해 하의도 농지 소유주 토쿠다 야시치(德田彌七)와 합의까지 끝마쳤지만 조선에서부터 미행해온 순경에게 체포되어 신의주감옥에 송치되었다는 것이다.23) 양은호는 서태석이 3년간 옥고를 치렀다고 했다. 1920년대 후반 하의도 출신 노동자들이 오사카에 하의노동청년회를 결성하고 일본 노동농민당과 연계해 하의도 토지회수투쟁을 벌였으므로 이치에 합당한 부분이 있지만, 현재 기록상으로 서태석이 하의도 토지회수투

---

21) 『동아일보』1929년 7월 19일. 서태석은 이미 1923년 체포 당시 자신은 의열단원이 아니라 공산당원이라고 주장한 바 있었다.(『동아일보』1923년 10월 7일)
22) 1983년 당시 75세. 암태면 도창리 거주(김종선, 위의 논문, 161쪽 주 19에서 재인용).
23) 양은호, 앞의 글, 90쪽 ; 이재의,「호남인물사(7) : 암태도 소작투쟁 지도자 서태석」『월간예향』 1월호 (통권 100호), 1993, 218쪽.

쟁에 관련되었다는 문헌자료를 발견하지는 못했다.24)

한편 1936년 경찰정보철에는 서태석이 大同民友會 조직을 위한 준비위원회에 安俊, 李覺鍾, 柳公三, 李承元 등과 함께 참가했다고 되어있다.25) 대동민우회는 "內鮮一體 운동자이며 警務局 囑託인 李覺鍾의 친일기관"으로, "反民者의 溫床이던 雜多한 親日團體의 하나"(『反民者罪狀記』)로 지목된 단체였다. 또한 해방이후 발간된 『親日派群像』은 이각종이 "倭 총독부 학무국 촉탁으로 있으면서 사상적 타락자(소위 전향자) 安浚, 車載貞 등을 이용하여 전향자 단체 白岳會, 大東民友會 등을 조직한 후 친일, 황민화, 사상 선도 등을 표방하고 많은 이권을 획득하였다"고 썼다. 즉 대동민우회는 백악회를 개칭한 것으로, 1930년 후반 대표적 친일단체였던 것이다.26) 서태석은 준비위원에 이름이 올라있고, 그 이후 활동경력이 없는 것으로 미루어 적극 가담한 것으로 보이지는 않는다. 아마 암태도 주민들이 말하는 하의도토지회수 투쟁 이후 네 번째 수형생활에서 풀려난 직후 여타의 사상범들과 마찬가지로 친일단체에 강제적으로 이름이 올랐을 가능성을 배제할 수 없다.

양은호는 서태석이 마지막 3년간 옥고를 치르는 중 전기고문으로 정신상태가 이상하게 되어, 압해면 長甘里 누이동생 집에서 별세하였다고 썼다. 암태도에서 인터뷰한 70대 중반의 노인은 자신이 서당을 다닐 때 서태석이 나타나면 훈장은 물론 모든 사람들이 무조건 도망 다녔다고 증언했다. 고문으로 이미 친인척을 못 알아 볼 정도로 정신상태 및 육체가 피폐해진 중환자이자 정신이상 상태였기 때문이다.

---

24) 하의도토지회수운동의 전문연구자인 이규수박사는 서태석 등 암태도 주민들이 관련했을 개연성은 있지만 문헌자료는 찾을 수 없다고 했다(2007.1.25. 전화인터뷰).
25) 「大東民友會 組織 計劃에 관한 件 2」(京高特秘 제1371호의 2, 1936.6.23)『警察情報綴(昭和 11년)』
26) 지승준, 「1930년대 사회주의 진영의 '轉向'과 大東民友會」『史學研究』제55·56 合集號-竹田申載洪博士停年退任紀念論文集-, 1998

서태석의 사망연도는 기록에 따라 상이한데, 그의 제적부에는 1958년 7월 20일 본적지에서 사망한 것으로 되어있으나, 추모비와 묘비, 보훈처의 공적서에는 1943년 6월 12일 사망한 것으로 되어 있다. 서태석의 묘는 1976년 압해도에서 고향인 암태도 기동리 오산마을 야산으로 이장되었고, 1981년에 '의사 서태석추모비'가 설립되었다. 그에 대한 포상은 몇차례 보류되었다가, 2003년 건국훈장 애국장에 추서되었다.

3. 박복영의 길: 임정에서 국민회까지

암태도소작쟁의가 일반대중들에게 알려진 것은 1969년 박순동이「암태도소작쟁의」란 논픽션을『신동아』잡지에 발표하면서 부터였다.27) 박순동에게 암태도소작쟁의의 내력을 전한 인물이 바로 박복영이었다. 박복영을 통해 구전된 암태도소작쟁의 전말은 이후 학계와 문학계로 확산되었다. 1970년대말 학계에서는 권두영·조동걸교수가 관련 논문을 발표했고, 문학계에서는 1981년 송기숙이『巖泰島』란 장편소설을 발표함으로써 대중적 주목을 받았다.28) 즉 박복영은 암태도소작쟁의의 주역인 서태석 사망 이후 가장 중요한 활동가이자 증언자로 암태도소작쟁의의 전말과 기본 골격을 제시했다.

그런데 박복영에 대해서는 크게 두 가지 의문이 있어왔다. 첫째 박복영은 소작인이 아닌 자작농 출신이고, 암태소작인회의 지도자가 아닌 암태청년회의 지도자였다는 지적이다. 암태도 주민들 가운데는 박복영보다 서태석이 항쟁의 중심인물이었지만, 서태석이 사회주의자

---

27) 박순동,「암태도소작쟁의」『신동아』9월호, 1969.
28) 권두영,「일제하 한국 농민운동」, 윤병석·신용하·안병직편,『한국근대사론』Ⅲ, 지식산업사, 1977 ; 조동걸,『일제하 한국농민운동사』, 한길사, 1979 ; 宋基淑,『巖泰島』, 창작과비평사, 1981.

로 정당한 평가를 받지 못하는 사이 임정계 우익인사인 박복영이 소작쟁의의 주역이 된 것이 아닌가 하는 의문이 제기되기도 했다. 때문에 암태도소작쟁의를 기념하는 비석에는 박복영이 소작인회 회원이 아니라고 기록되기도 했다. 그렇지만 아래에서 살펴볼 것처럼 박복영은 소작인회의 지도자였다.

둘째 박복영은 암태도쟁의의 주역이었지만, 지주였던 문재철·천후빈에 대해 긍정적 평가를 남겼다. 문재철에 대해서는 상해 임시정부에 재정후원을 했다는 증언을 남겼고, 천후빈에 대해서도 소작인회에 동정적이었다는 증언을 남겼다. 이는 이후 이들이 학교를 설립한 것과 연결되면서 한국인 지주에 대한 총독부의 이중적 차별과 지주의 민족주의적 지향·동요성을 설명하는 단초가 되었다.

현재 박복영에 대한 기록은 거의 남아있지 않다. 지금까지 알려진 박복영의 내력은 모두 두 종류인데, 『신동아』에 논픽션이 당선된 박순동(1969년)의 진술과 자은중학교 교장이던 정양규(1970년대초)의 기록이 그것이다.29) 두 사람 모두 생존해 있던 박복영의 진술에 따랐으므로, 현전하는 박복영의 내력은 동일하다고 볼 수 있다. 한편 국가보훈처 공훈록에 수록된 박복영의 이력 역시 이들과 큰 차이는 없다.

       朴福永 : 1890. 1.17~1973.11.17
       3·1운동 관련, 1990년 건국훈장 애족장
       전라남도 務安 사람이다.
       3·1독립운동 때 목포에서 독립만세운동을 전개하다가 체포되어 옥고를 치른 후, 상해 대한민국 임시정부에 연결되어 활동하였다.
       1919년 3·1운동이 서울에서 일어나기 전에 이곳에서는 일본동경 유학생 南宮赫이 2·8독립선언에 참가한 후 귀국하여 민족자결주의의 제창과

---

29) 박순동, 「암태도소작쟁의」『신동아』9월호, 1969, 355쪽 ; 鄭良奎, 「民族의 등불 朴福永翁의 一生」『새全南』51호(9월호), 全南公論社, 1972, 102~115쪽.

피침략민족 등의 동향 등을 알려줌으로써 뜻있는 청년과 학생들은 비밀리에 독립운동거사에 싹이 트기 시작하였는데, 때마침 서울에서 3·1운동이 일어나서 독립선언식이 거행되고 독립만세시위가 일어났음이 알려지자, 같은 기독교인 徐相鳳·郭宇英·徐化一·朴汝成·姜錫奉·楊炳震 등과 함께 미리 독립선언서·경고문·태극기 등을 만들어 거사일인 1919년 4월 8일 수백명의 시위군중에게 나누어주고 독립만세를 고창하며 함성을 올렸다.

이때 그는 일본경찰에 80여명의 동지들과 함께 체포되어 광주지방법원 목포지청에서 6월형에, 2년간 집행유예를 받았다.

그후 尹聖德 목사와 함께 상해로 망명하려다가 체포되어, 신의주형무소에 수감된 바 있으며, 1925년을 전후해서 상해에 있는 대한민국 임시정부의 연락책임을 맡아, 상해와 국내를 왕래하면서 文在烈 외 2명과 함께 친지 및 동지를 방문하여 독립운동 군자금을 모금하였다.

또한 이해 3월, 상해임시정부 재무총장 李始榮의 비밀문서를 서울에 있는 李商在에게 전달하기 위하여 입국하다가 체포되어, 광주지방법원 목포지청에서 징역 1년 6월형을 받아 옥고를 치렀다.

정부에서는 고인의 공훈을 기리어 1990년에 건국훈장 애족장(1977년 대통령표창)을 추서하였다.[30]

한편 박복영이 1952년 8월에 작성한 이력서에 기재된 그의 경력은 다음과 같다.

　본 적: 전라남도 무안군 암태면 長庫里 134번지
　현주소: 전라남도 목포시 복만동 2번지
　朴福永: 서기 1890년 1월 17일생
　·1907년 新石義塾 수료
　·1908년 聖經學園에 입학, 神學을 연구함
　·1909년 향토 기독교 사립학교 설립

---

30) 국가보훈처 민족정기선양센터 검색결과(2007.1.27). 이는 『일제침략하한국36년사』(국사편찬위원회) 8권, 534쪽; 「수형인명부」(자은면장발행); 독립운동사편찬위원회, 『독립운동사』3, 610쪽, 10권 381·384·386·387쪽에 근거한 것이다.

- 1916년 향토 기독교 전도
- 1919년 3월 기미독립운동 참가. 목포형무소에 입감
- 1920년 4월 출감. 尹聖德목사 동반 상해 망명도중 피체. 윤성덕 외 2명 도망
- 1922년(?) 3월 상해 임시정부 재정부장 이시영선생 비밀문서를 재경 이상재선생에게 전달차 입국도중 왜적에게 체포, 목포형무소에 입감
- 1922년 11월 출감. 항일 목적으로 물산장려 금주 금연 비밀결사회 조직. 회장에 취임함
- 1923년 암태청년회 회장에 취임함
- 1924년 암태소작인회 회장에 취임함
- 1925년 徐光圓동지와 동지를 규합하야 지방순회 강연반을 조직, 각지방을 순회하여 부녀동맹 교육강연을 실시함
- 1926년 암태남녀학원장에 취임함
- 1926년 동아일보 목포지국장 취임
- 1927년 4월 무안군 소작쟁의 투쟁 주모자로 왜적에 체포, 광주형무소에 입감
- 1928년 白山學院長에 취임함
- 1930년 8월 文贊淑동지와 향토교육에 종사함
- 1936년 기독교 전도중 중일전쟁 발발로 왜적에게 방축당함
- 1945년 8월 해방후 무안군 건국준비위원장 피선
- 1945년 9월 대한독립촉성중앙협의회 무안군 지부장 피선
- 1948년 3월 국민회 무안군지부장 피선
- 1949년 7월 무안군 군사원호회장 피선
- 1950년 6월 공산군 침범으로 서울서 남하, 가거도에 入島
- 1950년 10월 我군경 진주로 목포에 귀향
- 1950년 12월 국민회 복구 국민회 무안군지부장 피선
- 1952년 2월 자유당 무안군 당부 위원장 피선
- 1952년 7월 대한농민총연맹 무안군연맹 위원장 피선
- 1952년 7월 국민회 전라남도지부 부위원장 피선. 현재에 이름

　서기 1952년 8월

　右 朴福永.[31]

이상을 종합해 박복영의 삶을 개관해 보자. 박복영은 1890년 1월 17일 밀양박씨 朴贊西와 金抱琴의 4남으로 태어났다. 본적은 전남 무안군 자은면 백산리 482번지이며, 출생지는 암태면 단고리이다. 정양규에 따르면 어릴 적 한학자이던 千亭振에게 한학을 배웠고,[32] 15세에 결혼한 부인 金英信에게 한글을 배웠다. 본인의 기록에 따르면 17세 되던 1907년 新石義塾을 수료했다고 되어 있는데, 학교의 성격은 미상이다. 1908년 미국인 선교사 孟顯理(McCallie, Henry Douglas)가 지도하는 목포 성경학원에 입학했고,[33] 21세에 세례를 받았다. 박복영은 1916년 이래 고향인 암태도 단고리에서 기독교 전도활동을 벌였다.

박복영이 독립운동에 발을 들여놓게 된 것은 3·1운동이 계기였다. 박복영에 따르면 목포 양동교회 교인인 裵治文, 서화일, 朴鍾仁, 朴逢春, 朴啓天, 양병진 등과 一心會라는 비밀조직을 만들었는데, 이들이 목포의 만세시위운동인 4·8 독립만세시위에 가담했다. 배치문은 이후 서병인, 조극환과 함께 목포지역 사회주의 3총사로 불리게 된 인물이었다. 이로 인해 박복영은 6개월간 미결수로 목포형무소에 수감되었다가 징역 6개월 집행유예 2년으로 출옥했다. 출옥 후 박복영은 암태도 송곡리 출신으로 "죽마고우요 동향지인이었고 뜻을 같이 했던" 尹

---

31) 「履歷書(박복영작성, 1952. 8)」 국가보훈처 소장.
32) 암태도 출신인 천정배의원(전 법무장관)은 자신의 증조할아버지가 서당 훈장을 했고, 제자들이 세운 유적비가 마을 어귀에 서 있었는데, 제자들 이름 가운데 바로 서태석도 끼어 있었다고 했다. 아마도 동일인물이었을 것이다「제1부 어린시절: 빛나는 섬 암태도」(2004. 8.31)(2007.1.31. 검색) http://blog.naver.com/hope_1000?Redirect=Log&logNo=100005391168].
33) 매칼리(1877~1945)는 미국 텍사스주 출신으로 1907년 남장로교 선교사로 내한해, 전남 목포를 부임지로 해 신안 도서지방, 해남, 강진, 장흥, 진도, 완도 등에서 교회 개척활동을 했다. 농촌 인재를 목포 영흥학교와 정명여학교에 진학시키며 학비를 조달했다. 1930년대 선교업무를 마치고 귀국했다. 1920년대 정명여학교에서 학생폭행문제로 물의를 빚기도 했다(김승태·박혜진 엮음, 『내한선교사총람 1884~1984』, 한국기독교역사연구소, 1994, 335~336쪽).

聖德, 박종인, 박계천, 박봉춘, 金正順 등과 함께 상해 임시정부 망명을 시도했다.

정양규에 따르면 박복영은 신의주에서 체포되었으나 증거불충분으로 훈방되었고, 재차 상해행을 시도해 성공했다.[34] 박복영·박계천·박봉춘만 상해 망명에 성공했다고 한다. 박복영은 이시영 집에 유숙하며 1년 반 가량 이시영을 보필했고, 1922년 임정 자금조달의 임무를 맡아 밀입국했다는 것이다. 박복영이 임정계열 인사로 지칭된 것은 이 때문인데, 관련기록을 발견하지는 못했다.[35] 그런데 1921년 9월 일본 상해총영사 山崎馨一이 외무대신 內田康哉에게 보낸 상해재류 조선인명부에 따르면, 本區 거주자로 朴福永이 등장한다. 이름은 같지만 본적·거주지 등이 전혀 기록되어 있지 않아 동일인물인지를 확인할 수 없다.[36] 그렇지만 적어도 1921년 박복영이 상해에 있었을 개연성을 확인할 수 있다.

귀국이후 박복영의 행적에 대해서는 박복영의 이력서, 박순동의 글, 정양규의 글이 모두 상이하다. 먼저 박복영 자신은 1922년 3월 임정 재정부장 이시영의 비밀문서를 서울의 이상재에게 전달차 입국도중 체포되어 목포형무소에 투옥되었다 그 해 11월 출감했으며, 이후 항일 목적의 물산장려 금주 금연 비밀결사회를 조직해 회장에 취임했다고 적었다.

---

34) 정확한 연도는 알 수 없다. 박복영은 1920년 4월 석방된 후 망명에 성공했다고 적은 반면, 정양규는 박복영이 출감후 1년간 국내를 여행한 후 상해망명에 성공했다고 적었다. 박순동은 신의주에서 중국 입국안내자 李世燦이 경영하는 新東旅館에 들렀다 경찰의 불심검문에 걸려 3개월간 구류되었다고 기록했다 (위의 글, 355쪽)

35) 조동걸·김종선교수는 박복영이 상해 임시정부 경무부 경무주임으로 활약했다고 썼는데(김종선, 앞의 논문, 161쪽 주 20), 근거는 제시되어 있지 않다.

36) 「上海在留 朝鮮人 現在人名簿 調製에 관한 件」(機密 제110호, 1921. 9. 28), 『不逞團關係雜件－鮮人의 部－在上海地方(3)』, 국사편찬위원회 소장

한편 박순동은 이시영이 이상재에게 전하는 밀서를 무사히 전달한 후 윤치호가 정치자금 조달차 각지를 순회하는데 수행하다가 체포되어 6개월간 수감되었다고 썼다.37) 박순동은 1927년을 전후 박복영이 임정 자금모집을 위해 상해 솜장수로 위장해, 문재철로부터 벼 2백 가마, 보리 1백 가마, 누룩 5십 동이를, 천후빈으로부터도 거액을 받았다고 적었다.38) 박순동이 쓴 이 대목은 친일지주였던 문재철이 독립운동에 깊은 관심을 가지고 상해 임정에 자금을 냈을 뿐만 아니라 목포에 학교를 설립한 민족주의자라는 인상을 주었다. 박순동은 "한국놈의 피를 가진 놈은 한국놈이지 일본놈 되겠소"라는 문재철의 발언을 기록함으로써 이를 강조했다.

나아가 정양규는 박복영이 1922년 입국한 후 서울에서 모금활동이 여의치 않자 광주·목포 등 전남에서 약 2년간 모금활동을 했는데, 모금활동이 "비교적 순조"로웠고, 상당액이 거출되면 이상재에게 맡겨 미국인 선교사나 프랑스인을 통해 상해임정에 전달했다고 썼다. 박복영이 임정자금의 "의사를 간청하자" 문재철이 선선히 벼 2백 가마, 보리 1백 가마, 누룩 5십 동이를 냈고, 千厚彬과 金容先도 거액을 냈다고 썼다. 여기서도 박복영은 "(시가 3백만원상당) 문재철의 애국지성에는 감격부금이었다고 술회하면서 피는 물보다 진하다는 진리를 되새기고 있다"고 발언했다.39)

한편 윤성덕목사는 박복영이 1922년 상해로 망명해 1924년까지 임시정부에서 활동했으며, 재무총장 이시영의 명으로 국내로 밀입국하여 1927년도까지 임정 자금모집 운동에 활약했다는 입증서를 썼다.40)

이상을 정리하자면 박복영이 목화장사로 변장해 임정 자금을 모금

---

37) 박순동, 앞의 글, 355쪽.
38) 박순동, 앞의 글, 387~388쪽.
39) 정양규, 앞의 글, 108쪽.
40) 「立證書(광주 진월교회 목사 尹夢哲, 異名 尹聖德, 1977. 4. 4)」 국가보훈처 소장.

하고 다녔다는 소위 임정 솜장수 이야기는 1952년 박복영 이력서에는 등장하지 않는 것이었다. 1952년 이력서에서는 1922년 귀국→이시영 밀서 이상재 전달 실패→투옥→석방 후 물산장려·금연·금주운동 전개로 되어 있다. 1969년 박순동 글에는 1922년 귀국→이시영 밀서 이상재 전달→윤치호 모금활동 수행→투옥→1927년 문재철의 임정기부로 되어 있다. 1972년 정양규 글에는 1922년 귀국→2년간 모금활동→문재철의 임정기부로 정리되었다. 즉 초기에는 임정활동이 강조되다 박순동·정양규의 글에서 문재철의 기부활동이 강조된 것이었다. 박순동의 논픽션이 발표된 이래 문재철이 임정에 독립자금을 헌납했다는 주장이 보편화되었다.41) 그렇지만 문재철의 임정 기부행위에 대한 박복영의 진술은 시기적 상위는 물론 내용적으로도 신빙하기 어려운 측면이 적지 않다.

즉 소작인들과 거칠게 대립했던 암태도소작쟁의가 지주의 일방적 양보로 종결된 후인 1927년에 문재철이 거액의 자금을 임정을 위해 냈다는 주장은 시기적으로나 내용적으로 신빙하기 어렵다. 먼저 1927년을 전후한 시점에서 박복영은 자은도 소작쟁의와 관련해 투옥되었으며, 조선농민총동맹의 중앙검사위원으로 활동하면서 하의도소작쟁의에 관계하는 등 표면적 농민운동에 깊숙이 관계하고 있었다. 일제의 감시와 주목을 받는 상황에서 임정자금 모금책 역할은 불가능한 것이었다. 또한 문재철 역시 모든 것을 상실할 수 있는 임정 자금지원을, 그것도 자신의 지주권을 암태·자은·도초 등에서 위협한 주역이자 일제의 감시가 엄중한 박복영에게 전달했다는 것은 논리적으로 성립하기 어려운 것이다.

---

41) 조동걸은 박순동의 글을 인용해 문재철의 임정자금 헌납을 사실로 인정했고, 김종선은 문재철이 "소작쟁의후 독립기금 헌납"했다고 기록했다(김종선, 앞의 논문, 160쪽).

정양규에 따르면 박복영은 청년시절부터 목포의 문재철 자택을 출입하며 그와 교류하고 있었다.42) 여기에는 문재철 집에 들린 시인과 주고받은 한시도 실려 있다. 이는 소작쟁의 이전에 암태출신으로 목포를 드나들던 암태의 유지 혹은 유력자들이 목포의 문재철과 교류하고 있었음을 의미하는 것이다. 도서지역 출신인사들이 출륙한 후 갖게되는 결속력, 애향심은 남다른 바 있는데, 암태의 대지주이자 목포의 부호였던 문재철의 집이 이들이 사랑방이 되었을 가능성이 높다.

그런데 1924년 소작쟁의 조정 당시 문재철이 박복영의 화해 제안을 거부했음은 잘 알려진 사실이다. 이는 박순동·양은호 등의 기록에 동일하게 등장하므로, 암태도소작쟁의를 계기로 양자의 교류·친분관계가 단절되었음은 의문의 여지가 없다. 때문에 문재철의 임정지원에 대한 박복영의 진술은 과장된 것으로 추정된다. 또 글을 쓴 박순동·정양규 모두 문재철이 설립한 학교와 관련이 있거나 지역 교육계 종사자였다는 점도 고려할 부분이다.

암태도소작쟁의와 관련해 중요한 역할을 한 것은 소작인회, 청년회, 그리고 교육기관이었다. 박복영은 1920년대 초반 암태도의 이 세 가지 조직에 모두 관여했다. 먼저 3·1운동 이후 전국적으로 사회운동이 고조되자, 1920년 암태청년회가 '여자강습원'을 설치하였다. 이는 '암태사립 3·1학사'로 발전했고, 1924년 4월 조직된 조선노농총동맹의 지원을 받아 교육사업을 활발히 전개하고 있었다.43) 박복영은 여자강습원, 3·1학사를 주도한 것으로 알려져 있다.44) 박복영 이력서에 따르면 1925년에는 지방순회 강연반을 조직해 부녀동맹 교육강연을 실시했고, 1926년에는 암태남녀학원장이 되었다. 또한 1928년에는 慈恩島

---

42) 정양규, 앞의 글, 105쪽.
43) 최성민, 앞의 글, 118쪽; 정양규, 앞의 글, 109쪽.
44) 정양규, 앞의 글, 109~110쪽. 3·1학사는 일제에 의해 암태공립보통학교로 흡수 통합되었다.

白山里에 백산학원을 설립해 초등반·중등반을 운영하기도 했다.

박복영은 1923년 암태청년회 회장이 되었고, 1924년 암태소작인회 회장 서태석이 소작쟁의의 와중에서 투옥되자 실질적으로 암태소작인회를 이끌었다. 1924년 8월 지주 문재철과 약정서에 서명할 때 소작인회를 대표해 서명함으로써 1년간의 소작쟁의를 승리로 이끌었다.

박복영이 자작농이어서 소작인회의 회원이 아니었다는 설이 있고, 심지어 암태도 소작쟁의 기념비에도 박복영을 소작인회 명단에서 제외했지만 이는 사실과 거리가 있다. 1924~25년간 일제 경찰·검찰 등의 문서에는 박복영을 암태도 청년회원이자 소작회 회원·간부로 묘사한 기록이 적지 않다. 예를 들어 1924년 전남 경찰부장 광주지방법원 檢事正에게 보낸 문서들은 박복영을 암태소작인회 간부로 기록하고 있으며,45) 1925년 경성 종로경찰서장이 경성지방법원 검사정에게 보낸 문서들은 박복영이 암태소작인회를 대표해 조선노농총동맹 집행위원으로 선출된 사실, 조선사회운동자동맹 발기 준비위원회에 참석한 사실 등을 지목하고 있다.46) 이 시점에서 박복영은 명백히 암태소작인회-농민조합의 지도자로 활발한 활동을 벌였다. 당시 암태도 쟁의를 보도한 신문기사들이 모두 이를 증명하고 있다. 박복영이 소작인회를 대표한 것은 그가 암태도를 포함한 무안·목포지역에서 기독교·청년운동·농민운동과 관련해 폭넓은 교류 및 영향력을 지녔음을 보여주는

---

45) 「특종 요시찰인 여행에 관한 건」(全南警高 제4570호, 1924.6.19) ; 「암태소작쟁의에 관한 건」(全南警高 제4570호, 1924.6.21)『검찰행정사무에 관한 기록(1)』 국사편찬위원회 소장.
46) 「조선노농총동맹 집행위원 개선의 건」(京鐘警高秘 제12349호의 2, 1925.11.2) ; 「조선노농총동맹 통문의 건」(京鐘警高秘 제13071호의 1, 1925.11.18)『검찰사무에 관한 기록(1)』 ; 「조선사회운동자동맹 발기 준비위원회의 동정에 관한 건」(京鐘警高秘 제4625호, 1925.4.23) ; 「노농대회 준비위원회 동정의 건」(京鐘警高秘 제4624호의 1, 1925.4.23)『검찰사무에 관한 기록(1)』『검찰사무에 관한 기록(2)』, 국사편찬위원회 소장.

것이다.

　또한 박복영은 이 시점에서 암태도 인근의 도초도·자은도 등의 소작쟁의에 깊숙이 개입하는 지역의 농민운동 지도자로 활동했다. 박복영은 務安농민연맹(1925. 9. 14 창립) 상무집행위원이었는데, 이 조직은 비금도·암태도·안좌도·지도·도초도·자은도 등 당시 무안군 소속인 섬지역 소작인회를 관할하고 있었다.47)

　암태도소작쟁의 이후 인근 도서 지역에서는 소작인회의 활동이 활발해졌고, 지주들은 지주회를 조직해 이에 맞섰다. 이후의 전개과정은 암태도의 사례를 거의 답습했다. 소작인들은 소작료 인하를 주장하며 지주가 요구를 수용하지 않으면 불납동맹으로 맞섰고, 지주가 강제차압이나 공권력을 투입하면 단결력으로 단체 투쟁을 벌였다. 또한 소작인회 간부 및 관련자들이 검거·투옥되면 수백명씩 목포로 건너가 지원투쟁을 벌였다.

　박복영은 도초도 소작쟁의(1925), 자은도 소작쟁의(1926)에 개입했다. 당시 박복영은 동아일보 목포지국장이었다. 자은도 소장쟁의를 주도한 자은소작인회는 회장 표성천, 재무 金振運, 서무 朴相先로 구성되었는데, 박복영은 이면에서 활동했다. 표성천은 위에서 살펴본 1920년 서태석을 만세시위운동에 참가시킨 인물이었는데, 표성천-서태석-박복영 등으로 이어지는 당시 무안·목포지역의 사회운동 세력의 상호교류 및 영향력의 일단을 알 수 있다.48) 박복영은 도초도·자은도 소작쟁의 선동혐의로 1926년 1월 15일 광주형무소에 수감되었고, 표성천과 함께 가장 긴 1년 2개월 형을 선고받았다.49) 박복영은 1927년 5월 17

---

47) 『倭政時代人物史料』四, 133쪽.
48) 양은호는 당시 전남 사회운동의 저명인사인 奇老春(장성), 李恒發(나주), 曺克煥(영암), 金相奎(완도: 金完奎의 誤字), 金祥洙(지도), 文贊淑(자라도) 등이 암태도를 내왕했다고 회고했다(양은호, 위의 글, 87쪽).
49) 「박복영 등 예심판결문」(대정15년 예제2,4,6,7호, 1926.7.13, 광주지방법원) ; 「박

일 석방되었고, 『동아일보』는 이 소식을 다음과 같이 전하고 있다.

> 전남 무안군 암태농민조합 간부로서 재작년 10월 도초소작쟁의 급 작년 1월 자은소작쟁의의 선동자라는 혐의로 작년 1월 15일에 광주형무소에 수감되야 이래 1년 5개월 동안 가진 고통을 밧든 박복영씨는 지난 17일에 다수 동지의 환영리에 무사히 출감하야 광주 급 목포에서 2일간 휴양하다가 거19일에 암태에 환향하였는데 암태청년회 암태농민조합 암태부인회 회원들은 물론이오 혹은 친척 혹은 친우들의 출영이 잇섯다 하며 일반은 박씨댁에서 대성황의 연회까지 잇섯다더라(목포).50)

박복영은 조선농민총동맹이 농민운동의 대중적 기반을 확대하기 위해 기존의 소작인회·소작인조합을 농민조합으로 전환하자, 1926년 암태소작인회가 암태농민조합으로 전환하는 것을 주도했다. 또한 암태도소작쟁의를 전후한 시기 박복영은 농민운동, 청년운동 분야에서 본격적으로 활동했으며, 서태석과 함께 사회운동의 길을 걸어갔다. 1927년 박복영은 서태석과 함께 조선노농총연맹 중앙집행위원회에 이름이 올랐고 9월 조선노농총연맹이 농총과 노총으로 분리될 때 박복영은 농민총동맹의 중앙검사위원, 서태석은 중앙집행위원이었다.51) 박복영은 무안 목포지역 청년회의 연맹체인 務木청년연맹(1925.1.11) 위원이었는데, 이는 조극환, 서태석이 암태면 기동리에서 발기회를 개최(1924.12.20)해 조직한 것으로 암태·자은·비금·도초·지

복영 등 판결문」(대정15년 형공제1116~9호, 1926. 8.16 광주지방법원) ; 고석규, 「20세기 자은도의 시련과 화해: '智島敎案'과 자은도 소작쟁의를 중심으로」『다도해 사람들 : 역사와 공간』, 경인문화사, 2003.
50) 「박복영씨 출감」『동아일보』1927년 5월 25일.
51) 『동아일보』1927년 9월 9일 ; 「조선노농총동맹 통문 발송의 건」(京鐘警高秘 제910호, 1927.1.21) 『사상문제에 관한 조사서류(2)』 ; 「조선노농총동맹 통문 발송의 건」(京鐘警高秘 제10254호, 1927.9.12) 『사상문제에 관한 조사서류(3)』, 국사편찬위원회 소장.

도·임자·해제·목포의 청년회를 산하에 두고 있었다.52) 한편 박복영은 1928년 2월말 토지소유권 분쟁이 치열하던 하의도에 조선농민총동맹 대표로 진상조사차 파견되기도 했다.53)

그러나 박복영의 대외적 사회활동 참여는 1928년을 분수령으로 종식된 것으로 보인다. 어떤 이유에서인지 알 수 없지만, 1928년 이후 박복영은 기독교 선교, 향토교육가로 자신의 활동범위를 제한했다. 이는 서태석과 박복영의 삶이 갈라지는 분기점이었다. 서태석은 보다 급진적이고 혁명적 길로 달려간 반면 박복영은 사회운동에서 개인활동의 영역으로 삶의 시공간을 축소시켰던 것이다. 혁명가 서태석은 객사했지만, 향토교육가 박복영은 생존할 수 있었다.

1928년 백산학원을 설립한 이래 박복영은 향토교육, 기독교 전도 활동을 벌인 것으로 추정된다. 일제말기 박복영은 '일인들'로부터 탁주제조허가를 받아 가거도(소흑산도)에 가서 살기도 했다고 한다.54) 그 외의 자세한 행적은 알 수 없다.55)

해방후 박복영은 우파의 길을 걸었다. 해방직후인 1945년 8월 무안군 건국준비위원장을 지낸 이래 대한독립촉성중앙협의회 무안군 지부장(1945. 9), 국민회 무안군지부장(1948. 3), 무안군 군사원호회장(1949. 7)을 지냈다. 그의 부인·2남 등 일가족 7명은 한국전쟁의 와중에서 좌익에게 학살되기도 했다. 수복 후 국민회 무안군지부장(1950. 12), 자유당 무안군당부 위원장(1952. 2), 대한농민총연맹 무안군연맹 위원

---

52) 『倭政時代人物史料』四, 135쪽 ; 고석규, 위의 논문.
53) 『중외일보』1928년 2월 26일.
54) 정양규, 앞의 글, 113쪽.
55) 조선총독부 관원이력서에 따르면 朴福英이란 인물이 1936~41년간 전남 신북보통학교, 안덕보통학교, 목포산정심상소학교 등에서 訓導를 지냈으며, 해방 후 1952년 몽탄남초등학교 교장을 지낸 것으로 되어 있으나, 朴福永과 한문 '영'자가 다르고 박복영 이력에도 등장하지 않으므로 동일인이 아닐 가능성이 높다.

장(1952. 7)을 지냈다. 본인의 주장에 의하면 이승만, 김구, 이범석, 이시영과 친밀했고, 이승만의 요직제안이나 제헌국회의원 출마제안을 거부하고 정치에 관여하지 않았다고 한다. 4.19이후에는 민주당 위원장에 추대되었으나 활동하지 않았다.56)

박복영은 자은도 백산에 은거하며 박순동, 정양규 등에게 회고담을 남겼고, 1973년 11월 17일 83세를 일기로 사망했다. 1977년 대통령표창을 받았고, 1990년 건국훈장 애족장에 추서되었다.

4. 문재철의 길: 친일 지주와 학교설립자의 간극

암태도 주민들에게 文參事로 불리는 문재철은 1919~20년『조선총독부및소속관서직원록』에 전라남도 무안군 參事로 기록되어 있다.57) 1910년대 일제는 총독 자문기관인 中樞院에 고문·贊議·副贊議를 두고 지방에는 지방장관을 자문하기 위한 參與官과 참사를 두었는데, 문재철은 바로 이 참사를 지낸 것이다.58) 그는 1930~35년간 전라남도 도회의원, 1941년 흥아보국단 전라남도 도위원, 조선임전보국단 평의원을 지냈다. 때문에 해방후 반민특위에 수배된 전남의 대표적 친일파였다. 암태도 주민들에게 문참사는 증오의 상징이다.59)

---

56) 정양규,「독립투사 박복영옹을 찾아서」(하)『삼남교육신문』1970년 7월 20일.
57) 한국역사정보통합시스템 검색결과(2006. 12. 24).
58) 박천우,「한말·일제하의 지주제 연구: 암태도 문씨가의 지주로의 성장과 그 변동」, 연세대 대학원 사학과 석사학위논문, 1983 ; 박천우,「일제하 대지주연구」『장안전문대학 장안논총』14, 1994 ; 정근식·김민영·김철홍·정호기 지음,「문재철: 염상에서 대지주로」『근현대의 형성과 지역엘리트』, 새길, 1995 ; 박천우,「문재철: 암태도 소작쟁의 야기한 친일 거대지주」『친일파99인』2, 돌베개, 1993.
59) 1982년 목포대의 암태도 조사에서 채록된 지방설화를 보면, 문참사가 꾀많은 소작농 때문에 논 둠벙에 빠져 허우적거렸고, 살려주기를 간청한 후에야 빠

18세기초 入島祖가 암태도 수곡리에 정착한 이래, 문재철의 선대는 소금을 굽는 火鹽業을 토대로 재산을 증식하였고, 이를 바탕으로 지주가로 성장하였다.60) 그의 선대는 암태도에서 선희궁 監官, 나주목 戶房, 암태도 면장 등을 지내며 화렴업과 선상무역을 통해 지주가로 성장했다. 한말·개항기의 혼란한 시점에 본격적인 부를 축적하기 시작했다.

문재철의 부친 文泰炫(文君玉)은 수곡리 文洛瑞의 둘째 아들로 태어났다. 전근대적 혼인관계로 인해 1930년대 문재철이 "立庶廢摘 反對" 소송에 휩싸이기도 했다.61) 문태현은 화렴업, 선상무역, 고리대금업, 선대제 등으로 자본을 축적한 후, 토지를 확장해 지주가 되었다. 암태도를 대표하는 두 명의 지주가는 문재철가와 천후빈가였는데, 암태도에는 문씨가·천씨가의 소금장사와 관련된 설화들이 많이 전해지고 있다. 특히 천부자 얘기가 유명하다. 투전으로 돈을 딴 천부자가 화렴 뒷돈을 대줘 소금을 얻었고, 큰 배에 싣고 나주에 팔러갔다가 소금항아리에 구렁이가 앉아있어 팔지 못했으나 며칠이 지나 소금 값이 폭등한 후에야 구렁이가 닻줄임을 알게되어 큰 돈을 벌었다는 얘기가 전해진다.62) 문씨가에 대해서도 동일한 얘기가 전해진다. 문태현의 원시적 자본축적에 대해서는 많은 일화가 있다. 암태도 출신의 시인 김지하는 회고록에서 문재철의 아버지 "문 아무개씨가 바로 우리 집안의 말하자면 불구대천의 원수"였다고 썼다.63) 증조부가 문태현과 전재산을 걸고 골패를 했고, 속임수를 쓴 문태현이 도리어 관헌을 끌어들여 곤

져나왔다는 얘기가 실려있다(「문참사의 망신」 목포대학교 도서문화연구소, 『도서문화』 1, 1983, 139~140쪽).
60) 이하의 설명은 주로 박천우의 연구에 따른 것이다.
61) 『중외일보』 1930년 3월 5일 ; 1930년 8월 1일 ; 1930년 8월 15일.
62) 목포대학교 도서문화연구소, 「천부자 이야기」 『도서문화』 1, 1983, 137~138쪽.
63) 『김지하 회고록 '나의 회상, 모로 누운 돌부처'』 <제1부-3. 증조부> 2001.6.25 (www.pressian.com)

장을 치고 전재산을 빼앗겨 암태도를 떠나 동학군이 되었다는 것이다. 그만큼 암태도의 실력자이자 지배자였다.

문재철의 아버지 문태현은 암태도의 포구였던 남강나루로 이주해 직접 구운 소금을 영산포, 강경포, 목천포 등지에 판매했고, 돌아올 때는 섬에 필요한 생필품을 가져와 '웃다리장사'를 해 곱절을 남겼다고 한다.[64] 지주로서의 문태현은 암태도소작쟁의의 직접적 원인제공자이자 당사자였다. 암태도소작쟁의 당시 소작농들이 분노의 표시로 문태현의 공덕비를 깨트렸고, 이것이 지주-소작인간 무력충돌의 시초가 되었다. 양은호의 기록에 따르면 암태도소작쟁의 당시 소작인들의 요구에 따른 지주 천후빈을 불러 꾸짖은 것도 문태현이었다.

성장기 문재철의 학력·경력은 분명치 않다. 스스로에 따르면 16세(1899년)에 혜민원 주사와 기타 관직을 역임한 후 가업에 힘쓰다가 선친에게 약 2천여 원(당시 시가)의 토지를 유산으로 받았다.[65] 박천우의 연구에 따르면 목포 개항(1897) 이후 先貸制나 고리대금을 통해 토지집적이 이루어졌고, 1915년에는 토지규모가 문태현대보다 20배나 확대된 160여만평에 이르렀다. 문재철은 半分打租制를 4·6타조제(소작인 4, 지주 6)로 바꾸는 등 소작료의 인상을 통해 1920년대 후반에는 300여만평에 달하는 거대 토지를 집적하게 되었다. 그의 토지는 암태, 도초, 자은, 지도 등 전남 신안군 일대는 물론 전남북, 충남북에까지 광범위하게 분포되었다. 암태도 소작쟁의를 시초로 1920년대 중반 전남

---

64) 김준에 따르면 지도사람들은 문재철이 암태도에서 소금을 구워 큰돈을 벌었으며, 큰 배를 지어 인천과 군산 등으로 올라다니며 '웃다리 장사'를 하여 큰 이문을 남겼는데, '웃다리 장사'란 소금을 싣고 위로 올라가 팔고 내려올 때는 생필품을 갖고 와서 팔아 이중으로 돈벌이를 하는 것을 말한다(김준, 「갯벌을 일궈 지탱해온 삶: 전남 신안군 지도」 2006. 7. 12. http://www.jeonlado.com/v2/ch01.html?&number=8661에서 인용).

65) 「七十萬圓 巨金 던저 中學校를 單獨設立 木浦文在喆氏의 快擧」 『동아일보』 1939년 8월 13일.

섬지역에서 벌어진 소작쟁의는 모두 문재철의 가혹한 소작료 때문에 발생했다. 1930년대 문재철은 농업회사나 농장과 같은 상업자본으로의 전환을 시도했고, 회사경영지를 중심으로 간척지 개간사업을 편 끝에 1940년까지 약 500만평의 토지를 소유한 조선 굴지의 대지주로 성장했다. 1939년 현재 문재철 스스로에 따르면 그의 재산은 총235만원이었으며, 부채125만원을 뺀 순자산은 110만원이었다.[66]

문재철에 대한 평가는 악질 지주·친일파와 교육자·민족주의적 면모 사이에서 浮動하고 있다. "지리적 조건과 향촌 사회의 중간계층이라는 사회경제적 배경을 이용해 조선 굴지의 지주가로 성장"했지만 "가끔은 민족주의자의 면모를 보여" 주었다는 정근식의 평가가 가장 대표적이다.[67]

문재철 삶은 여러 가지 면모를 지녔다. 첫 번째는 지주이자 사업가로서의 활동이었다. 이는 그의 경제적 토대이자 삶의 기반이었다. 두 번째는 지역유지이자 사회활동가·교육자로서의 면모였다. 지역사회에서 그의 사회적 위상을 반영하는 모습이었다. 세 번째는 친일파로서의 활동 및 독립운동 자금 제공자라는 상반된 모습이었다. 이는 그가 경제적 부와 사회적 위상을 유지·제고시키기 위한 수단이자 그의 정치적 선택이었다.

먼저 지주로서 문재철은 당대 다른 지주들보다 소작농들에게 관대하거나 합리적인 대우를 하지는 않았다. 암태도 소작쟁의 당시 소작농들은 전남 순천의 일본인 지주의 예를 들면서 소작료 인하를 주장했다. 문재철은 소작농들의 소작료 인하 요구, 소작료불납운동에 폭행, 일본경찰 동원, 강제차압 등의 고압적 태도로 일관했다. 문재철 앞에

---

[66] 「中學設立을 期必 七十萬圓이 不足되면 더 내서라도 文在喆氏의 決意鞏固(木浦)」『동아일보』1939년 8월 26일
[67] 정근식, 앞의 논문, 21~22쪽.

는 의례 "악지주"라는 관사가 붙었다. 『開闢』은 "1개 惡지주 문재철로 인하야" 소작인 600여명 "男小老幼가 露天連日에 최후 일각을 쟁한다 하니 天災人禍"라고 개탄했다.68)

　1920년대 노동·농민·청년·지역운동의 활성화 속에서 암태도 소작쟁의가 전국적 관심사이자 지역의 현안으로 부각되었고, 또한 지주측의 수탈이 가혹했기 때문에 일제가 개입하지 않을 수 없었다. 1926년 『매일신보』는 무안군수 宋元燮과 목포경찰서장 中島健三이 5 : 5제를 요구하는 지주와 4 : 6제를 요구하는 소작인 사이를 중재하려 노심초사하는데, 척박한 도서지방의 토질 때문에 도서지방 지주들은 대부분 4할제를 승인한 반면 '其中 幾個 지주'만이 5할제를 강경히 주장하고 있다고 썼다.69) 문재철은 극히 일부 지주쪽에 속했던 것이다. 문재철은 암태도 소작쟁의 이후에도 동일한 태도를 취했다. 1925~26년간 자은도·도초도 소작쟁의에서 소작인회는 "악지주 문재철"의 강제차압에 불납동맹으로 맞섰다.70) 1920년대 중반 언론에 보도된 문재철의 모습은 "凶計",71) "毒手",72) "岩泰惡地主",73) "冷然沒人情",74) "禽獸不若의 色魔惡漢"75) 등이었다. 문재철의 지주경영이 농업회사로 전환된 뒤에도 소작료 분쟁은 그치지 않았다. 문재철은 무안군 압해면 동서리 소재 밭 70정보를 소작주면서 전 지주보다 소작료를 배로 인상해 소작쟁의가 벌어졌다. 무안군 소작위원회가 이전 소작료를 인정하는 조정안을 제출했지만, 문재철은 이에 불응하고 소송을 제기했다.76)

---

68) 「南朝鮮의 旱災 岩泰의 農亂」 『開闢』제50호(1924.8.1).
69) 『매일신보』1926년 1월 11일.
70) 『동아일보』1926년 1월 4일·7일·9일·11일·13일.
71) 『시대일보』1924년 6월 23일.
72) 『동아일보』1925년 1월 27일.
73) 『동아일보』1925년 5월 20일.
74) 『매일신보』1925년 9월 9일.
75) 『매일신보』1925년 9월 6일.

한편 암태도의 지주 千后彬과 그의 아들 千哲鎬가 암태도 소작쟁의 당시 소작농들에게 자금을 지원하는 한편 소작료인하를 주도하는 등 문재철과 다른 양심적 지주였다는 인상의 증언이 있지만, 이것이 사실인지는 의문의 여지가 있다. 1925년『시대일보』는 천후빈이 외종제인 千喬先에게 1천원을 빌려준 후, 곧 아들 천철호를 시켜 반환을 요구하며 구타하는 등 '골육상쟁의 금수의 행동'을 벌였다고 보도했고,[77] 1926년 암태농민조합은 지주 천후빈이 "이앙시에 소작료를 무리 강탈"하려 했기에 이에 항의하기로 결의한 바 있다.[78] 또한 천철호는 자은도에서도 문재철과 함께 소작료 강제차압에 나서 소작쟁의를 격화시킨 인물이기도 했다.

사업과 관련해 문재철은 여러 번의 고소·고발을 당했고, 1935년에는 사기혐의로 3개월간 수감(1935. 4. 13~7. 23)되기도 했다. 문재철은 무안군 지도의 간척지 때문에 일본인 청부업자와 한국인 지주로부터 고소를 당했다. 그는 무안군 지도면 내양리 부근 公有水田 183정보(54만 9천여평)을 朴鍾燮으로부터 4천원에 매수하여, 목포의 청부업자 永田覺太郞에게 총 공사비 28만원 중 16만원을 지불하기로 하고 공사를 개시했다. 그런데 문은 공사대금의 일부만 지불해, 청부업자가 잔금지불을 요구하며 고소를 했다. 검찰의 조사결과 문재철이 총독부에서 토지개량 보조금 7만원을 받았으나 그나마도 청부업자에게 지불하지 않은 사실이 밝혀졌다. 또한 이 공사와 관련해 무안군 지도면 羅文漢의 토지 30정보(시가 15만 5천원)를 대토지로 주기로 하여 간척지의 저수지로 사용하였으나 그후 약속을 지키지 않아 역시 사기혐의로 고소되었던 것이다.[79] 문재철은 사기로 공판에 회부된 후 가출옥했는데, 재

---

76)『매일신보』 1936년 7월 7일.
77)『시대일보』 1925년 1월 15일.
78)『시대일보』 1926년 7월 28일.
79)『동아일보』 1935년 4월 16일·30일 ;『조선중앙일보』 1935년 4월 18일·23일, 7

판결과는 보도되지 않아 알 수 없다. 다만 총독부 관보에 따르면 문재철이 1938년 12월 무안군 지도면 鳳里 소재 干潟地 536,122평을 매립 준공했다고 되어 있으므로 종국적으로 개간에 성공했음을 알 수 있다.80) 문재철은 목포역사상 최악의 사기꾼으로 꼽히는 鄭昞朝와 같은 시점에, 동일한 사기혐의로 재판을 받았고, 두 사람 모두 목포부 의원이었으므로 세간의 주목을 받았다.

종국적으로 그의 사업과 재산은 토지에 집중되었다. 1949~50년 한국정부의 농지개혁 당시 집계된 그의 농지는 논 724.6정보(217만평), 밭 211.7정보(64만평)로, 여기에는 임야, 염전, 위토, 학교소유지 등이 제외되었음을 감안할 때도 엄청난 규모였다.81) 심지어 농지개혁을 거친 후에도 그의 땅은 살아남았다. 2005년 보도에 의하면 지자체들의 조상 땅찾기 운동의 결과 문재철의 후손은 전남에서 15만 223평의 땅을 찾았다.82) 한편 그가 관계한 회사는 1919년부터 1957년 사이에 은행, 운수창고, 인쇄업, 제조공업, 금융신탁, 양조업, 금융신탁, 상업, 농림업 등 9개 업종, 15개 업체에 달했다.83)

다음으로 목포지역 '有志'로서 문재철은 1920년대부터 두각을 나타내고 있었다.84) 지수걸이 사용하기 시작한 '관료-유지지배체제'는 일제 강점기 사회의 지배적 지위를 점하는 엘리트층으로 한편으로는 사

월 23일.
80) 『조선총독부관보』 1938년 12월 15일.
81) 한국농촌경제연구원, 『농지개혁시 피분재지주 및 일제 대주주 명부』, 1985(정근식, 위의 책, 19쪽에서 재인용).
82) YTN보도(2005.9.21. 12:36); 동일자 OhmyNews(김덕련 기자)
83) 한국역사정보통합시스템(국사편찬위원회) 검색결과. 업체명은 다음과 같다. 호남은행, 목포창고금융, 남선인쇄, 남일운수, 동아호막공업, 전남신탁, 목포양주, 조선미곡창고, 목포상사, 경일상사, 전남백화점, 전남면화, 선일, 선일척산, 목포해운.
84) 목포지역 유지에 대해서는 고석규, 앞의 책 「제7장 목포의 '유지'와 목포고등보통학교 설립운동 : 기대와 현실의 간격」을 참조.

회발전의 리더로서 기능적 역할을 하지만 민족문제를 중심으로 볼 때는 일제에 협조하는 세력을 지칭한다. 1920년대 목포 지역의 사회운동은 크게 두 갈래로 발전했는데, 하나는 '유지' 계열의 지식인층이 벌이는 계몽운동 차원의 활동이었고, 다른 하나는 사회주의계열의 활동이었다. 전자를 대표하는 것이 목포청년기성회-목포청년회(1920. 5~1927. 10)였고, 후자를 대표하는 것이 무산청년회(1924)·무목청년연합회(1925)였다.[85]

문재철은 목포에서 유지운동이 본격적으로 시작된 1920년 목포청년기성회·목포청년회 평의원(1920. 5)으로 이름을 올린 이래, 목포소비조합의 이사(1920. 5)로 활동을 개시했다.[86] 목포를 대표하는 김철진, 차남진 등 목포의 有志, 紳士, 紳商 등과 함께였다.

문재철은 사회주의자 혹은 사회주의 계열의 사회운동 세력·단체와는 거리를 두고 있었다. 이는 1920년대 중반 사회주의 계열의 노동·농민·청년·지역운동단체들이 신안 도서지역 소작쟁의에 깊숙이 개입해 그의 이익을 침해했기 때문일 것이다. 암태도 소작쟁의가 불거지기 전인 1924년 초 문재철은 전조선노농총동맹창립준비회에 축하문을 보내는 등 일정한 관심을 보이기도 했다.[87] 그렇지만 암태도에서 자신과 맞선 암태청년회가 박복영(위원), 서태석·서창석·서동오·서동수(집행위원) 등으로 구성되었고, 이들이 무목청년회에 가입한 데서 알 수 있듯이 문재철과 사회주의 계열은 서로 상극적인 관계를 형성했다.[88] 때문에 1925년 문재철은 암태도에서 암태소작인회·암태청년회

---

85) 고석규, 위의 책, 161~162쪽 ; 박찬승, 「1920·30년대 목포의 민족운동과 사회운동」『목포개항백년사』, 목포백년회, 1997
86) 『매일신보』 1920년 5월 14일 ; 『동아일보』 1920년 5월 15일·20일.
87) 「조선노농대회의 건」(京鐘警高秘 제4260호의 5, 1924.4.15) 『검찰행정사무에 관한 기록(1)』국사편찬위원회 소장. 이 축하문에는 암태도소작쟁의에서 문재철과 맞선 서태석, 서정희 등의 이름도 함께 올라 있다.
88) 『시대일보』 1924년 12월 26일. 암태청년회 회장 박복영은 1925년 1월 결성된

에 맞서 지주소작상조회·교육협회를 조직해 분열공작을 펴는 한편 암태청년회가 주관하는 여자강습원·남학교를 대체하는 학교설립을 시도하기도 했다.89)

회사·은행 등 경제계에 관계한 것 외에 지역 유지로서 문재철의 활동은 두드러지지 않았다. 지역 거부로서의 기부활동도 나병환자를 위해 1만원을 기부(1932)하거나, 무안군 압해면 귀도에 설립된 걸인수용소 목포재생원에 1500원을 기부(1939)한 정도가 확인된다.90)

목포 유지로서 문재철의 최대의 공헌은 1941년 문태중학교의 설립이었다. 이는 다른 무엇보다 문재철의 업적이자 공로로 평가된다. 문재철은 1939년 8월 이래 논 4천 두락, 밭 2천 두락, 염전 20정보 등 총 70만원 이상을 투자해 1941년 재단법인 문태학원의 설립인가를 받는데 성공했다. 목포유지들은 문재철의 별장을 찾아가 그를 칭송하고, 도청을 찾아가 진정서를 내는 한편 목포시에는 환영회를 여는 등 대대적인 경축분위기가 조성되었다. 1920년대 중반 그를 악질 지주로 맹공하던 동아일보는 문재철이 "목포의 보배요 조선의 자랑"이라고 썼다.

문재철의 중학교 설립은 교육기관 설립의 공헌이지만, 다른 한편으로는 '유지'의 성격 혹은 일제와의 협력이라는 측면에서 볼 때 이중적인 의미를 지닌다. 우선 문재철은 사회주의자들, 목포 유지들과 다른 길을 걸었다. 1935년 이래 목포시민들의 염원이었던 중학교 설립시도를 문재철은 철저히 외면했다.91) 유지들이 모두 나서 여론에 호소하고 자금을 모았지만, 실패한 후에야 문재철은 개인의 힘으로 중학교를 설

무목청년연맹의 상무집행위원(조사)으로 선임되었다(『시대일보』·『동아일보』 1924년 1월 13일).
89) 『시대일보』 1925년 1월 15일·25일 ; 『동아일보』 1925년 5월 20일.
90) 『동아일보』 1932년 12월 7일, 1939년 6월 2일.
91) 이에 대해서는 고석규, 앞의 책 「제7장 목포의 '유지'와 목포고등보통학교 설립운동: 기대와 현실의 간격」을 참조.

립했던 것이다. 이는 문재철의 위력과 퍼스낼리티를 보여주는 것이다. 문재철은 학교설립이 부친의 유언을 지켜 교육사업을 하게 되었다고 했으나, 개인적 경험상 학교설립·운영의 노하우를 터득하고 있었을 것이다. 이미 1920년대 중반 암태도에서 소작농들이 만들어 운영하던 학교에 맞서 사립학교를 설립하려 시도했고, 1930년대 중반 목포에서 벌어진 중학교 설립운동의 경과를 지켜보고 있었기 때문이다.

다음으로 1941년의 중학교 설립은 교육사업이란 측면에선 '민족주의적' 평판을 얻을 수 있는 것이지만, 기존의 학교들이 신사참배 등 종교적 이유와 전시 총동원 체제의 필요성 때문에 폐교 혹은 청년연성소 등으로 전환되던 시점에서 총독부의 적극적인 후원과 인정을 의미하는 것이었다. 즉 분명하고 명백한 친일의 증거였다. 1930년대 후반 이래 학교설립 인가를 얻은 곳은 중일전쟁에서 일본군 대대장으로 용맹을 떨친 김석원의 원석학교(1938)가 대표적이었는데,[92] 총독부는 내놓고 분명한 친일의 공이 있는 사람에게 학교설립인가를 내주었던 것이다.

이런 측면에서 1941년에 문재철의 학교설립 인가 획득은 목포 교육계에게는 큰 공로였지만, 그 이면에서는 명백한 대일협력과 자금 동원력, 전라남도 및 총독부와의 유착관계가 존재했던 것이다.

이런 兩價的인 문제는 결국 문재철의 세 번째 모습, 즉 친일파로서의 활동 및 독립운동 자금 제공자라는 상반된 모습으로 이어진다. 문재철은 독립운동에 관여한 바 없다. 3·1운동 및 재현운동(1919~20), 신간회(1927~31), 광주학생운동(1928) 등에 전혀 관계하지 않았다. 목포에서 신간회운동은 장병준, 김철진, 유혁, 나만성, 서병인, 김말봉, 조극환, 설준석 등 목포의 민족주의자 및 사회주의자들이 주축을 이루었지만 문재철은 이와는 거리가 멀었다.

---

92) 김석원, 『老兵의 限』, 육법사, 1977, 169~172쪽.

그렇지만 1969년 박복영이 문재철의 상해임정 자금지원 증언을 한 이래, 일반적으로 1930년대 문재철이 변신했다는 평가 및 서술이 지배적이었다. "문재철이 상해임시정부에 군자금을 보내기도 하였다고 전해진다"(박천우), "일제의 침략에 협력하기까지 했던 그가 1940년대 이후 민족주의적인 색채를 띠기 시작" "1930년대 후반에 교육부문과 독립운동 지원에 일정한 관련을 맺게"(정근식) 되었다는 평가가 일반적이다.

그렇지만 앞에서 검토한 바와 마찬가지로 이는 신뢰하기 힘든 주장이다. 우선 박복영이 임정인사라는 증거가 분명치 않다. 또한 시기적으로 1927년 이래, 혹은 1930년대, 나아가 1940년대에 상해임정에 자금을 보냈다는 것은 박복영의 활동경력이나 임정의 상황, 문재철의 상황 등을 종합해 볼 때 성립불가 하다.

다만 박복영의 증언이 사실이라면 시기적으로 1922~24년 사이의 일이었을 가능성은 있다. 박복영으로부터 나온 여러 가지 증언 가운데 정양규가 기록한, 광주·목포 등 전남에서 1922~24년간 모금활동을 했는데, 모금활동이 "비교적 순조"로웠고, 상당액이 거출되면 이상재에게 맡겨 미국인 선교사나 프랑스인을 통해 상해임정에 전달했다는 주장은 신빙성이 있다. 왜냐하면 이상재가 1920~24년간 이승만에게 독립운동자금을 보낸 것은 사실이기 때문이다. 이상재는 첫째 노블·겐소 등 미국으로 돌아가는 선교사를 이용하는 방법, 둘째 이승만이 보낸 외국인 특파원을 이용하는 방법, 셋째 해외파견자를 이용하는 방법, 넷째 공식적 경로를 통해 이승만에게 자금을 보낸 바 있다.[93]

문재철이 벼 2백 가마, 보리 1백 가마, 누룩 5십 동이, 시가 3백만원 상당의 "애국지성·감격부금"을 냈다면 시점은 이때였을 가능성이 있다. 문재철이 아직 암태도 소작쟁의 이전으로 사회주의계열이나 노

---

93) 정병준, 위의 책, 295~297쪽.

동·농민·청년운동에 본격적인 적개심을 갖지 않았고, 전조선노농총동맹창립준비회에 축하문을 보내는 등 사회운동에도 관심을 갖고 있었기 때문이다.

그렇지만 이는 오직 박복영의 증언에만 등장하며, 박복영의 수기를 쓴 박순동이 문태고등학교 교사가 되었고, 정양규가 목포·신안지역 교육계에 몸담고 있었기 때문에 호의적 서술경향을 띠었을 가능성을 배제할 수는 없다.

보다 분명한 것은 문재철의 친일행적이었다. 그는 흥아보국단 설립준비회·전라남도 도위원(1941), 조선임전보국단 결성식 참가·평의원(1941)을 지내는 등 전라남도의 대표적인 친일인사로 손꼽혔다. 때문에 문재철은 현준호와 함께 전남의 대표적 부자이자 대표적 친일파로 반민특위에 수배되었다.[94]

문재철은 1940년 이후 거동을 하지 못한 채 계속 투병생활을 했으며, 1955년 사망했다. 문재철은 해방 후 최초로 목포시민상을 수상했으며, 1993년 노태우대통령으로부터 교육유공자로 국민훈장 동백장에 추서되었다.

5. 맺음말

암태도소작쟁의 이전 경제적 빈부의 차이는 있었지만, 서태석·박복영·문재철 3인의 정치의식과 활동은 크게 상이하지 않았다. 격변의 구한말 비슷한 시기에 태어난 이들은 암태도라는 궁벽한 곳에서 성장

---

[94] 문재철은 반민특위 전라남도 조사부에 의해 수배되었고(1949. 5. 14 현재), 자수를 권유받았으나 체포·조사받았는지의 여부는 알 수 없다(이강수, 『반민특위 연구』, 나남출판, 2003, 270쪽 ; 허종, 『반민특위의 조직과 활동』, 선인, 2003, 393쪽).

해 한국 근현대의 격동기를 헤쳐 나왔다. 이들의 교육배경은 전통적 한문교육 수준이었고, 근대와의 접점은 스스로 개척에 의해 확보되었다. 이들은 전통과 근대가 만나는 교차점에서 청소년기를 시작했다. 이들은 암태도 소작쟁의 이전 상호 유대관계를 맺고 있었던 것으로 보인다. 3·1운동 이전 이들은 면장(서태석)·참사(문재철)·기독교도(박복영)로 현실순응적인 삶을 살았다.

이들 삶에서 첫 번째 변화의 시기는 1919년 3·1운동이었다. 정치의식·사상, 민족의식의 측면에서 3·1운동은 이들을 각성시킨 결정적 계기가 되었다. 이후 분화되기 시작한 암태 출신 3인의 삶이 최종적으로 갈리게 된 분기점은 암태도 소작쟁의였다.

1920년대 초반 이들은 자신의 사회적·경제적 처지와 현실운동을 분명하게 결합시키지 못한 면이 있었다. 대지주 문재철이 전조선노농총동맹창립준비회에 축하문을 보내는 한편 자작농이던 서태석·박복영이 암태소작인회의 지도자가 된 것 등이 그런 면에 속했다.

1923~24년 암태도소작쟁의에서 지주, 소작인, 청년회 대표로 격돌했던 세 사람의 운명은 이후 가파르게 갈라졌다. 이들은 목포·전남지역을 거쳐 서울·동아시아를 경험한 후 대극적인 선택지를 택해 나아갔다. 천도교계열 신자이던 서태석은 만주와 러시아를 경험한 후 면장에서 소작인·농민운동가로, 민족주의운동에서 사회주의·공산주의자로 나아갔고, 3차례의 투옥 끝에 병사했다. 박복영은 기독교도로 3·1운동에 참여했고, 상해임시정부를 경험한 후 청년운동·농민운동을 전개한 우익 민족주의자로 살아남았다. 문재철은 참사에서 도의원·전시동원체제의 협력자로, 지주에서 상업자본가로, 학교설립자이자 교육자로 전환했다.

이들은 1920년대 전남 암태도와 목포에서 격렬하게 충돌했고, 이 시기 한국 근현대사의 주역들이 선택하게 되는 전형적인 세 가지 길을 걸어갔다. 사회주의·공산주의자, 민족주의자, 친일파가 그것이다. 그렇지만 이 세 사람의 삶은 지역과 시기에 따라 서로 교집합과 합집합을 만들어 냈으며, 1920년대 중반 관계가 파열되기 전까지는 지역사회 내에서 지속적 관계를 유지했을 것이다.

일본제국주의와의 마찰·투쟁의 면에 있어서는 서태석-박복영-문재철의 서열이, 친일이라는 면에서는 문재철을 꼭지점으로 박복영과 서태석이 거리를 유지했다. 문재철은 친일이란 관점에서 단순히 충성·복종의 차원을 뛰어넘어 대담하게 총독부의 자금을 착복할 정도로 재산축적에 전력했다. 문재철과 총독부 사이에도 부정할 수 없는 민족적 갈등·간극이 존재했다. 만약 암태도 쟁의 당시 지주가 일본인이었다면 총독부가 쉽사리 지주의 이익을 억압하고 소작농의 편에 서지는 않았을 것이다. 문재철은 일제에게 억압·이용 당하면서도 한편으로는 일제를 이용했다. 또한 총독부와의 갈등과정은 다른 한편으로 지주 문재철이 조선인으로 각성하는 과정이었을 것이다. 문재철은 사회주의적 노선에 극력 반대하면서도, 일제를 활용해 자신의 목적이자 목포시민들의 목표였던 학교설립에 성공했다. 급진적으로 앞서 나간 서태석은 일제의 탄압을 가장 많이 받아 사망했고, 그와 함께 활동했던 박복영은 사회활동을 접은 대신 향토교육과 기독교 전도활동을 선택하여 생존했다.

이들은 각자의 처지와 상황에서 근현대를 살았고, 살아남은 사람의 증언과 기록에 의해 암태도의 근대 사회운동사가 기술되었다. 박복영의 목소리를 따라 문재철과 서태석이 묘사되었으며, 그 가운데는 기록에서 찾아볼 수 없는 이야기들이 전해지고 있다. 이는 사실의 반영이라기 보다는 기억의 재현이며, 살아남은 자가 진술한 기억의 전승일 것이다. 때문에 객관적 사실·진실과 재현된 기억·전승된 기억 사이에는 간격이 존재하기 마련이다.

1960~70년대에는 박복영이 박순동·정양규 등에게 전한 이야기가 지배적 담론이 되었다. 이에 따라 암태도소작쟁의와 관련해서 서태석보다는 박복영을 話者로 하는 기억이 유지되었다. 또한 박복영을 통해 문재철이 독립자금을 냈고, 천후빈이 소작농들에게 동정적이었다는 인상이 심어졌다.

1980년대 한국 민주화운동의 진전과 함께 이번에는 투사였던 서태석에 대한 기억과 강조가 있었다. 암태도 주민들의 입장과 박천우의 연구 등에 의해 탄압받은 농민항쟁 지도자, 탄압받은 사회주의 혁명가로서 서태석이 조망되었다. 반면 박복영에 대해서는 그가 소작인회 회원이 아니라는 반발적 담론이 생겨났다. 시기에 따라 정황에 따라 지배적 담론이 변화했던 것이다.

그렇지만 2000년대에 들어 이러한 구별과 강조점은 더 이상 큰 의미를 지니지 못하게 되었다. 정부는 박복영-문재철-서태석 순으로 이들이 모두 국가의 유공자임을 인정해 포상했다. 21세기 한국은 순차적으로 오랜 시기에 걸쳐 이들 세 사람의 세 가지 길을 모두 자신의 역사로 포용한 것이다. 이러한 상극적 세 가지 길이 모두 한국의 근현대사를 구성한 갈래이자 뼈대임이 공인되었다. 한국 근현대사의 실체적 진실은 여기에서 그 일단이 드러났다. 세 사람은 모두 개별적으로 호명되어 한국역사의 일부분이 되었으며, 한국은 암태도에서 출발한 이들의 세 가지 삶이 궁극적으로 자신과 한 몸을 이루었다고 인정한 것이다.

강화도에서 이동휘의 계몽운동*

이 기 훈

1. 머리말

　이동휘(1873~1935)는 매력적이지만 쉽게 설명하기 힘든 사람이다. 19세기말에서 20세기 초까지 한국 근대의 거의 모든 사상과 운동을 경험했던 그의 이력은 언뜻 모순에 가득 차 있다. 함경도 지방의 비천한 집안 출신이면서 대한제국 군대의 참령으로 핵심요직을 역임했다. 군의 고관직을 박차고 나와 교육활동에 뛰어들었으며 열렬한 기독교도가 되었다. 다른 기독교도들과 달리 문명화를 주장하면서도 강화도 의병 봉기와 직접 관련되어 있었다. 열렬한 기독교도였지만 1910년대 이후에는 한국 최초의 공산주의자 그룹을 조직하여 지도자가 되었다.

　그렇기 때문에 이동휘의 행적과 활동에 대해서는 상당한 연구들이 축적되어 있지만, 1900년대 그의 활동이 어떤 성격을 지니는지는 여전히 모호하다.1) 때로는 그의 열렬한 성격과 행동지향적 성향으로 설명

---

* 이 논문은 2005년 정부재원(교육과학기술부 학술연구조성사업비)으로 한국학술진흥재단의 지원을 받아 연구되었음(KRF-2005-005-J02701).
1) 이 시기의 이동휘에 대한 연구로는 반병률, 『성재 이동휘 일대기』, 범우사,

하기도 한다. 그러나 이 시기 이동휘의 교육운동과 의병, 그리고 기독교 신앙의 모순적인 결합을 가능하게 해주는 일관된 원리가 있지는 않았을까? 만약 그것이 가능했다면 어떤 조건 때문이었을까? 이 논문에서 1903년 강화진위대장으로 부임한 이후부터 활동무대를 함경도 지역으로 옮긴 1908년까지 강화도에서 이동휘의 사회적 활동을 살펴 봄으로서 여기에 대한 답을 찾아 보고자 한다.

2. 강화도와 이동휘

1) 강화도의 역사적 특징

1) 군사적 요충지 강화도

한강으로 통하는 입구에 위치한 강화도는 전통적으로 수도를 방어하는 가장 중요한 군사적 거점이었다. 강화도는 외부의 침략을 막아내는 요새인 동시에 왕조의 근간을 유지할 피난처였으므로 조선왕조는 강화의 사고에 조선왕조실록과 어람용 의궤 등 귀중한 왕실기록을 보관했다. 따라서 강화도에는 항상 최정예 병력이 배치되고 강력한 요새가 구축되었으며 행정적으로 중시되었다.

1627년(인조 5년)부터 강화에는 유수부(留守府)가 설치되었는데, 강화유수는 종2품의 경관직(京官職)으로 2년 임기이며 진무영(鎭撫營)의 진무사도 겸했다.2) 19세기 들어 제국주의 열강이 본격적으로 조

1998 ; 김방, 『이동휘 연구』, 국학자료원, 1999 ; 서정민, 『이동휘와 기독교』, 연세대학교 출판부, 2007 ; 조현욱, 「한말 이동휘의 교육진흥운동」『문명연지』 5권 1호 등이 있으며 강화군 군사편찬위원회, 『강화사』 1권, 2003 중 제8편 「일제강점기의 강화」도 이동휘의 활동이 소개되어 있다.
2) 李存熙, 「朝鮮王朝의 留守府 經營」『한국사연구』 47, 1984, 28쪽

선을 압박하면서 강화 해협을 중심으로 요새들이 더욱 강화되었다. 병인양요 뒤에는 병력을 더욱 늘려 1868년에 별무사 등 800여명을, 1871년에는 무사 3,000여명을, 1873년에는 창수 300여명을 보강했다.3)

개항 이후에도 정부는 강화도의 군사력을 강화하기 위해 노력했다. 1896년 5월 북청, 강계, 해주, 춘천, 청주, 공주, 대구, 통영과 함께 강화에 지방대대가 설치되어 300여명의 병력이 주둔했다.4) 1900년 6월에는 지방대가 폐지되고 진위대가 설치되었는데 강화에는 제1연대 본부와 제1대대가 창설되었다. 진위대는 러시아식 군제를 채택하여 1개 대대가 5개 중대로 편성되어 보통 1,000명으로 구성되었다. 이로써 강화도 지역에서 군대의 영향은 더욱 강해지게 되었다.5) 강화 진위대의 병정들은 대부분 강화사람들이었고, 특히 강화 읍내의 사람들이 태반이었다. 퇴역한 군인들도 꽤 많았으니 강화도 사람들은 여러모로 군대와 관련을 맺지 않을 수 없었다.

2) 문명개화의 섬 강화도

서울로 가는 길목에 자리 잡은 강화도의 지역적 특성은 군사적 요충지로서만 국한되지 않았다. 개화의 문물과 사람들이 강화도를 거쳐 서울로 들어가게 되자 강화도의 사람들도 '문명개화'에 적극적으로 대응하지 않을 수 없었다. 병인양요와 신미양요의 격전지로 많은 피해를 입었던 곳이었던 터라 서양인들에 대한 반감이 강했을 터였지만, 전쟁의 경험은 오히려 문명개화의 필요성을 더 절감하게 했다.

그리하여 강화도에서는 다른 어느 지역보다 급속히 기독교가 세력

---

3) 崔奉秀, 「1910년 전후 강화지역 의병운동의 성격」 『한국민족운동사연구』 2, 1987, 48쪽.
4) 서인한, 『대한제국의 군사제도』, 혜안, 2000, 67쪽
5) 서인한, 위의 책, 203~205쪽 ; 崔奉秀, 위의 책, 53~55쪽.

을 확장했다. 1895년 처음 강화도에 교회가 설립된 이후 1896년 상도리 교회, 1898년 고비교회, 상도교회가 세워졌고 1900년에는 강화부 내에 잠두교회가 설립되었다. 을사조약 이후에는 기독교 신자가 급증하여 1907년 5월 강화도에는 감리교회 40곳에 4,274명의 교인이 있어 전체 인구의 1/4에 달했다.6) 강화의 교회들은 선교에만 몰두하지 않았다. 존스 목사와 박능일 목사는 잠두 교회 내에 잠두의숙을 설립하여 80여 명의 학생에게 최초의 근대교육을 실시했다. 잠두의숙은 1908년 잠두 합일학교로 개칭하여 기독교 교육을 계속했다. 강화도의 근대교육은 이후 본격적으로 다룰 이동휘의 보창학교를 빼놓을 수 없겠지만 영생학교, 조산합일학교 등 많은 사립학교들이 설립되었던 것도 강화도의 문명개화적 분위기를 잘 드러내 준다.7)

이렇듯 강화도는 군사도시이면서도 기독교가 급속히 성장한 곳, 따라서 기독교적이면서도 군사적인 계몽주의가 성장하기에 가장 적합한 곳이었다. 그렇기 때문에 바로 이곳에서 이 시기 이동휘의 군사주의적인 기독교 계몽주의가 형성될 수 있었다.

2) 청년 이동휘

함경북도 단천에서 태어난 이동휘는 단천군수의 통인으로 있다가 1896년 사관양성소에 입학하여 무관의 길을 걷기 시작했다. 1897년 3월 사관양성소를 1기로 졸업하고 육군 참위(參尉)로 임관하여 시위대(侍衛隊)의 기관(旗官)이 되었다. 시위대 근무 시절부터 출중한 외모와 열병식 지휘능력으로 고종의 총애를 받았다. 1899년부터 원수부(元帥府) 군무국(軍務局)에 근무하면서 11월 부위(副尉)로 승진했고, 이어

---

6) 이에 대해서는 강화군 군사편찬위원회 편, 앞의 책, 612~614쪽 참조.
7) 朴憲用 編, 『續修增補 江都誌』, 1932, 337~340쪽.

1900년 12월 正尉로 승진했다. 강직한 성품과 충성심이 높은 평가를 받아 1901년 검사관으로 임명되어 지방 병대(兵隊)의 재정을 감찰하게 했다. 검사관 이동휘는 지방 진위대 대대장들의 뇌물을 단호히 거절하고 엄정하게 법을 적용하여 부정한 관리들을 처벌했다. 고종의 특별한 신임을 받은 이동휘는 삼남검사관으로 재직하면서 군수 14명을 파직시키고, 50만냥을 압수하여 국왕에 바쳤다.[8] 고종이 3만냥을 상으로 하사했으나 끝까지 거절하여 청렴강직함으로 이름을 떨쳤다.[9]

한편 청년 장교 이동휘는 일찍부터 개화와 정치개혁에 큰 관심을 가지고 있었다. 그는 군무국에 근무하던 시절인 1902년 민영휘 이준 등이 조직한 비밀결사 개혁당에 가입하여 활동했다. 개혁당은 유사시에 친일 내각을 무너뜨리고 정권을 장악하여 개혁을 시행할 목적으로 조직되었으며 당시의 배일파 인물들이 망라되어 있었다. 이동휘는 노백린, 이갑 등과 함께 즉각적인 무력동원을 주장한 강경 소장파였으나 기회를 얻지는 못하였다.[10]

3. 강화도 시기(103~1908) 이동휘의 정치 사회 활동

1) 강화진위대장

이동휘는 1903년 5월 參領으로 승진하여 경기 강화도 진위대대장으로 임명되었다. 이동휘가 대장으로 임명될 당시 강화진위대는 700명으로 지방 진위대 5개 연대 가운데 제 1연대의 주력이었다. 군무에

---

8) 청년무관 시절 이동휘의 행적에 대해서는 반병률, 앞의 책, 36~39쪽 및 김방, 앞의 책, 29~39쪽 참조.
9) 김철수 친필유고, 「이동휘에 대하여」, 『역사비평』 1989 여름, 368쪽 ; 반병률, 앞의 책, 38쪽.
10) 반병률, 앞의 책, 39쪽.

종사하면서 이동휘는 1904년 민영환, 이준, 이상설 등이 주도한 대한보안회, 공진회 등에 참여했고, 1904년 5월 종2품으로 승진했다.

이동휘가 본격적인 교육계몽운동에 나서게 된 것은 1905년 3월 3일자로 강화진위대장직을 사임한 다음이었다. 그가 진위대장을 사임한 이유는 뚜렷하지 않지만 몇가지 요인들이 복합된 것으로 보인다. 우선 일제에 의해 1905년 2월 1대대는 본부가 강화도를 떠나 수원으로 이동하고 강화도에는 분견대만 남게 되었다.[11] 강화진위대의 축소재편은 대한제국의 진위대가 국가 방비의 핵심이 아니라 일본 헌병대의 보조적인 지방 조직이 되었다는 것을 의미하는 것이었다.[12] 따라서 이동휘로서는 심각하게 거취를 고민하지 않을 수 없는 사태였다.

여기에 이전부터의 강화부윤 윤철규와 대립도 사임의 한 원인이 되었던 듯하다. 이동휘의 전임 강화진위대장으로 강화부윤으로 자리를 옮긴 윤철규는 자신이 강화진위대장 시절 공금 30만냥을 횡령한 사실이 드러나 신문에 보도되자 이동휘의 소행이라고 믿었다. 윤철규는 이동휘를 러시아 간첩이라 무고하고 자기 고향 신문에 투고하기까지 했다. 이에 격분한 이동휘는 1903년 12월 15일 부하들을 이끌고 윤철규를 항의 방문했고, 놀란 윤철규는 한성으로 도주했다. 두 사람 사이의 분쟁으로 결국 1905년 1월 초 이동휘와 부하 4명, 그리고 윤철규가 모두 수감되어 재판을 받았다. 이동휘와 윤철규는 석방되었지만 이동휘 부하 4명은 구속되어 처벌받았다. 윤철규 횡령사건에 대한 단죄 없이 이동휘의 부하만 처벌당하고 윤철규는 귀환하여 다시 강화도민에 대한 학정을 벌여 원성을 샀다.

윤철규와 이동휘의 대립은 단순히 전임자와 현임자 사이의 갈등이 아니라 계몽적인 고종 친위세력과 친일적 관료집단 사이의 대결의 측

---

11) 반병률, 앞의 책, 1998, 40쪽 ; 최취수, 앞의 논문, 1988, 54~55쪽.
12) 차준회,「한말 군제개혁에 대하여」『역사학보』22, 1964, 109쪽.

면을 함께 가지고 있었던 것으로 보인다. 이동휘는 윤철규가 부윤으로 복귀하고 강화진위대가 축소 개편되는 상황 속에서 관료제도 내에서 더 이상 희망을 찾기가 어렵다고 판단했던 듯하다.

2) 보창학교의 설립과 운영

진위대장을 사임한 이후 이동휘는 강화도에서 보창학교 교장이며 대한자강회 강화도 지회 부회장, 감리교회 권사로 활동했다. 또 보직은 없었지만 여전히 대한제국의 참령 신분은 유지했다.[13] 이동휘는 이미 강화진위대장으로 재직 중이던 1904년 7월 자비로 보창학교의 전신인 육영학교를 설립, 운영하고 있었다. 1904년 11월 16일자 대한매일신보가 이동휘가 자비로 소학교를 세워 하사관과 병졸의 자녀나 친척 아이들 30여명과 인근 평민 자제 20여명을 모집하여 수업료를 받지 않고 초등교육을 실시하고 있다고 보도하고 있으며,[14] 1905년 2월 15일자 『황성신문』광고란에 이 육영학교의 입학 광고가 게재되었다.[15]

처음 강화읍내에 설립한 육영학교는 일어 명예교사 조희일(趙熹一), 영어 명예교사 김만식(金萬植)을 두고 1905년 2월 소학교 보통과와 사범과에 신입생에 모집하였다. 이동휘는 1905년 5월 생도 20여명과 함께 고종을 알현하는 기회를 얻었다. 이 자리에서 영친왕이 보창학교라는 이름을 새로 하사했고 이동휘와 생도들은 "보창학교"의 깃발을 들고 서울 시내를 행진했다. 보창학교 보통과는 역사, 지리, 영어, 일어, 산술, 한문, 물리, 화학, 도화, 체조 등을 가르쳤으며 매주 토요일

---

13) 1907년 강화도 의병봉기에 연루되어 체포된 이후 박탈되었다.
14) 「열심교육」『대한매일신보』1904. 11. 16.
15) 조현욱, 「한말 이동휘의 교육진흥운동」『문명연지』5권 1호, 90쪽 ; 『대한매일신보』2월 16일자에도 같은 내용의 광고가 실린다.

에는 웅변대회를 열고 매년 봄에는 보창연합운동회를 개최했다.[16] 사범과는 논리학, 수신, 독서, 작문, 내외지지, 내외 역사, 교육학, 물리학, 화학, 생물학, 경제원론, 법학통론, 수학, 외국어, 일어 등을 가르쳤으며 학비는 무료였다.[17]

이동휘는 학교재정을 위해서 향교, 사찰 등의 재산이던 전답을 옮겨 왔고, 강화를 중심으로 상당한 금액의 자발적인 후원을 얻어냈다. 또 고종의 심복으로 내장원 재산을 운용하던 이용익으로부터 받은 후원금과 영친왕 하사금(5천원)도 학교 재정의 중요한 기반이 되었다. 거기다 1907년까지는 경리원에서 매월 보조금을 지급받기도 했다.[18] 그리하여 강화도에서는 이동휘를 절대적인 능력과 수완을 겸비한 위인으로 떠받드는 분위기였다고 한다.[19]

1907년 3월 학생 수가 수백 명에 이르자 소학·중학·고등으로 나누어 가르쳤고,[20] 1908년 2월에는 학제를 개편하여 3년제 중학교, 1년제 예비과·사범속성과·야학과를 두었다. 이후 보창학교의 명성이 널리 알려지면서 강화도와 전국 각지에 지교가 설립되었다. 강화에서는 1905년 7월 甲串, 月串, 山湖의 세 곳에 먼저 지교를 설립하였고, 이후 1908년 2월까지 강화군 전체에 21개의 소학교 수준의 지교를 세웠다고 한다.[21]

지교는 대체로 3가지 방식으로 만들어졌다. 우선 기존의 서당이나

---

16) 『황성신문』 1907. 7. 31.
17) 『대한매일신보』 1906. 3. 29 광고.
18) 「學照宮府」 『황성신문』 1908. 1. 24. 케이블 선교사의 보고에 의하면 매달 200냥씩이었다고 한다. E. M. Cable, "The Kang-Wha Boy's School", KMF, Dec. 1905. 37, 서정민, 앞의 책, 145쪽 재인용.
19) 高澤, 「軍隊解散」 『신동아』 1970 1월호, 361쪽.
20) 「普校大振」 『황성신문』 1907. 3. 29.
21) 經理院, 「京畿道各郡訴狀」 청구기호 奎 19148 17册 ; 宮內府 經理院 編, 訓令照會存案 奎19143 제64책. 경리원에서 강화부윤에게 보낸 공문으로 이동휘의 청원이 함께 제시되어 있다.

학교가 보창학교의 지교로 전환하는 경우가 있다. 유경근이 1905년 월곶에 광창학교라는 이름으로 학교를 세웠다가 이듬해 보창학교 지교로 바꾼 것이 대표적인 사례일 것이다.22) 두 번째는 지역의 유지가 건물과 비용을 제공하며 지교 설립을 청원하는 경우다.23) 마지막으로 이동휘의 권면에 의해 완전히 새로 설립하는 경우가 있다. 1906년 송해면 면장이던 고성근이 지교를 설립하여 운영했고 1908년에는 김용하와 전병규가 홍천에 지교를 설립했으며 1909년에는 한병렬이 강화군 내가면 오상리에 지교를 설립한 것 등을 확인할 수 있다.24)

이렇게 많은 학교를 설립하고 운영하기 위해서는 정부의 지원이 반드시 필요했다. 보직은 없지만 참령이라는 이동휘의 직위와 고종 및 이용익과의 친분은 중요한 역할을 했다. 규장각에 소장되어 있는 관련 문서에 의하면 이동휘는 7월 1일 지교를 설립하면서 경리원 소관의 비어 있는 관청 건물을 교사로 쓰게 해 달라고 청원했는데, 10일자로 사용허가가 내려졌고, 다음날 강화부윤에게도 즉시 보창학교의 교사로 사용하도록 申飭하라는 훈령이 내려졌다.25) 개성보창학교도 마찬가지였다. 1906년 5월 학부에 개성의 보창학교 지교를 설립하기 위해 숭양서원 내 소속 원사의 사용을 청원하여 허가를 얻었고,26) 숭양서원 원로들의 반대를 무릅쓰고 1906년 6월 개교했다.27) 금천군의 보창학교 지교는 조포 여각의 구문을 받아서 학교 경비로 사용했다.28) 선교사 스크랜튼의 보고에 따르면 1907년 6월 당시 강화에는 14개 학교에서 800명의 학생들이 공부하게 되었다.29)

---

22) 이덕주, 조이제, 『강화기독교 100년사』, 188쪽.
23) 「高氏美擧」『황성신문』1906. 7. 13 ; 「敎育擴張」『황성신문』1906. 8. 11.
24) 서정민, 앞의 책, 170~173쪽.
25) 앞의 經理院 문서.
26) 「普校支校」『황성신문』1906. 5. 5.
27) 「設校反對」『황성신문』1906. 5. 28 ; 「開校崇陽」『황성신문』1906. 6. 9.
28) 「쩍쩍거리려고」『대한매일신보』1907. 11. 22.

강화도 뿐만 아니라 다른 곳에도 보창학교의 지교가 설립되면서 일제의 비밀보고는 1907년 군대 해산 이전에 이미 24개의 학교가 이동휘의 관리 하에 있었다고 한다.30) 아마 이 학교들이 보창학교의 지교일 가능성이 높은데, 지교들은 아예 새로 설립한 경우도 있지만 기존의 학교가 이름을 바꾸고 지교를 자청한 경우도 많았다.31) 지금까지 알려진 강화 외의 보창학교 지교들은 개성 보창학교, 황해도 풍덕보창학교, 장연 보창학교, 금천 보창학교, 안악보창학교 등 경기도 서부와 황해도 지역에 많이 집중되어 있다.32) 이동휘를 교장으로 추대함으로써 학교운영을 원활하게 하고 외압으로부터 보호받으려는 목적이 있었겠지만, 이렇게 지교가 늘어나면서 강화와 주변 지역에서 보창학교는 학교를 가리키는 보통명사처럼 사용되는 경향까지 생겼다. 1905년부터 1908년까지 약 3년 동안 이동휘의 열렬한 교육계몽활동의 영향을 받아 강화도 지역에는 72개의 학교가 설립되었고, 전국에는 170개 학교가 설립되었다.33)

3) 강화진위대의 봉기와 이후의 활동

학교를 설립하고 운영하면서도 이동휘는 정계의 동향을 주시하고 있었다. 헤이그밀사 사건 이후 고종의 양위설이 한참 고조되던 1907년

---

29) 강화군 군사편찬위원회, 앞의 책, 2003, 619쪽.
30) 조선총독부 경무국 편, 「폭도사편집자료」『독립운동사자료집』3, 560쪽.
31) 조현욱, 앞의 논문, 98쪽.
32) 이외에도 충북 충주 호흥 보창학교, 함경도 함흥보창학교, 백천보창학교 등이 이름이 알려진 경기와 황해지역 외의 학교들이다. 보창학교들은 대부분 강화와 개성 등 경기 북서부와 황해도 지역에 분포되어 있는데, 당시의 학교가 대부분 지역의 '유지'들에 의해 이루어졌다는 점을 고려하면 지역 유지들 사이에 형성된 사회적 네트워크망의 크기를 보여주는 것이기도 하다.
33) 柳子厚, 188~190쪽.

7월 중순 무렵 이동휘는 이갑, 노백린, 유동열 등 일본육사 출신의 고급 무관들이 주축이 된 효충회(效忠會) 동지들과 함께 고종의 양위를 저지하기 위한 무력항쟁을 계획하고 있었다. 그러다 고종이 황태자를 섭정으로 한다는 조서를 내린 7월 19일과 20일 서울에서 군민항쟁이 발생했다. 이동휘는 바로 강화로 내려가 활발히 움직이기 시작했다.

대부분 강화도 사람들이었던 강화도 분견대 병사들은 현직 소대장이던 민완식보다 전 대대장 이동휘의 영향을 더 많이 받았다.[34] 이동휘는 7월 24일 강화읍 연무당에서 군중집회를 열고 일제에 대한 항쟁을 주장하는 연설을 했으며 26일에는 같은 장소에서 대한자강회 총회를 개최했고, 7월 30일 전등사에서 기독교도와 군인 400여명을 모아 합성친목회라는 이름으로 대규모 반일집회를 열었다. 특히 7월 30일의 전등사 집회에서 이동휘는 집회 참석자들과 함께 모종의 거사를 계획한 것으로 추정된다. 8월 2일 군부와 학계의 동지들에게 연락을 시도하기 위해 이동휘는 강화도를 떠나 개성을 거쳐 서울로 갔다.

그러나 그 동안에도 사태가 급박하게 전개되어 7월 31일 군대해산의 조칙이 내리고 8월 1일 서울에서 진위대 병사들이 봉기하여 전투가 벌어졌다. 일본군은 진위대 병사들의 저항을 진압하면서 서울을 완전히 장악했고 거사계획의 중심인 이갑, 임재덕 등을 체포했다. 동지들 가운데도 신중론이 우세하자 이동휘는 사태를 관망할 수밖에 없었다. 이런 와중에 8월 9일 강화도에서 8월 9일 강화분견대(참교 유명규, 부교 연기우, 지홍원)가 봉기했으며 강화도의 민중도 수백 명이 합류했다. 수원에서 긴급 출동한 일본군은 8월 11일 강화도에 진출하여 병정과 주민들의 저항을 분쇄하고 관련자들을 색출하기 시작했다. 이 와중에 무고한 주민들도 목숨을 잃었고 이동휘의 집 또한 일본군에 의해 불태워졌다. 봉기 나흘 후인 8월 13일 이동휘는 서울에서 강화도 봉기

---

34) 최취수, 앞의 논문, 63쪽.

의 우두머리로 체포되었다.35)

　4개월 가량 투옥된 이동휘는 1907년 12월 2일 미국 선교사 벙커의 노력으로 석방되었다. 이후 안창호, 양기탁, 전덕기, 이동녕, 이갑, 유동열 등과 함께 비밀결사 신민회를 조직하고 교육문화사업과 함경도 지방책을 맡았다. 한편 이동휘는 1908년 1월 서북학회의 창립을 주도하고 함경도 지방의 책임자로 선임되었다. 이동휘는 우선 자신이 체포된 다음 어려움에 빠져 있던 보창학교들의 경영을 정상화하기 위해 강화와 개성으로 내려가 활동을 시작했다. 1908년 상반기까지 강화도에서 활동하던 이동휘는 보창학교들이 정상화되고 강화도의 의무교육 계획이 실행되기 시작하자 1908년 5월경 강화도의 보창학교 운영을 고성근(高成根)에 맡기고 경향 각지에서 학교 설립을 호소하기 시작했다.36) 그러나 강화도에서 그의 위치는 여전히 확고부동한 것이어서 유지들이 불탄 그의 집을 다시 건축할 것을 논의하기도 했다.37)

　1908년 8월부터 이동휘는 서북학회의 모금위원으로 함경도에 파견되어 1909년 5월까지 도내의 곳곳을 돌며 학교설립과 교육진흥을 호소했다. 피눈물로 호소하는 그의 연설은 매우 열렬한 반응을 불러 일으켜 "한번 울음에 한 학교가 설립되고 한번 언론에 한 학회가 성립"하며 가는 곳마다 사람들이 붙잡고 보내주지 않을 지경이었다.38) "선생이 천백 번 울고 천백 번 연설하면 후에 천백의 학교와 사회가 성립되는 것이니, 그 날이 오기만을 기대할 따름"39)이라고도 했다. 이미 이동휘는 한국을 대표하는 교육가이며, "혀가 닳고 입이 타도록 설명할

---

35) 강화도 의병봉기와 이동휘의 역할에 대해서는 반병률의 설에 따른다. 반병률, 앞의 책, 59~66쪽.
36) 「同志熱心」『황성신문』, 1908. 5. 22.
37) 「인심을 엇엇지」『대한매일신보』1908. 7. 30.
38) 「교육대가」『대한매일신보』1908. 12. 20.
39) 沛東野人, 「送李東輝先生之北」『西北學會月報』(1909.10.1).

뿐 아니라 성력을 다하여 학교를 창설한 것이 삼백여 처나 되는지라 열심으로 교육하여 청년들을 인도하는 자"로 대한제국의 선비 8명 중 한 사람으로 칭송되었다.40)

1909년 5월 서울로 돌아온 이동휘는 다시 평안도 지방순회를 다녀왔고 이어 9월 다시 함경도 지방에서 순회연설에 나섰다. 특히 이 두 번째 함경도행에서는 기독교 전도활동에 적극적으로 나섰다. 이동휘는 캐나다 선교사 그리어슨(具禮善) 목사와 함께 성서 행상인으로, 이후에는 전도사로 함경도 각 지방을 돌며 전도 강연에 나섰다. 함경도 지방의 선교를 맡았던 캐나다 장로회는 그를 바울에 비유할 정도로 큰 힘을 얻었고 그리어슨 목사는 적극적으로 이동휘의 신변을 보호했다.

일제가 대한제국을 완전히 식민지화할 것이 점점 명확해지자 1910년 4월 7일 신민회는 국내에서 최후로 간부회의를 열고 망명과 잔류인사를 결정했다. 이동휘는 북간도로 망명키로 결정했으나 일제의 국권 탈취 직전인 1910년 8월 3일 성진에서 체포되어 8월 29일 석방되었다. 이후 안명근 사건에 연루되어 1911년 3월 다시 체포되어 1년간 인천 대무의도에 유배되었다가 1912년 6월 석방된 이후 1913년 압록강을 건너 장백현 지역으로 망명했다.

4. 강화도 시기(1903~1908) 이동휘의 계몽운동의 성격

1. 군사적 계몽주의 – 의무교육과 군사교육

1) 의무교육

이 시기 애국계몽운동이 실력양성의 현실적인 수단으로 생각했던

---

40) 「시사평론」『대한매일신보』1908. 8. 29.

것이 바로 교육과 식산흥업의 두 영역이었다. 일반적으로는 교육과 식산흥업을 생존경쟁의 세계에서 살아남는 유일한 현실적 방도로 인식했다.41)

그런데 이동휘의 계몽운동의 특징은 <의무교육+국민개병>의 원리를 통합 실현하고자 하는 등 군사적 성격이 두드러진다는 점이다. 이동휘는 청년군관으로 원수부에 있던 시절부터 의무교육과 국민개병을 함께 강조했다. 김규면의 회상에 의하면 이동휘는 1900년 이후 원수부 검사국 당번 무관으로 보직되어 근무하면서 공무 시간 밖에는 경성 각동 야학 강습소에서 <국민개병, 국민개학>이라는 표어를 내걸고 열심히 계몽운동에 참가했다고 한다. 또 전주 지방 대대 검찰관으로 출장 시무하는 때 역시 <국민의 의무병역과 국민의 의무교육은 보국, 안민의 유일한 방책>이란 제목으로 도처에서 열렬한 강의를 열었다고 한다.42)

강화도에 진위대대장으로 보임한 이후 이동휘는 이런 이념을 직접 실현하고자 했던 것으로 보인다. 1904년 재직 중에 육영학교를 설립했던 것을 보면 아마도 진위대장직에서 물러나지 않았다 하더라도 여전히 마을마다 학교를 짓고 군사훈련을 포함하는 교육을 실시하려 했을 것이다. 진위대장직에서 물러나면서 본격적으로 교육활동에 투신했고 이 시기는 전국적으로 학교설립의 열풍이 불던 때이기도 했다.

1906년 3월 고종의 흥학조칙으로 지방관들이 사학설립을 후원하면서 더해진 학교설립의 열기는, 애국계몽운동이 고조되면서 들불처럼 번져나갔다.43) 고종의 조칙에도 불구하고 실제로 이를 집행할 학부가

---

41) 박찬승, 『한국근대정치사상사연구』, 역사비평사, 1992, 31~36쪽 ; 김도형, 『대한제국기의 정치사상』, 지식산업사, 1994, 131~144쪽 참조.
42) 김규면, 「李東輝 惺齋 略傳에 관한 회상기」, 1963, 1쪽. 독립운동가 이동휘 행적 자료.
43) 柳漢喆, 「1906년 光武皇帝의 私學設立 詔勅과 文明學校 設立 事例」 『우송 조동

통감부의 통제 하에 있었기 때문에 국가차원의 제도적이고 안정적인 지원이 있었던 것은 아니었다. 고종의 조칙은 '사회'의 애국계몽운동을 촉발하는 계기였다. 그런데 이 '사회'는 통감부의 제국주의 권력과 대별되지만 이전 국가의 관료제적 권위나 근왕주의적 충성심에도 크게 의존하고 있었다. 강화도에서 이동휘의 군사적 계몽주의가 급격히 확산되었던 것은 이런 상황 속에서 가능했다.

강화도에서 의무교육을 실시하겠다는 이동휘의 발상은 의병 문제로 투옥되었다가 석방된 이후 정점에 달했다. 1908년 2월 24일 이동휘는 姜大欽, 황범주 등과 함께 학무회를 발기하여 군내 유지 신사와 면장, 이장 수백 명을 군청에 모이도록 했다. 이 학무회 자체가 강화도에서 이동휘의 위상을 여실히 보여주는데, 모임에 참석한 강화군수 고청룡은 의무교육를 방해하는 사람이 있으면 강제로라도 실시하겠다고 밝혔고, 심지어는 강화 주재 일본군 헌병대장과 순사부장도 참여하여 국민의무 중 교육이 최선이라고 연설할 지경이었다.

이동휘 등 학무회를 주도한 사람들은 우선 당시 강화도 16개 면의 114개 동을 두 개씩 묶어 56개 구역으로 나누었다. 학령에 달한 모든 아동들을 의무적으로 입학시키기 위해서 각 구역마다 하나씩 학교를 설립하기로 했다. 따라서 학무회는 기왕에 있는 보창학교의 지교 21개에다 기존의 진명·계명·창화·공화 등 4개 학교를 제외한 나머지 31개 학교를 새로 증설할 것을 결의했다. 나아가 15세 이상 20세 이하의 한문을 읽을 줄 아는 자는 보창학교의 중학과에 입학하게 했고 20세 이상 40세 이하로 한문에 능숙한 자는 중성학교의 사범속성과에 입학하게 한다는 것이었다. 운영비는 구역 내 사민(士民)들이 내는 의무전곡(義務錢穀)과 지사들의 의연금, 그리고 학생들의 월사금으로 충당하려 했다.[44]

걸선생 정년기념 논총 2 한국민족운동사연구』 참조.

이동휘가 강화지역에서 실시하려 한 의무교육방안은 이미 1906년 대한자강회가 건의하여 각의를 통과했던 <의무교육조례대요(義務教育條例大要)>를 전범으로 했다. <의무교육조례대요>는 전국을 적당한 학구로 나누어 주민들 스스로가 구립소학교를 설립하며, 학교의 모든 경비는 주민이 스스로 부담하고, 학구마다 20인의 학무위원을 선거하여 이들에게 학교 운영을 맡기며, 학령아동의 보호자에게 아동의 취학에 관한 의무를 부과하자는 것이었다.45) 대한자강회 강화도 지회 부회장이었던 이동휘는 이 방안을 강화도에서 현실화하려 했던 것이다.

이들 학교 중 상당수는 기존의 서당이나 가숙들을 확대 개편한 것이었을 터이지만, 일본에서도 의무교육을 확대하기 위해 전통적인 데라고야를 근대적 소학교로 재편하는 방법을 택하고 있었다.46) 이념적으로는 지역 사회 내의 모든 공동체들을 통학 가능한 학구 속에 체계화하려 하는 의지를 엿볼 수 있다. 행정구역이 문제가 아니라 기존에 존재하는 향촌 공동체의 생활권에 맞추어 학구를 구성하고 여기에 따라 학교를 수립하려는 계획을 세웠던 것이다.

그러나 실제로 의무전곡과 의연금, 월사금으로 학교를 설립하고 운영하기는 어려운 일이었다. 이미 1908년 후반부터 여러 가지 난제들에 봉착했다. 보창학교 본교는 전등사와 석적사의 재산을 귀속시켜 운영 중이었지만 1908년 10월 사찰들이 재산을 돌려달라고 진정하여 다툼이 일어났다.47) 운영비를 확보하기 힘들어지자 1909년에는 윤건상이 경비를 일년동안 자담하고 이백사십원을 달마다 지출했다.48) 장단군

---

44) 「江華義務敎育」『황성신문』1908. 3. 8.
45) 김형목,『대한제국기 야학운동』, 경인문화사, 2005, 85~86쪽.
46) 尾形裕康·石川松太郎·石川鎌·唐澤富太郎 저,『日本敎育史』, 신용국 역, 교육출판사, 1992, 170~174쪽.
47) 「學訓畿察」『황성신문』1908. 10. 18.
48) 「모다 이러케ᄒ시오」『대한매일신보』1909. 9. 4.

고랑포에 세운 지교는 이동휘가 떠난 다음 경영의 난관에 빠져 다시 기부금을 모집해야만 했다.[49] 특히 1910년 이후 일제가 철저히 사립학교를 배제하는 정책을 채택하면서 보창학교와 많은 지교들은 공립화하거나 폐교하는 운명을 겪게 된다.

2) 군사훈련과 편제

보창학교의 교육 중 두드러진 특징은 군사훈련이다. 일단 보창학교의 교사 가운데 이동휘의 영향을 받은 진위대 출신이 많았고 교수방법 역시 군대식이었다고 한다.[50]

보창학교의 정규과목은 역사, 지리, 영어, 일어, 산술, 한문, 물리, 체육, 화학, 도화, 체조 등이었다. 그러나 정규과목에는 없었지만 의무적으로 매일 군사훈련을 실시했다. 이런 정황은 보창학교의 교육에 대한 케이블 선교사의 보고에도 드러난다.

> 매일 오후 수업이 끝나면 학생들은 한 시간씩 군사훈련을 받습니다. 이런 식으로 그들은 마음과 몸을 단련합니다.[51]

1년 뒤인 1906년의 보고서에서도 케이블 선교사는 보창학교에서 학생들의 신체훈련에 힘쓰고 있다고 보고했다.[52]

군사훈련의 결과는 연합운동회에서 나타났다. 강화도의 보창학교

---

49) 「고랑포 학교 확장」『대한매일신보』1909. 4. 20.
50) 이 당시 보창학교를 다녔던 고택(高澤)의 회고에 의하면 보창학교 교사로는 김승조, 김남식, 갈현대, 고시준, 송석린, 어용선, 박중화 등이었는데 군인출신이 많았고 교수방법도 군대식이었다고 한다. 高澤, 「軍隊解散」『신동아』65, 1970 참조.
51) E. M. Cable "The Kang-Wha Boy's School", KMF, Dec. 1905, 37 ; 서정민, 192에서 재인용.
52) E. M. Cable, "The Longing for Education", KMF Vol Ⅱ, No 8(June, 1906).

의 연합운동회는 매우 유명해서 신문에 자주 크게 보도되었다. 운동회라고 해도 보창학교 본교와 지교, 그리고 주변의 학교를 모두 불러 벌이는 운동회라 규모가 엄청났다. 1907년 5월의 연합운동회에는 보창학교와 지교 32개교, 인근 공사립 학교 등 모두 38개 학교의 남학생 1,180명과 여학생 2,000명이 참가했고, 1908년의 연합운동회에는 내빈의 수가 수만명이라고 했다.53)

주목할 것은 '방어공격'이라는 종목이었다. 1907년과 1908년 봄 연합운동회에서 계속 실행했던 '방어공격'은 학생들을 공격과 방어조로 편성하여 모의 전투를 보여주는 것이었다. 공격조는 10세 전후의 학생들 50여명으로 보병대와 포병대를 편성했다. 병사들은 모자와 견장, 제복은 물론이고 모의 대포와 소총 등 무기까지 갖추어 소대장의 지휘 아래 움직였다. 보병대, 포병대 후미에 따로 경장을 입고 청홍의 두건을 두른 15세 전후의 학생들로 하여금 따로 한 부대를 편성하게 했다. 이들 공격군 반대편에는 수비군이 있어 생도 오십 여명이 성을 만들어 대기하며 그 바깥쪽에는 생도 200여명이 진형을 형성하게 했다. 처음에는 공격군의 포병대와 보병대가 수비측과 포격과 총격을 주고 받으며 접근하다가 최후에는 공격군 후미의 돌격대가 일제히 돌격을 감행했다. 돌격대는 방어군 진영을 돌파하고 성을 공략하여 기를 탈취하여 전투가 끝나면 공격군들이 포로들을 묶어 오고 적십자대가 사상병을 들것으로 옮긴 다음 승리한 측이 만세삼창을 불렀다.54)

이런 모습을 선교사 데밍(Deming)은 다음과 같이 보고하고 있다.

> 학생들이 모여서 교련을 하는데, 정확하고 규율 있는 동작은 다른 어떤 군대라도 따를 수 없을 것이다. 이 교련이 끝난 뒤에 학생들은 3개 중대로 나뉘어서 한 중대는 진지를 지키고 나머지 두 중대는 이를 공격해 왔다.

---

53)「江華大運動景況」『皇城新聞』1907. 5. 27.
54) 위의 글 ;「굉장흔 운동」『대한매일신보』1908. 5. 17.

그들은 죽창과 흰 공, 붉은 공을 무기로 사용했다. 한참동안 성 주위에서 공격작전, 후퇴작전, 돌격, 접전 적십자 활동을 하고 격전을 벌이면서 성을 함락시키고 태워버림으로써 교련을 끝냈다.55)

이 '공격방어'가 시연해 보여주고 있는 포병대, 보병대, 돌격대(=기병대)의 편성은 이루어진 18세기 이래 서구 육군의 일반적인 전술적인 편성과 일치한다.56) 그리고 이런 형태의 시범은 상당한 수준의 훈련과 연습이 없이는 불가능하다. 이런 점에서 보창학교에서 실시한 군사교육이 상당히 높은 수준의 교련을 포함하고 있음을 알 수 있다.

이 시기 운동회가 국가주의적인 성향을 띠는 것은 일반적 경향이지만,57) 이렇게까지 직접 군사적 훈련에 가까운 종목을 채택하고 있는 경우는 거의 없다. 일반적인 운동회의 종목을 보자. 1907년 10월 27일 서울 각 학교 연합대운동회에서는 행진과 연합체조가 군사적 면모를 보이기는 하지만 나머지는 달리기, 이어달리기, 공 던지기, 여학생 깃발 뺏기, 기마 깃발 뺏기 등의 육상 종목들로 진행되었다.58)

군사적 계몽주의는 충군애국의 근왕적 정서에 기반하고 있었다. 학교 설립과 계몽활동은 최종적으로 실력, 특히 군사적 실력을 양성하기 위한 수단이었지만, 결정적인 상황에서는 군사적 행동주의로 귀착되었던 것이다. 적어도 1907년까지 이동휘는 충군애국의 근왕주의적 태도를 강력히 유지하고 있었다.59) 따라서 그의 계몽주의는 군사적 준비

---

55) 전택부, 앞의 책, 44쪽.
56) 존 키건 지음,『세계전쟁사』, 유병진 옮김, 까치글방, 1996, 483쪽.
57) 이승원,『학교의 탄생』, 휴머니스트, 181~211쪽.
58) 「官私立學校 秋季聯合運動會 景況」『황성신문』1907. 10. 27.
59) 이동휘는 이용익을 통해서나 아니면 대한제국 황실을 직접 통해서 효율적인 교육사업을 추진할 수 있었다. 비록 강화진위대장직은 사퇴했으나 근왕주의적 태도는 여전했다. 교육에서도 그 영향은 강해서 개성 보창학교생들과 함께 정몽주의 순절을 기념하는 추모회를 거행하면서 충군애국의 사상을 고취하곤 했다. 「숭양긔념회」『대한매일신보』1908. 5. 7.

와 실력양성의 성향을 강하게 지니고 있었으며 국권의 심대하고 직접적인 위기에서는 직접적인 군사행동으로 직결되었다. 이런 태도는 1907년 7월 24일의 강화도에서 행한 연설에서 드러나는데, 이동휘는 고종을 일본에 파천(播遷)시킨다는 보도가 전해지자 각처에서 의병들이 봉기하고 있다고 전하면서 "우리가 사는 이 강화도에서도 同心奮起할 것을 결단하여 왜적의 총칼 아래 죽는데 이르더라도 변하지 않을 결심을 가져야" 하며 "모두 나와 싸워 물리나지 않으면 외국의 노예는 되지 않을 것"이라고 고무했다.60)

이것은 강화도라는 지역적 특성 때문에 가능하기도 했다. 다른 어느 지역보다 왕조에 대한 충성심이 높은 곳이며 수도 방어의 핵심 군사적 요새로서의 전통을 지니고 있었으므로 군사적 계몽주의를 실현하는 최적의 지역이었던 것이다.

이렇게 학교 교육과 군사적 준비를 결합시키려는 경향은 1909년 이후 기독교 전도에 열심일 때도 변하지 않았다. 이동휘는 함경남도 북청군에 서북학회 계열을 통합하여 140여명의 회원으로 북청군 교육회를 조직하도록 했다. 북청군 교육회는 매주 월요일 각 학교 생도들을 모아 연설회와 토론회를 열었다. 특히 이동휘가 대한제국에 "병비가 없고 병기는 관에서 몰수하여 하루아침에 일이 있더라도 그 변에 응할 수 없으므로 항상 학생에게 병식 훈련을 실시하자고 제창"하므로 교육회원들이 찬성하여 생도대대를 조직하고자 생도수와 필요 자금 등을 조사하기에 이르렀다고 한다.61) 이동휘가 계몽의 수단으로서 학교 교육을 어떻게 군사적 준비와 연동시키려 했는지 잘 보여주는 사례라 할 수 있다.

---

60) 丹羽賢太郎,「復命書」『機密書類綴』1907. 8. 23.
61)「高秘發 제1154호의 1, 융희 4년 2월 15일 내부 경무국장 마쓰이 시게루」, 김승태,「자료 소개―이동휘에 관한 일제 경찰의 기밀 보고서(1)」『한국기독교역사연구소소식』41.

2) 사회진화론과 기독교의 수용

애국계몽운동에 참여했던 다른 많은 사람들처럼 이동휘가 세계를 파악했던 것도 기본적으로는 사회진화론적 시각이었다. 서북지방을 순회하면서 1909년 6월 22일 평양에서 한 연설에서 이동휘는 "지금의 세계는 민족경쟁시대라, 독립한 국가가 아니고는 민족이 서지 못하며 개인이 있지 못한다. 국민의 각자가 각성하여 큰 힘을 발휘하지 아니하고서는 조국의 독립을 유지할 수 없다"[62]고 하였다. 국가를 단위로 한 우승열패의 경쟁의 장으로 세계를 인식했던 당대 사회진화론의 전형적인 면모를 보여주고 있다. 문명은 생존을 위해 도달해야 할 필수적인 목표로 인식되었고, 이동휘는 "일찍이 문명을 각성하여 국가를 중흥시키고 진실로 교육의 주장과 창도를 소홀히 하지 않는[63]"사람이었다.

보창학교의 교육도 역시 이런 관점에서 이루어졌다. 지금 보창학교의 교가라 전해지는 노래의 가사는 다음과 같다.[64]

> 무쇠근육 돌주먹 소년 남자야
> 애국의 정신을 분발하여라
> 때 달았네 때 달았네
> 우리나라 때 달았네

그런데 사실 이 노래는 이미 다른 곳에서도 널리 불려지고 있었기

---

62) 劉錫仁, 『愛國의 별들』, 敎文社, 1965, 186~187쪽.
63) 沛東野人, 「送李東輝先生之北」 『西北學會月報』 1909. 10. 1.
64) 崔翠秀, 앞의 논문, 60쪽. 1985년 2월 8~9세에 보창학교를 다녔던 김조산 옹의 육성 증언을 채록한 원문에는 "무쇠구녁(주먹) 돌구녁 소년남자야~"라고 되어 있으나 '무쇠근육'을 오기인 듯 하다.

때문에 굳이 보창학교만의 교가는 아니었다. 1909년 한인야구단 용창가라고 소개된 '소년남자가'65)를 보자.

> 무쇠골격 돌근육 소년남자야
> 애국의 정신을 분발하여라
> 다다랐네 다다랐네 우리나라의 소년의 활동시기 다다랐네
> (후렴) 아닌 저녁 연습하여 후일적공 세우세
> 절세영웅 대사업이 우리목적 아닌가

 어느 경우에나 진화론적 세계의 치열한 생존경쟁에서 승리하기 위한 강하고 굳센 젊은 남성의 모습을 그려내고 있다. 그리고 이 젊은이들이야말로 보창학교가 양성하고자 한 이상적인 민족의 상이었다.
 한편 현대는 우승열패의 시대이며 서구문명을 수용해야만 살아남을 수 있다는 절박한 위기의식은 다른 많은 지식인들처럼 이동휘도 기독교에 관심을 가지게 했다. 이동휘가 기독교에 입문한 정확한 시점은 파악할 수 없지만 1905년 이전인 것은 확실하다. 그가 이미 1905년에

> 기독교가 아니면 상애지심이 없고, 기독교가 아니면 애국지심이 없으며, 기독교가 아니면 독립지심이 없다. 자수자강의 기초가 기독교에 있으며 충군애국의 기초가 기독교에 있으며 독립단합의 기초가 기독교에 있다.66)

고 한 것에서 단적으로 드러난다. 문명의 여러 지표가 기독교에 속하는 것으로 인식했던 것이다. 당시 지식인들은 기독교를 서구문명과 직접 동일시하는 경향이 있었고, 선교사들도 자신이 거주하는 근대식 건

---

65) 『대한매일신보』 1909년 7월 24일.
66) 이동휘, 「遺告二千萬同胞兄弟書」 『성재이동휘전서』.

물이나 과학기구, 근대적 생활용품을 한국인들에게 과시함으로써 개신교와 문명진보를 등치시키려고 노력했다.67)

그런데 이동휘는 서구 기독교를 문명의 표상으로 삼아 사회진화론적 인식을 유지하면서도 반일의 정서와 기조를 강화했다. 일본을 문명이 아닌 것으로 인식했기 때문이다. 폭악과 살인을 자행하는 반문명의 국가와 체제로 인식함으로써 적극적인 반일 기독교의 논리를 구성했다.

전도여행에서 그는 "한국은 현재 일본의 압박을 받아 참으로 위험한 상태"에 있지만, "청일 러일 두 전쟁에서 폭악 살인을 하지 않음이 없었던" 일본은 곧 하늘의 노여움을 사 흉악이 주어질 것이라고 보았다.68) 문명의 표상인 기독교의 윤리에 크게 어긋난 일본은 진정한 문명이 될 수 없으니 곧 멸망하게 될 것이었고, 따라서 우리가 이 상황을 극복하기 위해서는 기독교 신자가 되어 예수의 힘에 의해 멸망에서 벗어나야 한다고 했다. 심지어는 "우리나라가 문명에 나아가 독립하려면 학교를 일으키는 것보다 차라리 야소교에 들어가"야 하며 "우리나라 현재의 신도는 60만이오 만약 백만에 이르면 영국에서 총대장이 와서 우리나라를 도와 일본인도 점차 물러갈 것"69)이라고 하기도 했다. 1910년 이미 교육을 통한 군사적 준비를 통해서도 희망을 찾기에는 너무나 촉박한 상황 속에서 그는 현실적인 '주님의 군대'를 기대했던 것은 아닐까?

---

67) 장석만, 「근대문명이라는 이름의 개신교」『역사비평』 46, 1999.
68) 「憲機第 824호 서북학회원 전 보병 참령 이동휘 연설에 관한 건 3월 21일 함흥분대장 보고」, 김승태, 「자료 소개 – 이동휘에 관한 일제 경찰의 기밀 보고서 (1)」『한국기독교역사연구소소식』 41.
69) 「高秘受 제 2379호의 8, 융희 4년 4월 20일, 내부 경무국장 松井茂」, 김승태, 「자료 소개 – 이동휘에 관한 일제 경찰의 기밀 보고서(3)」『한국기독교역사연구소소식』 43, 24쪽.

5. 맺음말

 이동휘는 대한제국의 고위 무관이었고, 초기 기독교의 지도자 중 한 사람이다. 동시에 그는 최초의 한국인 공산주의자 그룹의 지도자였고 상해 임시정부의 국무총리이기도 했다. 이 격동의 시기에 그는 한국 근대의 거의 모든 사상과 운동을 섭렵했다. 그리고 그 이력은 언뜻 참 모순적이다. 특히 일제에 의해 한국이 완전히 식민지화되기 직전인 1900년대 그의 활동을 논리적으로 설명하기는 매우 힘들다. 그러나 이 시기 이동휘의 활동에 일관된 원리가 있었고, 그 중에서 가장 중요한 것은 대한제국의 군인으로서 정체성이었다. 이동휘의 교육운동과 의병, 그리고 기독교 신앙의 모순적인 결합은 그 속에서 가능했다.
 이동휘는 강화도 진위대장을 사임한 이후 보창학교 교장으로 적극적인 계몽운동에 종사했다. 이동휘의 교육운동의 특징은 군사적 경향이 두드러져 <의무교육+국민개병>의 원리를 통합 실현하고자 했다. 보창학교를 중심으로 강화도 전 지역을 56개 구역으로 나누고 구역마다 학교를 설립하여 의무교육을 실시하려 했으며, 학교에서는 군사교육을 필수적으로 실시했다. 이동휘가 계몽의 수단으로서 학교교육을 군사적 준비와 연동시키려 했고, 학생조직을 군사화시키는 방안을 현실적으로 고려하기도 했다.
 한편 이동휘의 교육활동에서 기독교도 특히 중요한 역할을 수행했다. 국가를 단위로 한 우승열패의 경쟁의 장으로 세계를 인식했던 당대 사회진화론의 전형적인 인식틀에서 벗어나지는 못했다. 그러나 이동휘는 서구 기독교를 문명의 표상으로 삼아 사회진화론적 인식을 유지하면서도 반일의 정서와 기조를 강화했다. 일본을 문명이 아닌 것으로 인식했기 때문이다. 폭악과 살인을 자행하는 반문명의 국가와 체제로 인식함으로써 적극적인 반일 기독교의 논리를 구성할 수 있었다. 이동휘에게 기독교는 강력한 서구의 힘을 가능하게 한 정신적 기반이면서 동시에 반일적 태도를 유지할 수 있게 해주는 이념적 원천이기도 했다. 즉 그에게 기독교는 일본과 다른 문명의 이념과 세계를 나타내는 표지였다. 기독교적 근대를 일본의 침략주의적 근대와 구분하고 오히려 반일적인 것으로 재구성하여 반일의 이념적 태도를 확고히 했다. 그리고 이런 반일적 기독교와 군사적 계몽주의를 결합하였던 것이 이 시기 이동휘의 계몽사상과 운동의 중요한 특징이라 할 수 있을 것이다. 그리고 이것은 그가 활동했던 곳이 다른 어느 곳보다 전통적인 군사적 요충지이면서 수준 높은 지역문화의 중심지요 기독교적 계몽운동의 새로운 근거지였던 강화였기 때문에 가능한 것이기도 했다.

그러나 이런 결합이 그다지 확고한 것은 아니었다. 어떤 면에서 기독교는 이동휘에게 역사의 진보와 변혁의 필연을 제시하면서도 반일을 유지하게 해주는 이념적 장치였다. 만일 이를 대체하는 더 효율적인 무엇인가가 나타난다면 충분히 교체 가능한, 어떤 의미에서 이동휘의 사상을 하나의 장치라고 파악했을 때 그것의 한 부분을 구성하는 모듈과도 같은 것이었다. 기독교라는 모듈은 사회주의라는 새로운 모듈이 제시되었을 때 어렵지 않게 교체 가능했던 것이다.

【참고문헌】

『황성신문』
『대한매일신보』
『성재 이동휘 전서』
『독립운동사자료집』 3.
朴憲用 編, 『續修增補 江都誌』, 1932.

차준회, 「한말 군제개혁에 대하여」 『역사학보』 22, 1964.
劉錫仁, 『愛國의 별들』, 敎文社, 1965.
李存熙, 「朝鮮王朝의 留守府 經營」 『한국사연구』 47, 1984.
崔翠秀, 「1910년 전후 강화지역 의병운동의 성격」 『한국민족운동사연구』 2, 1987.
김철수 친필유고, 「이동휘에 대하여」 『역사비평』, 1989 여름.
尾形裕康·石川松太郎·石川鎌·唐澤富太郎 저, 『日本敎育史』, 신용국 역, 교육출판사, 1992.
반병률, 『성재 이동휘 일대기』, 범우사, 1998.
김 방, 『이동휘 연구』, 국학자료원, 1999.
서인한, 『대한제국의 군사제도』, 혜안, 2000.
강화군 군사편찬위원회, 『강화사』 1권, 2003.
조현욱, 「한말 이동휘의 교육진흥운동」 『문명연지』 5권 1호, 2004.
김형목, 『대한제국기 야학운동』, 경인문화사, 2005.
서정민, 『이동휘와 기독교』, 연세대학교 출판부, 2007.

◇ 이 글은 「강화도에서 이동휘의 계몽운동」(『도서문화』 33, 도서문화연구원, 2009)을 보완한 것이다.

제3장 포구와 생활

김건수 / 금강하구역의 패총 성격
홍선기·김재은 / 포구와 마을숲
홍선기 / 섬의 생태적 특성 활용과 지역 활성화
문병채 / 영산강 하류지역에 있어서 포구의 기능과 역할
　　　　―무안 옹기마을(석정포)을 중심으로

금강하구역의 패총 성격

김 건 수

1. 머리말

   금강하구역에는 군산을 중심으로 비응도, 오식도, 내초도, 고군산군도가 위치해 있으나, 최근의 각종 개발로 인해 군산에 면해 있던 도서지방은 전부 육지화 되어 더 이상 섬이 아니고, 고군산군도만 원래의 모습을 가지고 있다. 이 같은 지형의 변화는 패총의 성격을 고찰하는데 있어 오해를 불러 일으킬 소지가 다분하다. 즉 배를 타고 갈 수 있던 곳을 이제는 걸어서 갈 수 있으니 상시 이동 가능한 장소로 파악할 수 있다는 것이다.

   금강하구역의 고고학적 조사는 최근에 활발히 이루어지고 있는데 그 결과 구석기시대부터 삼국시대에 이르기까지 다양한 유적이 산재해 있다(군산대박물관 2001). 필자는 이 가운데 해양문화와 밀접한 관련이 있는 貝塚을 선택하여 금강하구역에 위치하는 패총의 성격을 고찰하고자 한다. 이 성격을 살펴보기 위해 먼저 시기·지리적으로 패총이 어떤 양상을 띠고 있으며, 또 이미 발굴조사된 패총의 자연유물과 어로도구의 상관관계를 살펴 해양문화 가운데 어로 행위를 살펴본다. 필자는 우리나라 패총에서 출토되는 자연유물과 어로도구의 상관관계를 살펴 외양성패총, 내만성패총, 외양성+내만성패총으로 분류한 바 있다(김건수 1999).

- 외양성패총: 외양성 성질을 가진 패류, 해수류, 아류 등과 함께 작살, 낚시가 출토되는 유적이다.
- 내만성패총: 내만성 성질을 갖는 패류, 어류 등과 함께 어망추가 출토되는 유적이다.
- 외양성+내만성: 패류는 내만성 성질을 갖는 종이 주체를 이루고, 이에 반해 외양성의 해수류, 어류가 출토되며 어망추, 작살, 낚시가 출토된다.

2. 금강유역의 패총현황(그림1)

금강하구역에 위치하는 패총은 표1에 보이는 것처럼 93개소가 군산시내를 비롯하여 고군산군도에 폭 넓게 분포하고 있다. 이들 패총을 남해안지방과 비교하였을 때 남해안은 대규모로 일개소에 집중하는데 반해 이곳은 소규모로 다수가 위치하는 것이다. 예를 들면 신관동 6개소, 노래섬 6개소, 선유도 7개소 등을 들 수 있다.

이러한 금강하구역의 패총을 지리·시기적인 관점으로 나누어 살펴본다. 위에서 언급한바와 같이 현재의 금강하구역은 개발로 인하여 많은 지리적 변화를 오늘에 이르고 있다. 1914년도에 발간된 조선총독부의 지도를 보면 군산과 옥구를 잇는 육지 서쪽으로 옥서면 일대가 간척사업으로 육화되어 있으며, 그 서쪽으로 내초도, 오식도, 비웅도, 가도 등은 완전이 섬이였음을 보여준다(<그림 2>). 그런데 오늘날에는 이들 지역까지 매립되어 더 이상 섬으로서 의미는 없다.

　패총은 크게 지리적으로 성산면과 나포면권, 군산시내권, 연안도서권(오식도,비응도 등), 원도권(고군산군도) 등 4개의 영역권이 있었음을 알 수 있다. 현재의 지리적 관점으로부터 패총의 입지역을 이해하기는 어려울 것이다. 즉 현재의 시점으로 패총의 입지역을 해석하면 패총이 바다와 멀리 떨어져 있음에도 불구하고 일부러 바다에 나가 식자원을 획득하였고 그 결과로서 패총이 형성되었다고 할 것이다. 그러나 옛 지도를 보고 지형을 이해한다면 가까운 바다에 나가 식자원을 획득하였다고 할 것이다.

　이를 시기적으로 살펴보면 신석기시대에는 연안도서권(오식도,비응도 등), 원도권(고군산군도)에 패총이 형성되고, 청동기시대에는 전지역에 패총이 산발적으로 형성되고, 철기시대 이후가 되면 전지역에 걸쳐 패총이 형성되기는 하나 연안도서지역에서의 패총의 수는 줄어들고, 군산시내권에서 밀집도가 전시기보다 훨씬 높아짐을 알 수 있다. 이처럼 신석기시대에 도서지방에서 형성된 패총이 시기가 새로워질수록 그 분포역을 육지로 넓혀가고, 또 밀집도가 높아지는가는 여러 가지 요인으로 생각할 수 있을 것이다.

　첫 번째가 생업의 변화를 들 수 있다. 즉 신석기시대의 수렵·채집·어로 경제에서 청동기시대 이후 농업경제로 생업이 변화되어 삶의 터전이 육지 지향적이 되는 것이다.

　두 번째는 환경의 변화를 들 수 있다. 이미 필자가 남해안지방의 철기시대 패총의 형성에 관하여 살펴본 결과 급작스런 한랭화가 일어나 먹을 것 때문에 곤란을 겪던 당시의 사람들이 해안가에서 먹을 것을 구했던 결과 패총이 형성되었음을 살펴보았다(최성락·김건수 2002).

　세 번째는 바다의 수위와 관련이 있을 것이다. 즉 일본에서 연구된 바와 같이 죠몬해진(繩文海進), 야요이소해퇴(彌生小海退)와 같은 현상이 우리나라에서 일어났을 것이다.

　이것들 세가지는 별개로 다루어졌으나 크게 보면 모두 맞물려가는 것을 알 수 있다. 비록 필자가 두 번째 요인을 해결하기 위해 인문학적으로 접근하였으나 과연 얼마나 풀어졌는지 의문스럽고, 첫 번째와 세 번째는 장래 우리가 풀어야할 과제이다.

3. 자연유물로 본 패총 성격

　군장국가공단 조성사업으로 인하여 패총연구의 불모지였던 금강 하구역의 패총 조사가 한꺼번에 이루어져 그 성격이 시대별로 파악되게 되었다. 여기에서는 시기별로 그 특징을 살펴본다.

1) 신석기시대

　하구역의 연안도서인 오식도, 노래섬, 가도, 비응도 등에서 신석기시대 패총이 조사되고 이 가운데 노래섬과 가도에서는 자연유물도 분석이 이루어졌다.

　※노래섬패총 '가지구' C4그리드(김건수 2001)
　패류는 참굴 중심에 일부 백합, 피뿔고둥이 있다. ⇒굴지구(이영덕 2006)
　어류는 참돔, 복어, 민어가 주를 이루며 이외에 가오리, 상어, 농어, 감성돔, 양태 등이 소량 확인되었다.⇒결합식낚시, 절목석추
　수류는 '가지구' 전체를 대상으로 분석. 사슴류, 멧돼지, 너구리, 돌고래, 물개류가 있다. ⇒작살

※가도패총(김건수 2001, 이준정 2002)

패류는 참굴 중심에 극소량의 백합, 피뿔고둥 등이 있다.
어류는 참돔, 민어, 상어 등 ⇒ 결합식 낚시
수류는 사슴류, 멧돼지, 돌고래 ⇒ 석촉

이상과 같은 결과를 이용하면 신석기시대 사람들은 봄철에서부터 겨울까지 사계절 동안 해양자원 다양하게 식용으로 이용하였음을 알 수 있다.
원그래프사용 - 연대도패총보고서

이상과 같은 특징을 종합하면 신석기시대 노래섬, 가도패총은 외양성+내만성의 성질 갖는 유적이다.

2) 청동기시대

금강하구역에서 청동기시대의 패총은 산발적이기는 하지만 전역에 걸쳐 분포하고 있다. 이는 우리나라 전체의 패총 분포 양상과는 다른 모습이다. 즉 우리나라에서 가장 많은 패총이 분포하고 있는 남해안지방에는 신석기시대와 철기시대의 패총은 다수 분포하지만 청동기시대 패총은 거의 확인되지 않고 있는 형편이다. 그런데 금강하구역에서 다수의 패총이 확인되어 다른 지역과 비교되는 다른 생업을 생각해 볼 수 있게 한다.

※가도패총: 참굴
※오식도 A패총(최성락·김건수 2002): 참굴 90%, 대수리, 피

뿔고둥 조금

　게류집게발, 성게가 검출되었으나 어류는 전혀 확인되지 않음.
　⇒ 겨울철 휴어장기에 일시적으로 굴을 이용한 것이 패총으로 형성되었음.

3) 철기시대

　철기시대에 들면 원도권과 군산시내권에 걸쳐서 패총이 밀집되어 분포하고 연안도서권에서는 쇠퇴하는 양상을 보인다.
　둔덕패총: 참굴이 약 80%를 차지하며, 어류는 농어, 방어, 민어, 망둑어가 확인되었고, 수류는 소가 확인되었다.

4. 맺음말

　이상과 같이 금강하구역에 위치한 패총의 성격을 고찰하였다. 신석기시대 패총은 원도권과 연안도서권에 입지하며 외양성+내만성의 특징을 보이고 있다. 청동기시대에는 금강하구역 전역에 걸쳐 패총이 위치하나 산발 적이며 내만성이다. 철기시대 패총은 군산시내권에 집중하며 내만성이다.
　이처럼 금강하구역의 패총을 지리·시기적으로 나누어 그 특징을 살펴보았나, 전체 93개소의 가운데 발굴조사된 일부 유적만을 가지고 그 성격을 논했다는데 무리가 있을 것으로 생각한다. 그러나 이것이 현재의 금강하구역 패총의 연구 실태이며, 이것을 극복하기 위해서는 좀 더 체계적인 조사가 이루어져야 할 것이다.

〈표 1〉 금강하구 패총

번호	유적명	소재지	시기	비고
1	玉崑里貝塚 A	나포면 옥곤리 강정마을	삼국	
2	玉崑里貝塚 B	〃	원삼국~조선	
3	酒谷里貝塚 A	나포면 주곡리 신촌마을	원삼국~삼국	
4	酒谷里貝塚 B	나포면 주곡리 외곡마을	〃	
5	酒谷里貝塚 C	나포면 주곡리 대동마을	원삼국	
6	酒谷里貝塚 D	나포면 주곡리 원주곡마을	〃	
7	富谷里貝塚	나포면 부곡리 후죽마을	〃	
8	寶德里貝塚	대야면 보덕리 송정마을	〃	
9	西浦里貝塚	나포면 서포리 서왕마을	〃	
10	余方里 藍田遺蹟 A	성산면 여방리 남전마을	〃	발굴
11	余方里貝塚	성산면 여방리 원여방마을	원삼국~삼국	
12	聖德里貝塚 A	성산면 성덕리 항동마을	청동기~삼국	
13	聖德里貝塚 B	〃	삼국~조선	
14	內興洞貝塚 A	군산시 내흥동 신기마을	조선	
15	內興洞貝塚 B	군산시 내흥동 사옥마을	〃	
16	屯德里貝塚 A	성산면 둔덕리 둔덕마을	청동기~원삼국	발굴
17	屯德里貝塚 B	〃	원삼국	〃
18	山北洞貝塚	군산시 산북동 갈마마을	삼국	
19	玉山里貝塚 A	옥산면 옥산리 내류마을	미상	
20	玉山里貝塚 B	옥산면 옥산리 여로마을	원삼국~삼국	
21	月淵里貝塚	회현면 월연리 월하산마을	원삼국~고려	
22	米龍洞貝塚 A	군산시 미룡동 원당마을	청동기~삼국	
23	米龍洞貝塚 B	〃	원삼국	
24	新觀洞貝塚 A	군산시 신관동 신관마을	〃	
25	新觀洞貝塚 B	〃	〃	
26	新觀洞貝塚 C	〃	〃	
27	新觀洞貝塚 D	〃	〃	
28	新觀洞貝塚 E	〃	〃	
29	新觀洞貝塚 F	군산시 신관동 작선마을	청동기~삼국	
30	新觀洞貝塚 G	〃	원삼국~삼국	
31	開寺洞貝塚 A	군산시 개사동 개삼마을	청동기~삼국	
32	開寺洞貝塚 B	〃	원삼국~삼국	
33	開寺洞貝塚 C	군산시 개사동 개이마을		
34	船堤里貝塚 A	옥구읍 선제리 선제마을	〃	
35	船堤里貝塚 B	〃	청동기~삼국	
36	船堤里貝塚 C	옥구읍 선제리	원삼국~삼국	
37	船堤里貝塚 D	옥구읍 선제리 동마산마을	원삼국	
38	玉峰里貝塚 A	옥서면 옥봉리 남동마을	미상	
39	玉峰里貝塚 B	옥서면 옥봉리 신동마을	원삼국~삼국	

40	仙緣里貝塚 A	옥서면 선연리 장원마을	원삼국~조선	
41	仙緣里貝塚 B	옥서면 선연리 난산도	미상	
42	仙緣里貝塚 C	옥서면 선연리 신난산마을	삼국~조선	
43	開也島貝塚	옥도면 개야도	신석기	
44	箕簹島貝塚	군산시 오식도동 오식도	신석기~원삼국	발굴
45	노래섬貝塚 가지구	군산시 오식도동 노래섬	신석기	〃
46	노래섬貝塚 나지구	〃	신석기~삼국	〃
47	노래섬貝塚 다지구	〃	원삼국~삼국	〃
48	노래섬貝塚 라지구	〃	신석기~삼국	〃
49	노래섬貝塚 마지구	〃	신석기	〃
50	노래섬貝塚 바지구	〃	신석기	〃
51	飛應島貝塚 A	군산시 비응도동 비응도	원삼국	〃
52	飛應島貝塚 B	〃	신석기~청동기	〃
53	飛應島貝塚 C	〃	청동기	〃
54	飛應島貝塚 D	〃	신석기~청동기	〃
55	띠섬貝塚 Ⅰa	군산시 오식도동 띠섬	청동기	〃
56	띠섬貝塚 Ⅰb	〃	〃	〃
57	띠섬貝塚 Ⅰc	〃	〃	〃
58	띠섬貝塚 Ⅰd	〃	삼국	〃
59	띠섬貝塚 Ⅱa	〃	청동기	〃
60	띠섬貝塚 Ⅱb	〃	신석기~청동기	〃
61	띠섬貝塚 Ⅱc	〃	청동기~삼국	〃
62	駕島貝塚 A	군산시 오식도동 가도	신석기~고려	〃
63	駕島貝塚 B	〃	신석기~청동기	〃
64	駕島貝塚 C	〃	〃	〃
65	駕島貝塚 D	〃	원삼국	〃
66	駕島貝塚 E	〃	신석기~삼국	〃
67	內草島貝塚 A	군산시 내초동 내초도	신석기	
68	內草島貝塚 B	〃	〃	
69	內草島貝塚 C	〃	〃	
70	內草島貝塚 D	〃	신석기~원삼국	
71	末島貝塚 A	옥도면 말도	신석기	
72	末島貝塚 B	〃	〃	
73	末島貝塚 C	〃	원삼국	
74	串里島貝塚	옥도면 관리도 꽂리마을	신석기~삼국	
75	大長島貝塚	옥도면 대장도 대장마을	청동기~조선	
76	仙遊島貝塚 A	옥도면 선유도 밭너머마을	신석기~조선	
77	仙遊島貝塚 B	〃	미상	
78	仙遊島貝塚 C	〃	삼국~고려	
79	仙遊島貝塚 D	옥도면 선유도 샛터마을	〃	
80	仙遊島貝塚 E	옥도면 선유도 진말마을	고려~조선	

81	仙遊島貝塚 F	옥도면 선유도 통계마을	신석기	
82	仙遊島貝塚 G	〃	삼국~고려	
83	巫女島貝塚 A	옥도면 무녀도 1구	미상	
84	巫女島貝塚 B	〃	〃	
85	巫女島貝塚 C	〃	원삼국	
86	巫女島貝塚 D	옥도면 무녀도 2구	미상	
87	新侍島貝塚 A	옥도면 신시도	〃	
88	新侍島貝塚 B	〃	〃	
89	新侍島貝塚 C	옥도면 신시도 지풍금마을	삼국	
90	新侍島貝塚 D	옥도면 신시도	미상	
91	新侍島貝塚 E	〃	신석기~원삼국	
92	德山島貝塚	옥도면 덕산도	신석기~삼국	
93	飛雁島貝塚	옥도면 비안도 비안마을	삼국~고려	

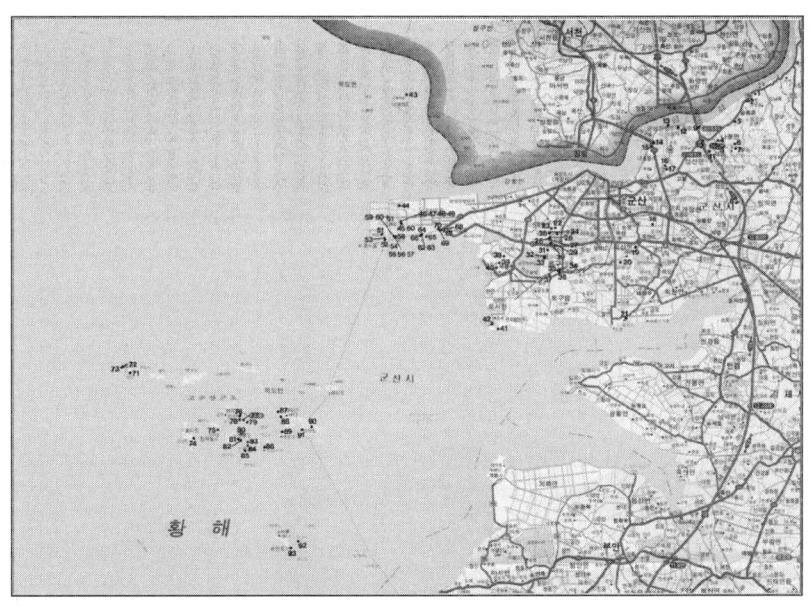

〈그림 1〉금강 하구역의 패총 분포도

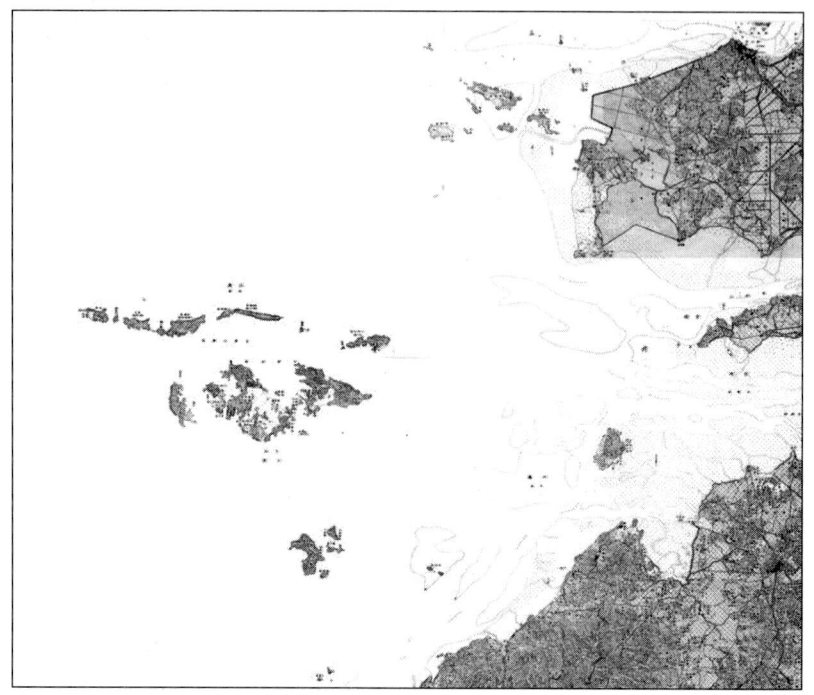

〈그림 2〉 1914년 조선총독부 발행 지도

포구와 마을숲*

홍선기·김재은

1. 서론

토지이용에 있어서 지속적인 자연자원관리와 다양한 자원의 효율적 이용은 자연과 공생하는 환경친화적 지역생활문화를 만들어 내는 데 중요한 역할을 한다. 특히 숲은 주민들의 농업림을 기반으로 하는 생활을 기초로 마을의 공동체적인 부분과 사회적이며 공익적인 부분이 결합된 전통적인 생태문화이다(Kim et al. 2006). 이러한 숲은 경제성을 기초로 한 循環的인 생물자원이용 중에서 국토보전, 환경보전 및 경관의 안정성 보호 등의 공익적 기능을 갖고 있을 뿐 아니라 일상생활에서의 관리를 통하여 화재의 예방, 복구가 행하여지는 등의 국토관리상 중요한 역할을 하고 있다. 이처럼 숲에 대한 공공적인 인식은 이미 사회 전반에 걸쳐 오랫동안 확립되어 왔다(武內 1994; 重松 1995).

우리나라는 전후 어려운 경제회복 기간 중에서도 1960년 헐벗은 산에 나무를 심기 시작하면서 대대적인 산림관리를 해오고 있으며 1970

---

* 본 원고는 2007년도『도서문화』29호에 게재된 본문을 전재한 것이다.
   (KCI / KRF - 2005-005- J13701)

년의 새마을 운동을 하면서 마을의 도로가 개설되고, 토지가 개간되면서 마을의 모습은 많이 바뀌었다. 그러나 지난 세월을 돌이켜 보면, 너무 빠르게 지난 시간 속에서 무심코 잃어버린 것들이 너무 많았다는 것을 알 수 있다. 그 중에 하나가 '숲'이다. 지난 50년간 나무를 심었고, 녹화가 되었는데 숲이 없다니 어불성설이라고 할 수 있다. 그러나 지난 세월 우리 강산에 심은 나무들은 어떤 종류였을까. 아까시나무, 리기다소나무, 사방오리, 메타세코이아 등이 마을림에 자리잡고 있다.

미국인들이 보면 매우 친숙한 나무들이다. 오랫동안 우리 마을지역의 문화를 창출하고 주민 공동체의 축제마당이었던 전통적인 숲 공간은 경제개발에 의하여, 현대화에 의하여 사라지고 없다. 숲만 사라진 것이 아니라 우리의 문화와 역사도 사라지고 없다. 더욱 아쉬운 것은 겨우 남아 있는 전통숲 자원도 도시화에 따른 농어촌 생활형태의 변화, 고립화 및 고령화, 토지이용변화에 의한 생태계 파괴 등의 사회 환경 변화에 의하여 뿌리째 뽑히고 있다는 것이다.

오랫동안 마을숲은 마을에 대한 애향심, 주민의 단결력 등 마을의 문화·교육적 기능을 해왔다. 표현 방식은 서로 달랐지만 산촌마을, 어촌마을, 농촌마을에서는 마을의 행복과 풍요를 기원하는 축제 한마당이 숲에서 펼쳐져 왔다. 해안과 포구의 숲에서는 풍어제, 당산제 등 민속축제를 통하여 새로운 역사가 만들어지고 생활전통이 세워지고 자손대대로 그러한 숲의 문화와 역사는 이어져 왔다. 이러한 마을숲에는 인간문화만 있었던 것은 아니다. 심심산골에서 볼 수 없는 다양한 생물이 포구와 해안 마을에서만 발견되었는데 그것이 "문화생물"이다.

이처럼 마을숲은 문화생물의 발생지 기능도 가지고 있다. 이처럼 마을숲은 단순하게 생물학적인 가치, 에너지 자원의 가치로서 뿐만 아니라 마을 주민의 일상생활을 윤택하게 만들어준 심미적 기능을 가지고 있다. 숲의 성격과 기능을 논할 때는 대개 강원도의 수려한 숲만을 강조하는 것이 일반적이다. 그러나 전통 마을숲이라는 세부적인 카테고리에서 논할 때, 호남만큼 다양한 형태의 전통숲이 있는 곳은 우리나라에서 매우 드물다. 특히 해안과 포구의 숲은 풍어제를 지내고 어촌 마을의 안녕을 기원하였던 숲이다. 따라서 생태학적 가치 이상의 역사문화적 의미를 가지고 있다고 볼 수 있다.

최근 일본이나 유럽에서는 훼손되어 가는 전통마을림을 복원하여 지역의 생물다양성을 높이고 주민들에게 생태체험을 할 수 있는 공간을 제공하고자 하고 있다. 특히 일본에서는 오래된 사찰이나 사원 등에 조성되었다가 소실된 <鎭守の森>은 지역의 문화를 재복원하는 신문화창달의 재원뿐 아니라 생태관광자원으로서 활용되어 지역활성화에 기여하고 있다[1]. 최근 어촌에서는 지역활성화를 위하여 체험마을이 매우 활성화되고 있으며 국토해양부를 비롯하여 많은 지자체에서 마을을 지원하고 있다. 많은 사람들이 참여하여 다양한 어촌문화를 체험하고 있다(독살체험, 갯벌체험, 바지락채취 등). 그러나 바다뿐 아니라 어촌의 전통 마을숲은 어촌문화와 생태민속을 체험할 수 있는 또 다른 문화적 장치가 될 수 있으며 과거의 역사와 어로 민속을 이해할 수 있는 주요한 관광자원의 매개체 역할을 할 것이다.

2. 마을숲의 종류

마을숲에 대한 연구는 일제시대 조선총독부의 조사로부터 거슬러 올라간다. 조선총독부에서는 조선의 자연자원을 조사하기 위하여 다

---

[1] 일본의 백과사전인 『廣辭苑』에 의하면 '鎭守'의 첫 의미는 "병사를 주둔시켜 그 땅을 엄히 지키는 것"으로 되어 있다. 두 번째로는 "그 토지를 엄히 지키는 신. 또는 그 사찰"이라고 기술되어 있다. 따라서 '鎭守の森'는 "엄숙한 사찰 경내에 있는 숲"이라고 단순하게 생각할 수 있다.

각도의 조사단을 파견하였다. 그 중에서도 조선의 문화자원에 대한 대표적인 전국조사보고서로서 무라야마 지준의 <朝鮮の風水>와 조선총독부임업시험장의 <朝鮮の林藪>이다. 이 모든 사료에서 마을숲을 다루고 있다[2]. 특히 <朝鮮の林藪>는 마을숲에 대한 문화적 의미를 심도 있게 다룬 책이라 할 수 있다. 이 책에서는 마을숲에 대한 분류를 종교적인 관점, 교육, 위생, 풍경, 교통, 농업이용, 재목, 군사, 공공, 환경보안 등 10여 가지 세부항목으로 나누어 조사하였다. 이미 일본에서는 조선의 마을, 마을주민의 문화의식, 삶의 배경을 탐구하기 위한 방안으로 숲을 다루었던 것이다. 현재 문화재청에서 지정된 마을숲은 성황림(당숲), 호안림, 어부림, 방풍림, 보해림, 역사림 등 6가지다(<표 1>). 이러한 분류결과를 천연기념물의 6종류 분류와 상호 비교하여 보면 마을숲은 성황림, 비보림, 역사림, 조경림, 경관림, 교통림, 보안림, 군사림, 생산림의 9가지로 정리된다[3]. 현재 문화재청에서는 위와 같은 범례를 기준으로 전국적으로 마을숲에 대한 조사를 해 오고 있다[4].

    나무는 예로부터 민간신앙에서 돌과 물·동물 등과 더불어 自然神의 하나로 숭상되어 왔으며, 두려움의 대상이 되어 오기도 하였다. 그것은 신성한 나무에는 신령이 강림하거나 머물러 있다고 믿은 때문이며, 이와 같은 이유로 사람들은 이러한 나무를 神木 또는 神樹라 부르기도 하였다. 무속에서는 당나무를 하늘과 땅, 신과 사람이 만나는 신성한 곳이라 하여 우주의 중심으로 여겨 왔으며, 그것을 함부로 베거나 훼손시키거나 하면 木神이 노하여 병을 주고 재앙을 내린다고 믿었다. 그 주위에는 돌무더기를 쌓거나, 돌계단을 쌓고 있는 예도 많다. 세상이 바뀌면서, 당나무에 대한 신앙을 미신으로 보고 이를 타파하기 위해 마을

---

  2) 조선총독부 임업시험장,『조선의 임수』, 조선총독부, 1938.
  3) 임업연구원,『한국의 전통 생활환경보전림』, 산림청, 1995.
  4) 문화재청,『마을숲 문화재』, 자원조사 연구보고서, 2004.

당나무를 베어버리거나 훼손하여 당나무의 수효가 많이 줄어들었으며, 그로인해서 마을 사람들 사이에 반목을 불러일으킨 예도 허다하다. 그러나 당나무는 여전히 우리 주변에 많이 남아 신앙되고 있으며, 당나무 신앙은 아직도 한국사람의 생활 속에 면면히 이어져 오고 있다.

〈표 1〉 마을의 전통숲 사례

종류	기 능
城隍林	■ 숲이 마을을 보호하여 주고 안녕을 기원하여 준다고 믿음으로서 보전해 온 숲. ■ 대게 이 숲 안에 서낭당이나 당집 등을 설치하여 당제를 함 ■ 주요 수종: 느티나무, 팽나무 등 군락을 형성함
護岸林	■ 홍수 시에 하천 범람을 막아주는 제방역할을 하였음. ■ 하천이 있는 마을에서는 호안림이 발달함 ■ 주요 수종: 버드나무, 오리나무 등이 띠 숲을 형성함
魚付林	■ 대게 해안에 자연적으로 형성되었거나 인위적으로 조정된 숲으로 해풍을 막고 물고기가 안전하게 서식할 수 있도록 환경을 조성하는 역할을 함. ■ 풍어제를 지냄. ■ 바닷가에서는 방풍림의 역할도 함 ■ 주요 수종: 소나무나 느티나무 등의 띠 숲
防風林	■ 주로 해안가나 바람이 많은 곳에 조성되어 강풍을 막는 역할을 함. ■ 호안림과 마찬가지로 띠 숲을 형성하고 있음. ■ 바람으로부터 마을을 보호하는 마을 울타리인 '우실'의 역할을 함 ■ 주요 수종: 해수욕장 등의 곰솔 숲
補害林	■ 풍수지리적 의미가 있음. ■ 마을의 지형적 결함을 보완하기 위해 조성된 비보숲. ■ 현대적 의미의 '생태복원숲' 혹은 "환경보호림"이라 할 수 있음.
歷史林	■ 숲과 관련된 특별한 고사나 전설 등이 전하는 숲. ■ 마을 노거수
종합	■ 우리나라의 어촌과 농산촌의 마을유형에 따라서 다양한 마을숲의 구분이 나타날 수 있지만, 현대적인 생태학적 관점에서 판단할 때, 각 유형의 숲은 한 가지 이상의 생태적 기능을 갖추고 있다고 볼 수 있다. 예를 들면, 방풍림의 경우, 어부림일 수도 있으며, 또한 마을의 안녕을 기원하는 성황림의 특성을 갖출 수 있다는 것이다. ■ 유형별 수종 또한 명확하게 정해져 있지 않다. 기후대로 보아 중북부에서는 느티나무가 당목으로 활용되나, 남부에서는 팽나무가 사용되기도 한다. 그러나 유형과 수종을 떠나 중요한 것은 내세와 기복신앙에 기본을 둔 서민의 전통·생활문화가 숲을 통하여 전수되고 있다는 점이다.

3. 전통숲의 생태문화적 특성

우리는 숲을 풍치적인 차원에서만 바라보고 있으나 예부터 선조들은 숲이 가지고 있는 기능적인 측면을 매우 중요시하였다. 마을에 있는 당목이나 정자목 등도 결국 숲이나 나무가 가지고 있는 생태적 기능을 이용하여 상징성을 부여한 것이라고 할 수 있다(임업연구원 1995). 마을숲은 문화적, 생태적, 또한 역사적 유물 등 다양한 기준으로 관찰되고 분류될 수 있으나 현재 문화재청을 비롯하여 마을숲을 연구하는 학자들에게는 <표 1>가 일반적인 기준이 된다(문화재청 2004). 해안 및 포구의 숲도 이러한 기준을 가지고 유형을 분류할 경우 <표 2>와 같이 정리할 수 있다.

1) 堂山林

당산은 우리 민족의 토속신앙의 대상으로 그 명칭은 지역에 따라 다르다. 경기도, 강원도, 충청지방에서는 일반적으로 서낭당, 산신당, 성황당, 산제당으로 불리고 있으며, 영남지방이나 호남지방에서는 당산, 제주지방에서는 본향당, 산천당 등으로 불리고 있다. 그 밖에도 산령각, 산신각, 산주당, 할머니당, 할아버지당 등 다양하게 불려지고 있다. 신례는 숲 속에 제단이나 당집이 있지만 기본형은 주로 노거수 단목이며 여기에서는 풍년농사, 풍어, 기우, 액운 및 전염병 방지 등 부락단위와 후손번창, 운수대통, 기원성취, 득남 등 가족단위의 소원은 물론 가축의 번성까지도 축원하며 소원을 적은 종이를 태워서 하늘로 올리는 행위도 한다. 그러나 구한말 일제시대에 미신이라 하여 이 마을 축제를 못하도록 통제받았고 60년대 이후의 급격한 산업발전과정에서 크게 소실되어 현재 당숲을 찾기란 매우 어려운 것이 현실이다. 최근 산림청이나 문화재청에서 마을숲 보전차원에서 지역의 노거수에 관한 자료를 모으고 있고 또한 보호수로 지정하여 관리하고 있으나 당산제의 흔적은 거의 찾을 수 없다.

2) 防風林

방풍림(wind-break forest)이란 강한 바람으로부터 농경지 및 마을을 보호하기 위하여 조성된 숲으로서 주로 상록수림대로 형성되어 있다. 크게 농경지 방풍림 및 해안방풍림으로 분류할 수 있으며, 일반적으로 산림의 방풍기능은 주로 산악지형 조건 보다 도시나 해안, 경작지와 같은 평단지역에서 그 기능이 크게 발휘된다. 방풍의 효과는 형성된 수림대의 폭과 밀도에 비례하는데 수림대의 정면에서 보아 가지, 잎, 줄기가 전체 숲면적의 60% 정도의 면적을 점유하고 수목의 간격이 고르게 분포되어 있는 이상적인 방풍림에서의 방풍효과는 대체로 바람 위쪽에 있어서 수고의 5배, 바람 아래쪽은 수고의 35배 거리까지 영향을 미친다. 구체적으로 풍속의 감소효과는 바람 아래쪽 수고의 3~5배에 해당되는 지점이 풍속의 55~65% 정도로 가장 크며, 수고의 10배 저점에서는 20~40%를 감소시킨다. 뿐만 아니라 바람에 의하여 운반되는 토양입자, 먼지, 염분, 눈, 안개 따위를 막아 그로 인한 피해를 줄여 주고 있다(Forman 1995). 무안군과 같이 농지뿐 아니라 해안이 있는 해안가에서는 방풍효과 뿐만 아니라 연안에서의 풍어를 통해 어민생활 향상을 위한 어족유치를 목적으로 인공조성된 수림대가 많이 남아 있는데 이는 우리 선조들의 지혜로운 생활의 한 단면으로서 이러한 숲들을 魚付林이라고 한다[5].

안좌도의 대리마을에는 '우실'로 불리우는 마을숲이 있다. 이 숲은 주로 팽나무·느티나무의 띠형으로 구성된 숲이다6). 이 숲은 마을과 마을의 경계선을 이루며 지형적 결함을 보완하기 위하여 식재된 노거수 띠형 숲으로 마을 주민들의 철저한 보호와 입지조건이 비교적 양호하기 때문에 건전한 수형을 이루고 있다. 이 숲은 방풍림의 역할 뿐 아니라 농사를 하다가 지친 농부들의 휴식공간으로서 활용되고 있다. 포구의 숲은 대부분 방풍림의 역할을 하고 있다. 특히 해수욕장의 아름다운 소나무림은 주로 방풍림의 특성을 가지고 있다. 증도나 동호해수욕장, 무안군 해수욕장에 있는 곰솔숲은 소나무과로 잎이 소나무 잎보다 억센 까닭에 곰솔이라고 부르며, 바닷가를 따라 자라기 때문에 해송으로도 부른다7). 또 줄기껍질의 색이 소나무보다 검다고 해서 흑송(*Pinus thunbergii*)이라고도 한다. 바닷바람과 염분에 강하여 바닷가의 바람을 막아주는 방풍림이나 방조림으로 많이 심는다(홍 등 2006).

3) 護岸林

호안림이란 강변이나 하천변에 식재되어 물의 범람을 막고 제방과 농경지 및 마을을 보호하기 위하여 가꾸어진 숲으로 수종이 매우 다양하다. 농경사회에서 잦은 범람으로 인한 홍수피해로부터 마을을 보호해 주기 때문에 마을 수호신으로 인식되어 당산림 구실도 하고 있으며 방풍림으로서의 효과도 크다. 농사일을 하다가 휴식을 취하는 장소로

---

5) 전라남도,『전남의 전통문화(하권)』, 광주일보 출판국, 1983. 어부림은 물고기들이 번식하고 생육하기 쉽도록 온도와 양분을 제공하는 숲을 말한다. 따라서 어부림을 반드시 해안가에만 조성된 숲을 지칭한다고 볼 수 없다. 하천변의 河岸林도 어부림으로서의 생태적 역할을 한다고 볼 수 있다.
6) 최근 안좌도 대리마을의 우실은 사단법인 <생명의 숲>에서 시행한 마을숲 복원에 선정되어 2006년 복원사업이 완료되었다.
7) 임경빈,『소나무』, 대원사, 1996 ; 임업연구원,『소나무』, 1999 ; 임업연구원,『소나무림』.

도 활용되었으며 최근에는 여름철의 레크레이션, 여가선용 장소로도 많이 이용되고 있는 등 풍치경관림 기능도 발휘하고 있으므로 호안림은 다목적 생활환경 보전림이라고 표현할 수 있다.

4) 風致林

풍치림이란 수식을 목적으로 하지 않고 산림의 아름다움을 즐기기 위하여 보전되어 오는 숲으로서 주로 천연림으로 구성되어 있다. 이러한 숲들은 고도로 산업화되어 가는 과정에서 우리 인간들에게 레크레이션의 장소로 제공되는 데 녹음이 짙은 숲에 들어가 그 향기를 마시거나 피부에 접촉시키고 아울러 맑은 공기, 상쾌한 푸름, 새소리, 물소리 등의 신비한 화음속에서 아름다운 경관과 어우러져 활동하면 심신의 피로를 회복시켜주고 내일을 위한 활력을 주는 자연 건강유지 공간이다.

5) 學術林

학술림이란 지구환경변화에 따른 생태계의 유지, 보전 등 생태학 전반에 걸쳐 학술 연구적으로 가치가 있고 연구대상이 되며 그 방면에 영향을 주는 산림으로서 학문의 향상과 임업기술 발전을 위하여 보전할 가치가 있는 숲이다. 그 대표적인 것으로 유전자 보전림, 우리나라에서 점차 사라져 가는 상록활엽수림 및 원시림, 희귀식물, 지표식물 등이 여기에 속한다.

〈표 2〉 서해안 포구의 전통숲의 유형과 생태적 특성

위치	소재와 명칭	생태문화적 특징	유형구분 (패치유형)
영광군	백수읍법성포 숲쟁이동산	동산숲 규모가 크고 나무의 보존상태가 좋아 생태적 위치가 높음. 느티나무와 개서어나무로 구성된 동산숲. 비교적 관리상태는 양호하나 매년 5월 개최되는 법성포축제때 방문하는 많은 인파의 영향으로 토양피복상태가 불량함. 숲 안식년제가 필요함. 또한 후계목의 조성이 필요함. 원래 숲정이 동산의 숲은 서로 연결되어 있었으나 현재 도로에 의하여 단절됨. 느티나무 75주, 개서어나무 9주. (과거에는 방풍림의 역할을 하였을 것으로 추정함)	동산숲 (띠형 숲)
	법성포 백수읍 법성포 당숲	법성포축제(매년 5월 중순)를 개최하여 매년 당제를 지냄. 심미적 기능과 더불어 군민화합, 전통당제의 유지에 역할을 함. 수령이 오래되어 생태적 중요성이 높음. 팽나무 이외에 띠형 소나무 숲이 연결되어 있음. 지속적인 관리가 필요함(인위적 영향 제한필요). 팽나무6주, 느티나무2주, 평균수령: 200~300여년 추정. 당제를 모시는 중심나무: 느티나무(흉고직경 212cm, 수고 12m). 주변 팽나무 흉고직경 49, 37, 70, 62+90cm, 느티나무 흉고직경 138, 210cm. (과거에는 방풍림의 역할을 하였을 것으로 추정함)	당숲 (띠형 숲)
	법성리 법성포 노거수	주변 자연환경과 법성포 숲정이 동산과의 관계를 고려할 때 서로 연결되어 있는 숲이었으나 주거지 개발에 의하여 현재 몇 주의 팽나무만 남겨져 있음. 훼손되어 있어서 보전이 시급함. 팽나무 7주	당숲 (패치형 숲)
	염산면 설도 포구	몇 개의 단목이 있음	
	홍농읍계마리 계마항	소나무 방풍림. 관리부재	해안숲
	홍농읍계마리 가마미해수욕장	해수욕장의 방풍림. 50~100여년 된 곰솔군락. 평균수고 15m. 관리상태 양호	해안숲 (띠형 숲)
	손불면 일공구항	숲 없음(오래전에 당목이 있었다는 말만 전해짐)	
	손불면 안악해수욕장	소나무 방풍림, 해안방조제	해안숲, 방풍림 (띠형 숲)
	향화도 대무리 대무마을	팽나무 3주, 수령 200년, 흉고직경:90cm, 수고:12m, 관리규약없음, 방치, 훼손가능성 큼	단독노거수 (소형 패치형 숲)
	염산면 두우리해수욕장	갯벌간척에 의하여 해안사구소멸, 방풍림소멸. 자연형 곰솔림이 약간 남아 있음	해안림, 방풍림 (띠형 숲)

포구와 마을숲   295

	염산면 백바위해수욕장	소나무방풍림	해안림, 방풍림 (띠형 숲)
	염산면 두우리3구 두우리마을숲	소유자인 김씨의 할아버지가 20년전에 신수를 떠놓고 가족의 안위를 위하여 기도를 하였다고 함. 향후 훼손하여 집을 넓힌다고 함. 관리규약 없음. 팽나무 2주, 수령 100년, 흉고직경: 73cm, 61cm, 수고:12m	단독노거수 (소형 패치형 숲)
	염산면 두우리3구 두우리 당나무	40여년 전까지 마을에서 당제를 지냈다고 함(1월 15일). 현재도 마을 당나무로서 보호하고 있음. 관리자: 이장. 풍어제를 지내는 당숲. 팽나무 4주, 평균수령 200~300년	당숲 (소형 패치형 숲)
	백수읍 상사리상촌 상촌마을당숲	20~30여년 전까지 마을당제를 지냈다고 함. 현재 방치상태, 관리규약 없음. 팽나무4주, 평균수령: 100~300여년, 흉고직경: 33, 39+78, 41+48+41, 60+68. 수고: 13m	당숲 (소형 패치형 숲)
	백수읍 지산리758-2 지산리보호수	약 400여년 된 마을 정자목. 팽나무2주. 보호수 15-18-2-52호로 지정 보호. 비교적 관리가 잘 됨. 수령이 오래된 관계로 생태문화적 가치가 풍부함. 지속적인 관리 요망	단독노거수, 보호수(소형 패치형 숲)
고 창 군	구시포 방파제섬 억새군락	포구 방파제 제방식생. 제방구축이후 자연스럽게 억새군락이 형성됨.	제방숲
	상하면 자동리 구시포 삼거리 정자나무	30여년 전에 마을 주민들이 당제를 모셨다고 함. 그러나 수령이 오래되어 고사하고 있어서 현재 10m떨어진 어린 팽나무를 당목으로 선정하여 당제를 지냄(정월 보름). 고사목은 마을의 수호나무이며 랜드마크의 역할을 함. 팽나무 1주. 수령 300여년. 수고 5m	단독노거수 당숲
	자룡리 고리포 고리포 노거수	포구의 단독 노거수. 30여년 전까지 마을 노인들이 당제를 지냈다고 함. 현재 노인인구가 줄고 재정문제 때문에 당제를 지낼 수가 없다고 함. 현재 방치됨. 팽나무 3주. 흉고직경: 27, 82, 43cm, 수고: 10m	단독노거수 당숲
	동호해수욕장 (동호항)	수령이 약 100여년 된 송림으로 방풍림의 기능을 하고 있음. 관리상태가 좋고 수형이 매우 수려하여 보전가치가 높음. 곰솔군락	해안숲
	삼원면 하전리포구 하전리당산	30여년 전에 마을 주민들이 당제를 모셨다고 함. 현재는 마을의 입구를 지키는 정자목으로 이용됨. 느티나무 2주. 흉고직경: 123, 173cm	당숲
	상하면 구시포 해수욕장과 명사십리	해안사구에 곰솔을 대규모로 조림하여 방풍의 역할을 하고 있는 대표적인 해안림. 수령 30~50년. 평균수고 12~15m. 인근 명사십리까지 이어진 해	해안림, 방풍림

		안 도로변에 식재됨	
부안군	줄포면 곰소포구	포구 주변의 해안숲이 훼손되어 존재하지 않음	
	변산해안도로와 고사포해수욕장	변산해수욕장을 비롯하여 고사포해수욕장에 이르기까지 곰솔 해안림이 조성되어 있음. 고사포해수욕장 부근에 있는 군부대와 포구주변 마을에 의하여 소나무숲이 단절되어 있음	해안숲
	송포항과 비키니 해수욕장	아까시나무 군락으로 해안숲을 형성. 인근 비키니 해수욕장에는 송림으로 되어 있음	해안숲
	변산면격포리 격포항 닭이봉	해발85.7m의 포구숲. 정상부에는 휴게소가 있었으나 현재 폐업중. 서북사면에는 주로 소나무(적송)가 분포하고 있으나 남동사면에는 굴참나무와 같은 활엽수가 분포함	변산반도 국립공원
	계화면 계화리 해안숲	계화면은 매립이전에는 계화도라는 섬임. 간재선생유지가 모셔져 있는 유서 깊은 섬. 현재 계화교 일대에는 매립 이전의 해안림이 남아 있음. 곰솔 방풍림	해안숲, 방풍림 (띠형 숲)
	변산면 죽막동 수성당 모항	포구의 풍어와 안전을 위한 제사터. 보전상태는 양호. 주변 적벽강의 식생인 곰솔군락과 유사하지만 대나무(이대)가 둘러싸여 있는 것이 특징. 곰솔 14주, 후박나무 1주, 팽나무(당목) 1주	당숲
김제군	봉남면 종덕리	왕버들군락	문화재청 천연296호
	봉남면 행출리	느티나무군락	문화재청 천연230호
무안군	도리포	포구 주변의 식생은 원래 곰솔이었던 것으로 추정되나 현재는 능선부에 몇 주 남아있음. 마을에서 풍어제를 지냈다는 팽나무가 식당 뒤에 있음. 팽나무 2주. 현재 관리 주체없고 훼손되고 있음	당숲
	홀통, 톱머리, 조금나루해수욕장 해안림	무안군의 대표적인 자연형 해수욕장의 해안사구숲. 주로 곰솔로 구성되어 있는 전형적인 방풍림임. 수령 50~80년생 곰솔. 수고 15m정도. 답압에 의하여 임상이 많이 훼손됨.	해안숲, 방풍림 (띠형 숲)
함평군	손불면 해은 함평항 해안숲	신설되는 포구의 숲으로서 주로 곰솔로 구성됨. 관리가 안되고 있는 상태	해안숲 (띠형 숲)
군산시	속달동 덕고개마을	서어나무, 굴참나무, 갈참나무, 너도밤나무	음력10월 초하루 당제(군웅제사)

〈표 3〉 섬의 전통숲의 유형과 생태적 특성

도서명	소재와 명칭	생태적 특징	유형구분
위도	위도 벌금리와 진리 사이 도재봉 자락의 능선	최근까지도 당제를 지냈다고 하나 교회가 들어온 이후 안하고 있음(1980년대). 따라서 숲이 자연적 천이 과정으로 인하여 다양한 수종의 식물이 혼재하고 있음. 후박나무, 참식나무, 북가시나무, 광나무, 구실잣밤나무, 푸조나무, 동백나무, 식나무, 소사나무, 예덕나무 등 상록활엽수와 낙엽활엽수가 혼재하여 식물지리생태학적으로 매우 중요한 숲임	당숲 (패치형 숲)
보길도	예송리 해안숲 및 마을 뒤의 당숲	후박나무, 붉가시나무, 생달나무, 감탕나무, 동백나무 등이 혼재하는 전형적인 상록활엽수림	해안방풍림, 천연기념물 40호
안좌도	대리우실	띠형 팽나무숲. 전형적인 방풍림의 역할을 한 숲. 관리주체: 마을이장. 마을주민들의 적극적인 복원활동	방풍림 (띠형 숲)
재원도	재원리 당할아버지 숲	재원리 선착장에서 마을 입구로 바로 들어오면 마을의 당숲이 있다. 이 당숲의 전설은 마을의 젊은이들이 이 숲을 지나면서 담배를 피우면 산할아버지가 담뱃불을 꺼버렸다는 설화가 있어서 <당할아버지숲>이라고도 불린다. 이 당숲은 현재까지도 당제를 지내고 있고, 마을에서 비교적 관리를 잘 하고 있는 편이다. 7수의 팽나무가 있으며 비교적 크다. 흉고직경은 각각 104, 51.9, 112, 89.5, 62.4, 50.8, 38.5cm이고 수고는 약 30m정도이며, 수령은 제일 큰나무가 약 500여년 정도인 것으로 추정된다. 토사의 붕괴를 막기 위하여 숲의 바닥을 시멘트로 포장을 하였으나 이것은 수목 성장에 매우 안좋은 것이라 지도관리 할 필요가 있다.	방풍림, 당숲 (패치형 숲)
지도읍	태천리 당숲	신안군 지도읍 태천리 1175번지 주위에 논과 밭밖에 없는 벌판에서 중심을 잡고 있어 그 운치가 더한 당나무(팽나무) 6주가 웅장하게 마을을 지키고 있는 듯 하다. 신안군 지정보호수 (지정번호15-22-1-2)로 지정되어 있으며, 수령은 320년이다. 수고 22m, 흉고 둘레 3.6m로 상당히 큰 나무로서, 마을의 당으로 마을에 큰 혜택을 주는 백소동이라고 하며 200년전 이 당산목을 벌채하려다가 돌풍으로 배가 전파되었다는 설이 있다. 특히 이 숲에는 조수가 서식하고 있는 것으로 확인되어 마을 전통림으로서 생태적으로 상당한 가치가 있다고 여겨지며 전통 마을림 복원의 중점 수목으로 지정가치가 있고 문화재청에 노거수 지정이 필요하다. 현재에도 당제를 지내고 있어 문화	당숲, 보호수 (지정번호 15-22-1-2) (패치형 숲)

		적으로도 가치가 있다.	
임자도	어머리해수욕장 해송림	곰솔군락. 수령 30~50년 생의 곰솔이 띠형 숲을 형성하고 있음. 자연형 해수욕장에서 형성되는 자연스러운 해안 방풍림	해안림, 방풍림 (띠형 숲)
증도	우전해수욕장 해송림	곰솔군락. 수령 50~70년 생의 띠형 곰솔 숲. 엘도라도 휴양지에서부터 증도리 방면으로 연결되는 해안 방풍림. 최근 편백나무 식재도 병행하고 있음. 해송림 일부는 답압에 의하여 훼손되고 있음	해안림, 방풍림 (띠형 숲)
고군산군도	선유도 전체	주로 곰솔 이차림으로 구성되어 있고 1970년대까지 섬 주민들의 연료목으로 활용되어 왔다. 1970년대 새마을운동을 통하여 대규모로 식재되었음. 현재 산림에 대한 관리부족으로 방치되고 있음	대형 패치형 숲

4. 포구 전통 마을숲의 보전을 위한 논의

　　최근 세계적으로 주요 환경문제가 되어가고 있는 지구적 차원의 환경오염과 이에 따른 지구 규모의 환경보존과 지속적 에너지자원 관리를 위한 생태학 관련의 학제간 연구가 새롭게 두각을 나타내고 있는 것이 현실이다(武內 1994). 고도의 경제성장을 계속하고 있는 우리나라의 도시림과 그 주변의 경관이 환경오염 등에 의해 훼손되어 가고 있다는 사실은 여러 연구자들의 보고로부터 확인되고 있다. 그리고 과거 인간의 간섭으로부터 벗어나 천이가 진행중인 이차식생이 급속한 경제성장에 의해 전통적인 관리양식에서 벗어난 상태로 장기간 방치되거나 무모한 토지개발에 의해 다양한 동·식물의 서식지 및 생태공간으로서의 기능을 갖춘 산림이 절개되어 단편화되는 상태를 맞고 있다(홍 등 2000; Nakagoshi and Hong 2001). 이러한 생태계의 훼손은 생물종다양성의 감소를 유발할 뿐만 아니라 인간의 여유있고 풍요로운 생활을 저해함과 동시에 인간과 산림환경사이에서 공존하는 고유문화를 상실케하는 결과를 초래한다(Naveh 1994; Hong 1999; Kim et al. 2006).

　　그럼에도 불구하고 현재 국내에서는 인간과 인간의 생활과 밀접한 관계를 갖는 이차식생에 대한 경관생태학적 연구가 전무한 실정이다. 현재 일본은 60년대 연료혁명 이후 철저하게 방치되어 온 어촌과 島嶼林에 대하여 뒤늦게나마 인간과 삼림사이의 전통적 문화관계를 재정립하고, 도시와 삼림사이의 끊어졌던 연결고리를 생태학적 차원에서 회복하고자 하는 경관생태학연구가 활발히 진행되고 있다(鷲谷, 矢原 1997). 우리나라도 70년대 이후 고도성장과 더불어 급속하게 개선되어 온 대체에너지 이용의 확대로 인하여 삼림에 대한 에너지 의존비율은 크게 감소하고 있으며, 무분별하게 훼손되었던 삼림이 줄어들면서 수목밀도가 높아지고, 종조성이 다양해지면서 생태적 기능을 하는 녹지공간의 역할을 기대할 수 있게 되었다.

그러나 인간의 이용압으로부터 벗어나 장기간 방치되거나 지나친 간섭에 의해 생기는 도서의 이차식생의 훼손은 갯벌간석지와 자연식생, 그리고 경작지의 전원경관을 연결하는 생태통로로서의 식생 및 생태계내에 서식하는 다양한 지역 생물상의 존재에 복잡한 문제를 야기하고 있다. 더우기 지속적으로 이용가능한 생물량의 방치에 따른 어촌, 포구의 이차림의 경제적 손실, 도심주변의 산업구조 개편, 택지 및 도로개발을 위한 경작지 및 산림의 무분별한 훼손에 따른 경관의 파괴와 그에 따른 생물서식공간의 유실, 우리나라의 역사적인 어로문화에서 창출되어 온 고유한 해안생물문화의 유지기능 상실 등을 예상할 수 있다. 나아가서는 어촌지역의 이농현상으로 인한 농경지의 방치와 외래종에 의존하는 대단위 조림지 조성 등도 바람직한 우리의 어촌의 문화경관의 모습은 아닐 것이다. 따라서 고도성장에 의하여 선진국대열에 진입할 수 있게 된 우리나라는 이제 개발지향적인 경제구조에서 탈피하여 자연환경과 친화·공존할 수 있는 사회·경제구조를 추구하고, 인간의 생활권을 양적인 측면보다 질적인 측면으로 발전시켜 나가도록 하는 환경구조개선이 요구된다.

경관 변화란 토지 모자이크에서 인간의 활동과 자연적 교란에 의하여 경관 요소들의 형태와 위치가 변하거나 다른 요소들로 대체되는 것을 의미한다(Forman 1995, 홍과 김 2002). 경관 이질성, 다양성 및 형태 등의 유형 뿐만 아니라 공간요소의 배치가 변하는 과정에서 생태계의 특성도 변화한다. 그러므로 지속가능한 경관시스템을 위한 경관보전과 복원계획을 수립하기 위해서는 경관의 변화과정에서 발생하는 경관 요소의 공간적인 특성 및 각 요소들간의 생태적 성질을 충분히 고려해야 한다(홍 등 2000).

5. 생태경관요소로서의 포구 마을의 자연숲과 전통숲

토지 모자이크를 구성하는 공간요소인 패치는 주변과 구별되며 넓고 상대적으로 균일한 지역이다. 패치(특히 숲)들은 크거나 작고, 모양이 둥글거나 길쭉하며, 곧바른 또는 굽은 경계와 같은 잘 알려진 특성을 갖는다. 통로(예. 하천)는 패치와는 대조적으로 선형의 구조를 갖고 있는 것으로 이런 특성들은 생산성, 생물다양성, 토양, 수분, 온도조절 등에 폭넓은 생태학적 의미를 부여한다(홍과 김, 2002).

평형상태를 유지하는 넓은 지역이 다양한 천이단계의 많은 패치들을 포함할 때 이를 轉換모자이크(shifting mosaics)라고 한다. 전체 지역은 안정적인 상태에 있으나 시간이 지나면서 패치들이 서로 다른 장소에 형성되고 소멸한다. 전환모자이크의 변화에 관련하여 패치동태는 패치를 형성하는 사건과 요인, 그리고 그 안에서 시간이 지나면서 생기는 종 변화에 초점을 맞추고 있다. 攪亂이 일어난 후에는 천이의 연속된 과정이 뒤따르게 된다. 각각의 패치는 초기단계로부터 극상으로 진행하는 방향성을 나타낸다. 교란에 의해 패치가 초기화되는 속도와 패치의 천이 속도 사이의 균형은 전체 모자이크의 변화 속도와 방향을 결정한다. 따라서 모자이크는 퇴화 또는 발달할 수 있으며 천천히 또는 빨리 안정적인 상태에 도달할 수 있다.

동적인 패치를 갖는 모자이크는 넓은 의미로 경관변화의 일부로 보거나 토지변형 과정의 일부로 볼 수 있으며 그 안의 통로와 기질도 마찬가지로 동적인 상태가 되고 생물종과 생태계 과정도 변하게 된다. 실제로 천이는 많은 사람들이 일으키는 패치내 변화 속도와 방향을 결정하는 과정들 중의 하나이다. 산지 경사면에 있는 오래된 토지에 작용하는 주된 힘이 천이, 농장 트랙터, 굴착장비 또는 침식 중 어떤 것인가에 따라 숲, 경작지, 수영장 또는 노출된 암석지가 될 수 있다. 그러므로 패치는 여러 방향으로 변화할 수 있다. 경관은 퇴화 또는 성장하거나 안정적인 상태로 남을 수 있을 뿐 아니라 그렇게 되는 과정에서 여러 방향으로 변화하여 다른 모양으로 만들어진다.

예를 들면, 산림의 경우, 임도 건설에 의하여 절개되어 토양침식, 가장자리효과에 의하여 없어지는 숲은 그 크기에 따라서 갱신의 성공 여부에 영향을 미친다. 또한 하천과 연결된 대수층과 호수의 보호에서 수질은 주변의 대규모 자연식생 패치에 의해 결정된다. 따라서 자연보호지역이나 도시환경을 설계할 때 계획 내에 있는 녹지의 대형 패치 하나와 몇 개의 소형 패치 중 어느 것이 더 좋을지를 결정해야 한다. 경관내의 생물다양성을 유지하기 위해서는 얼마나 많은 대형 패치가 필요한지를 결정해야 한다.

6. 포구 숲의 기본관리방향

관리방침 등의 기술적 관점과 더불어 지역에 존재하는 숲의 유형구분(비오톱8) 및 식생도 작성)에 따라서 기본적인 방향이 결정된다(Zonneveld, 1995). 구체적으로 각 지역에서의 녹지공간에 대한 현황파악을 기초로 하여 관리목표의 설정과 그것에 의한 관리방침·관리방법을 검토할 필요가 있다(國土廳計劃調整局, 1990).

1) 관리방침·관리방법에 대한 기술적 검토

(1) 녹지관리 관점에서의 관리목표 유형화

녹지를 어떻게 다룰 것인가는 녹지의 유형화를 통하여 결정하며 대체로 천이의 진행에 대한 조절의 강약에 따라서 보존, 보전, 및 복원의 세 가지 방식으로 정리할 수 있다.

① 보존: 현재상태를 유지하며 이용하지 않는다.
② 보전: 자연적인 균형 내에서 이용을 수반한다.
③ 복원: 원래 그 곳에 있었던 식생이나 그 이상의 질적인 식생을 목적에 따라서 성립시킨다.

(2) 녹지관리 관점에서의 관리방침과 구체적방법의 유형화

식생관리의 기본적인 방식으로서 관리방침을 자연순응형, 천이억제형, 천이촉진형, 군락조성형 및 채취(이용)형으로 유형화한다.

① 자연순응형: 방치 (자연현상에 맡긴다.)
② 천이억제형: 침투식물제거, 임상관리 및 불 놓기(fire management) 등
③ 천이촉진형: 간벌 및 시비

---

8) 비오톱: 독일어로써 'biotop'로 표기되며 'bio-'라는 '생물의'라는 뜻에 '공간'이라는 'top'가 연결되어 표현된다. 우리나라에서는 일반적으로 '생물서식공간'이라고 표기한다. 이와 비슷한 용어로 '생태공간'으로서 'ecotop'가 있다.

④ 군락조성형: 파종, 식재
⑤ 채취형: 선택적 벌목

토사의 붕괴 및 유출, 하천 및 호소 등의 수위변화, 병충해의 피해 등 환경변화가 있을 경우 식생에 대한 보호, 방제 등의 대응이 있을 수 있다(표 4).

(3) 모니터링의 중요성

관리목표 및 관리방침 등의 설정·재검토를 적절하게 시행하고 지역관리의 순환을 원활하게 하기위하여 현황파악 및 문제발견을 위한 정기적인 조사 등의 모니터링이 중요하다.

(4) 경제적 관리기술

특히 고령화가 지속되는 농산촌 경제활동이나 인구부양책이 증대될 가능성이 없다면 필요한 관리목표를 달성할 것을 전제로 하여 자연의 힘을 이용한 에너지 절약형 관리기술의 확립과 실행을 가능하게 하는 체제를 구축할 필요가 있다.

(5) 방치형 관리

관리목적에 따라서 자연천이에 맡기는 것도 관리기술의 하나이다. 이 경우에도 자연천이의 현황을 파악하고 자연교란이나 인간활동에 대한 대응책을 검토하기 위한 정기적인 모니터링이 필요하다.

2) 산림(식생) 유형별 기본관리방향

산림의 속성 및 주요 생태적 기능을 고려하여 유형별로 산림의 관리기본방향을 설정한다 (<표 5>).

(1) 천연림

① 특히 자연성이 높은 산림 (천연림)

원시림 또는 그것에 가까운 종조성을 나타내는 자연림으로서 귀중한 자연의 보호·보존 및 유전자자원의 보존을 위하여 자연천이에 맡기는 것을 원칙으로 함.

② 기타 자연림

①에 준하는 자연림으로부터 천이상태의 이차림을 포함하여 국토보전, 환경보전 및 국토자원의 보전배양의 기능을 하는 식생으로서 이들의 기능을 조화롭게 유지시키는 것이 중요하다. 그러한 기능을 적절하게 얻기 위해서는 산림현황을 충분히 파악한 상태에서 관리목표·관리지침을 설정할 필요가 있으며, 인공림과 같이 노동집약적인 시행이 아닌 면밀한 조사와 시행계획 및 작업실행시의 임기응변의 판단력을 요구하는 지식집약적인 관리가 필요하다.

(2) 인공림

① 성장과정의 인공림

인공림 중에서 VII령급 (35년생)이하의 것으로, 국토보전기능을 발휘하며 양호한 목재자원의 유지배양을 요구하는 산림이다. 이러한 산림은 집약적인 간벌이외에 보육작업을 시행하여 성숙림으로 육성한다. 또한 자연적이고 사회적인 조건으로부터 인공림으로서의 지속적 경영이 어려울 때에는 목표가 되는 임상을 제재하고 자연력을 살린 에너지절약형 관리로 이행한다.

② 기타 인공림

육림작업을 종료한 성숙림으로서 국토보전기능과 함께 목재생산 기능을 한다[9]. 이러한 산림은 집약적인 관리가 필요하지 않는 단계이지만 보전적 경영과 공익적 기능이 가능하도록 하는 산림이다. 또한 양호한 목재생산을 지속적으로 유지배양하고 공익적 기능도 높이려는 관점에서 간벌의 長期化, 다양화를 시도함과 동시에 천연림으로의 이행도 고려한 관리를 추진할 필요가 있다.

(3) 마을경관림

마을숲이나 당산림 등 지역의 자연원형을 담고 있는 자연림을 포함하여 국토의 보전 및 자연환경보전에 역할을 할 뿐 아니라 보건휴양, 교육문화, 목재생산 등 다양한 기능을 발휘하는 산림이다. 관리방치 및 난개발에 의한 생태적 기능의 저하를 막을 뿐 아니라 보건휴양, 교육문화, 자원의 유지배양 등의 잠재적 기능이 나타나도록 적극적으로 이용한다. 상징적인 산림은 보존을 원칙으로 하고 교육공간 및 교류공간으로서의 기능을 하는 산림은 식재, 간벌 등을 도입하는 등 이용목적에 따라서 목표로 하는 산림의 상태를 설정하여 세밀한 관리를 시행한다.

(4) 도시근교림

인공림, 천연림과는 별도로 도시에 가깝다는 특징으로부터 화재방지, 보건휴양 등의 기능을 목적으로 한다. 이용목적에 따라서 목표로

---

9) 대부분의 전통마을숲은 인공적으로 조성된 숲이다. 마을의 보호수, 하천변 수림, 가로수, 당숲 등 모든 숲은 생태적이고 문화적인 목적을 가지고 조성된 숲이다. 이러한 숲들이 어떻게 어떤 방법으로 관리되고 유지되어 왔는가에 따라서 현대인들은 다각적인 관점에서 숲을 바라보고 평가하게 된다.

하는 산림의 상태를 설정하여 보전의 관점 뿐 아니라 복원의 관점에서 산림공간조성을 한다.

<표 4> 해안과 포구 숲의 관리

관리방향	관리방침	구체적 관리 방법
자연천이	식생의 발달·쇠퇴 및 갱신 등의 과정을 자연의 힘에 맡기는 것을 원칙으로 한다.	식생을 자연상태에 맡기고 방치함.
천이억제	인위적인 활동과 자연교란에 의해 유지되는 이차림과 같은 이차식생은 일반적으로 천이도중 단계에 있으므로 불안하다. 따라서 이러한 식생유형을 보존하기 위해서는 인위적으로 간섭을 하여 천이의 진행을 억제하던지 진행속도를 늦추는 것이 필요하다 (예 : 송이버섯 채취림 또는 소나무 우점식생)	식생천이를 억제하기 위해서는 현재의 천이 계열단계의 후기 단계에 있는 군락의 주요구성종이 침입한 경우 제거한다 (임상식생의 제거). 억새군락 등 재생력이 강한 초지 경관의 경우는 불을 이용하는 것이 효과적이다.
천이촉진	천이의 촉진은 식생의 "보전"과 "복원"의 경우에 다르게 적용된다. • 우선 보전의 경우, 이용하려는 식생이 아직 발달하지 않았을 때에는 인위적으로 천이를 촉진시킨다. • 현재의 이차림을 자연림으로 빨리 발달시키기 위하여 "복원"의 방법을 적용한다.	현재의 천이 계열단계의 후기단계에 있는 군락종이 침입된 경우 그 구성종을 보호하고 기타 종들은 서서히 제거한다. 또한 동종임분 (조림지)의 경우에는 간벌작업을 하여 임분의 발달을 돕는다. 또한 악영향이 없는 상태에서 비료 등을 이용한다. 비료사용 및 간벌시에는 시기와 정도 등의 조절은 검토한 후 시행해야 한다.
식생조성	현재 나지와 같은 입지나 방치된 경작지 등에 녹지를 조기에 복원하기 위해서는 목표로 정한 군락을 의도적으로 직접 도입하여 조성한다.	수종의 결정, 크기, 식재방법 및 관리방법을 결정한다.
이용 (의도적 채취방법)	식생을 이용하면서 보호하고자 하는 "보전" 전략에서는 식생을 유지하기 위한 이용(채취) 방법을 고려해야 한다.	식물자원을 채취하여 이용하는 경우 구체적인 채취방법 및 채취면적 등을 면밀히 검토해야 한다. 또한 채취된 자원의 운반방법과 함께 주변 생태계에 미치는 영향도 검토하여야 한다.

〈표 5〉 해안과 포구의 생태계 유형별 숲의 기본관리방안

녹지 유형	속 성	과 제	방 침	대 책
천연림	·원시림 혹은 그것에 가까운 종조성을 보이고 있는 자연성이 매우 높은 자연림	·귀중한 자연의 보호 및 보존, 유전자 자원의 보존	·자연천이에 맡기는 것을 원칙으로 한다.	·장기모니터링 (장기생태연구) ·국가급 관리
	·자연림으로부터 천이도중에 있는 이차림	·국토보전, 환경보전, 국토 자원 보전 배양 ·생태계관리와 이용을 병행함	·삼림의 상황을 충분히 파악하여 관리목표·관리방침의 설정을 집약적으로 함	·천연림사업, 관리기술체계확립 ·전문가 관리
인공림	·35년생이하의 성장과정의 인공림	·국토보전기능 ·양호한 목재 생산	·보육 작업 촉진	·고밀도작업도 등 기반 정비 ·인근도시로부터 자금도입
	·육림사업에 의해 성장하고 있는 인공림	·국토 보전기능 ·목재 생산기능	·계획적인 수확과 갱신을 유도하고 벌채시기, 다양성, 복층림 등의 방법을 도입한다.	·다양한 임업의 기술적 확립 ·임업용 기계류 개발, 보급
마을 경관림 (마을림)	·연료, 비료목으로 구성된 숲, 또는 당산림 등의 마을 전통숲	·국토보전, 환경보전, 보건 휴양, 교육문화, 목재생산	·관리방치 또는 무분별한 개발에 의한 기능 저하를 예방한다. ·적극적인 방법에 의한 이용관리를 도입한다.	·인간과 산림의 만남의 장소 ·마을 전통숲의 보전
도시 근교림	·도시에 근접한 것이 특징	·재해방지 ·보건휴양	·목표로 하는 산림 상태를 설정하고 "보전"과 "복원"의 관점에서 산림공간을 조성한다.	·생태교육의 장소 ·레크리에이션 장소 ·도시공원(녹지 공간확보)

섬의 생태적 특성 활용과 지역 활성화*

홍 선 기

1. 서론

1992년 유엔환경개발회의를 거치면서 지속가능한 개발이 인류사회의 공동의 이념으로서 앞으로 나아가야 할 다양한 방향성을 제시하고 있는데 그 중 하나의 목표는 지속가능한 관광(sustainable tourism)이다(최 2001; Weaver 2005). 이것은 지역의 경제, 사회적인 욕구를 충족시키면서 지역문화의 정통성, 생태과정, 생물다양성, 그리고 그들의 상호관계를 자원으로서 관리하여 유지, 이용한다는 내용을 포함하고 있다(WTO 1998). 또한 1980년대 상업지향적인 기존의 대량관광을 대신하여 다양한 대안관광(alternative tourism)이 제시되었는데 그 중 하나가 Hector Ceballos-Lascurain에 의해 제안된 '생태관광'이다(이 2001).

환경적 대안관광으로서 생태관광은 녹색관광, 자연지향적인 관광, 연성관광, 방어관광 등의 다양한 용어로 불리고 있다(Abel 2004; Patterson 2004). 기본적으로 생태관광은 자연을 이해하고 지역에 미치는 영향을

---

* 본 원고는 2007년 9월 『농촌계획』 13권 3호에 게재한 논문을 재정리한 것이다.
 (KCI / KRF - 2005-005- J13701)

최소화하는 관광(low-impact tourism)으로 인식되고 있다. 생태관광의 목적은 자연자원과 문화자원에 대한 의존을 높이고, 문화에 대한 적극적인 평가와 더불어 질 높은 여행상품과 관광경험을 제공하여 결과적으로 개발과 보전을 조정하자는 것이 목적이다(Wunder 2000; 이 2001). 최근 우리나라에서도 소득이 증가되고 삶의 질이 높아지면서 관광 사업에 대한 욕구가 증가되고 있다. 해외로 많은 관광객들이 나가면서 국내관광수지의 큰 타격을 주고 있는 것이 현실이다. 그러나 내국인뿐 아니라 외국인에게 장기간 머무르며 우리나라의 수려한 자연과 문화를 체험할 수 있는 관광자원개발의 수준은 아직 미비하다.

우리나라는 삼면이 바다로 둘러싸인 해양국가다. 그러나 많은 개발이 육상의 도시를 중심으로 진행되고 있다. 최근 배타적경제수역(EEZ)의 경계를 놓고 주변 국가사이의 외교전을 벌이고 있는 상황에서 우리나라의 도서해양의 중요성은 날로 높아지고 있다(해양수산부 2002a, b). 더욱이 해양자원의 보고인 갯벌은 생물다양성과 생산성 측면에서 세계 굴지의 생태계이며, 주요한 문화자원이다(한국해양수산개발원 1999; Hong 등 in press). 이처럼 특히 도서해양의 경우, 생물의 다양성과 인간의 문화적 활동은 역사적으로 매우 밀접한 상호관계가 있다. 이러한 가운데 1992년 전 세계 지도자들이 모였던 리오의 Earth Summit에서는 지구환경변화와 생물다양성이 감소에 관한 논의가 있었고, 이것이 국제적인 사회문제화가 되고 있다. 생물다양성의 문제를 단순히 자연과학적인 지식으로만 해결하는 것은 이미 20세기의 일이며, 최근에는 사회문화적인 측면에서 학제적 연구를 통하여 이 문제를 해결하고자 하는 논의가 활발히 진행되고 있다. 1998년 9월 파리에서는 유네스코 등 세계적인 환경단체가 주관이 되어 <생물과 문화의 다양성>의 주제로 국제회의가 열렸고, 2000년 5월에는 파리 자연사박물관 주관으로 <생물교육2000>이 개최되어 생물다양성의 가치를 사회문화적 관점과 연계하고자 노력하고 있다. 인접 해양국가인 일본에서는 사라져가고 있는 도서해양지역의 전통마을의 생태문화적인 특성을 복원하고자 환경청에서는 전국적인 생물다양성 조사를 실시하고 있으며(今村 등 1995; 武內 등 2001), 일본 전역에 걸친 100여개의 자연사박물관에서는 도서지역의 자연자원과 문화자원을 개발, 자원화하고 특성화시켜 도서지역의 경제를 살릴 수 있는 방안을 다각적으로 시행하고 있다(柳 1998). 본 논문의 목적은 첫째로 우리나라 도서연안지역의 생물다양성과 문화다양성을 중심으로 한 생태관광자원의 개발가능성을 검토하고, 둘째로 지역 활성화와 국제적인 해양 경쟁력을 높이는 생태관광연구 방법론을 탐구하는데 있다. 세 번째로 우리나라의 대표적인 도서지역인 서남해안 지역의 섬과 연안일대에 대한 자연자원지표조사 자료를 토대로 지속가능한 생태문화관광의 가능성을 탐구하고자 한다. 사례 지역의 지표조사는 목포대학교 도서문화연구소에서 진행하고 있는"한국 도서·해양문화의 권역별 연구"사업 중 자연생태자원조사를 기초로 하고 있다.

2. 도서연안자원을 이용한 생태관광의 필요성

일본, 말레이시아, 필리핀, 인도네시아 등 아시아의 해양 국가들은 도서문화와 해양생태계, 생물다양성 등을 연계한 생태투어(ecotour, green tour)의 활성화와 관광개발을 통하여 도서지역의 경제적 진흥에 노력하고 있다(大塚 등 1978; 小林 등 1986; 駄田井와 西川 2003; Hakim 등 2007). 급속한 산업화에 의하여 세계적인 경제대국으로 부상하고 있는 중국의 경우, 자국의 자연과 문화자원을 이용한 생태관광을 새로운 경제상품으로 평가하여 중앙정부의 대규모 지원과 함께 대대적으로 홍보하고 있다(Zhao et al. 2004). 이러한 외국의 도서해양문화에 관한 사례들은 수천 개의 섬, 갯벌, 사구를 비롯하여 다양한 어종과 생활문화를 보유하고 있는 우리나라 도서해양문화에 대한 정책개발에 시사하는 바가 크다. 우리나라에는 사람이 거주하지 않거나 거주가 불가능한 무인도서가 많으며 특히 "독도등도서지역의생태계보전에관한특별법"에 의해서 지정된 153개의 특정도서가 있다(환경부 2005). 이 섬들은 자연경관이 뛰어나거나 고유한 생물종을 보유하고 있고, 특히 야생동물의 서식지 혹은 도래지로서 보전의 가치가 높은 섬들이다. 그러나 대부분의 섬에서는 무분별한 낚시업자들에 의하여 도서생태계와 주변 어장을 훼손하는 등 관리체계가 허술한 상태에 노출되어 있다. 이러한 특정도서들도 엄격한 통제 하에 해상관광(cruise-tour)을 통하여 생태관광의 주요한 자원으로서 활용할 수 있다.

우리나라 서남해안의 도서는 선박 이용이 빈번해 지면서 차츰 고립된 섬에서 벗어나고 있다. 특히 신안군의 경우, 향후 교량 건설 등으로 교통과 상업이 편리해 질 것으로 파악되고 있다. 이렇게 될 경우, 단순히 선박을 이용하던 관광에서부터 자동차를 이용한 관광이 우선할 것이다. 그러므로 대부분 연안에만 머무르던 관광객들이 섬과 섬을 돌면서 장기간 관광하는 관광 상품이 늘 것이며, 도시인들의 섬에 대한 호기심을 채워줄 수 있는 다양한 주제와 공간이 필요할 것이다. 이런 의미에서 일본의 세토내해 등에서 시행하고 있는 연안과 도서에서의 숲공간-마을문화-바다생태의 체험은 해양의 생태와 문화를 연대하는 생태문화네트워크 관광자원으로써 의미가 크다고 볼 수 있다(柳 1998; Hong 등 2007). 관광을 통한 지역의 활성화를 위해서는 관광자원을 개발하고 관리할 수 있는 제도적인 뒷받침이 필요하다. 그러한 의미에서 우리나라 도서해양 생태계 보전과 이용, 그리고 문화재관리에 관하여 각 정부부처별로 얽힌 복잡한 제도와 규제를 정리하여 도서연안관광을 위한 통합적 관리 기구를 설립할 필요가 있다. 그러기 위해서는 최근 준비 중인 서남해안개발 관련의 다양한 <특별법>에 '지역 활성화를 위한 생태문화관광'과 국제적 교류를 위한 '국제해양크루즈관광'에 대한 정책이 포함될 수 있도록 다양한 논의의 장이 필요할 것이다.

이러한 시점에 세계적인 생태계 보고인 서남해안의 갯벌을 비롯하여 장래의 국제적인 도서해양관광을 위한 자연자원의 지속가능한 개발과 더불어 우리나라의 전통적인 어촌생활민속자원 등도 함께 개발하여 지역의 생태문화자원으로 활용할 필요가 있다(한국농촌연구원 1997; 해양수산부 2001). 따라서 도서해양지역의 생활문화를 유지하여 온 생물상, 특히 천연기념물 등의 자연자원과 문화경관의 자원을 생태적인 관점에서 조사하고, 환경문제를 분석하여 도서연안지역의 생태적 또한 문화적 수용용량(ecological-cultural carrying capacity)을 증대시킬 수 있는 종합적인 관리 방안을 수립하는 것이 필요하다.

3. 생태관광자원의 개발

1) 서남해 권역의 역사·문화·생태자원의 연계성

생태관광을 위한 적절한 도서를 선정하는 과정은 매우 중요하다. 아직 생태관광에 관한 인프라가 완벽하게 준비되어 있지 않은 상태에서 무분별하게 생물생태자원을 발굴하고 개발할 경우, 생태계의 파괴와 훼손은 매우 클 것이다. 더욱이 우리나라 일반인들에 대한 자연환경에 관한 의식과 관광태도에 대한 수준이 아직 선진국 수준에 도달한 상황이 아니므로 생태자원만으로 생태관광을 추진하는 것은 매우 우려할 일이다(최와 박 1996; 환경부 2000).

다행히 우리나라의 도서지역은 수려한 자연자원과 자연자원을 활용한 문화자원, 그리고 역사적인 배경을 가지고 있다. 따라서 이러한 역사적 자원과 문화자원, 그리고 생태자원을 연결시키는 도서문화의 관광을 유형화 할 필요가 있다. 이러한 도서문화와 해양생태권역을 고려한 도서지역 생태관광의 권역별 특성을 간단히 정리하면 <표 1>와 같다.

<표 1> 우리나라 도서연안지역의 생태문화관광자원의 특성과 사례

구역	주요 도서	역사적 특성	문화적 특성	생태적 특성
황해권	강화, 흑산도, 중도, 진도	▪한-중무역의 교두보 ▪임진왜란을 비롯하여 서양제국과의 외교적 마찰이 발생 ▪통일이후의 어업 활성화를 위한 남북교류	▪중국과의 역사적 문화교류의 길목 ▪농어촌문화의 발달	▪리아스식 해안과 조수간만의 차 ▪세계적인 갯벌지역과 철새도래지, 간석지 식물 및 저서생물의 보고 ▪야생천연동식물의 서식지(해달, 풍란 등) ▪대규모 매립에 의한 생태계 변화 ▪주요 하천의 하구 생태계
남해, 제주권	오동도, 완도, 보길도	▪삼국시대 무역의 거점 지역(청해진) ▪일본(왜)와의 교류	▪대륙문화의 통로 ▪다양한 어종 음식문화의 발달 ▪남도민속문화	▪습지, 철새도래지, 상록활엽수림의 주요 서식지 ▪동백나무의 최대 군락지
동해권	울릉도, 독도	▪한-일간 독도영토문제 ▪환태평양권역(러시아, 일본, 북한)의 외교적 마찰	▪우리나라 대표적인 고산지대와의 연계성 ▪어촌과 산촌문화의 발달	▪단순한 해안선 ▪지구온난화에 의한 해류변화, 해수온도 상승 ▪어종변화, 백화현상 등의 해양생태계 문제발생

황해권의 경우, 서해를 통하여 중국과의 무역과 문화교류를 통한 사례가 많이 있으며, 그러한 유적이 우리나라 서해안 포구에 많이 남아 있다. 특히 태안반도를 비롯하여 신안군일원은 우리나라의 고려시대에 중국 당나라 원나라, 그리고 왜(倭)와 도자기 교역을 해왔던 중요한 해로로써 해양실크로드의 문화적 통로였다. 또한 이 권역의 연안 생태계는 세계적인 규모의 갯벌 간석지를 비롯하여 하구역과 연결된

염습지가 분포하고 있어서 철새도래지뿐 아니라 염생식물 및 저서생물의 주요한 서식지의 역할을 하고 있다. 서해안 도서에 분포하고 있는 천연의 사구와 자연형 해수욕장은 갯벌 간석지와 더불어 매우 주요한 생태자원으로서 가치가 있다. 전남 신안군 중도면의 경우, 중도갯벌을 비롯하여 천연의 우전리 해수욕장과 해송이 발달한 곳으로 이러한 자연자원을 활용한 생태관광이 가능하다(홍 등 2006). 더욱이 서해안 최대의 천일염 염전이 있고, 신안선 유물 발굴 지역이 가깝게 위치하고 있어서 섬을 찾는 방문객들에게 역사문화적 자원과 자연생태자원을 모두 충족시킬 수 있는 생태문화관광의 좋은 자원을 확보하고 있다. 전남 영광의 법성포는 중국을 거쳐 백제에 온 인도의 승려 마라난타에 의하여 불교가 처음으로 전파된 곳이며, 생태적으로 갯벌간석지가 우수하고 인근의 칠산어장에서 수확한 조기와 서해안 도서에서 생산된 천일염에 의하여 국내 최대의 굴비제조지역으로서 유명한 곳이다. 따라서 이 지역의 연안관광의 경우, 법성포구 주변의 갯벌생태계를 탐방하고 굴비의 제조과정을 체험하면서 불교전래에 관한 유적지를 탐방하는 생태문화관광이 가능하다. 서해안의 사례처럼 도서연안의 환경특성상 순수한 생태관광 보다는 역사와 문화, 그리고 생활체험을 함께하는 생태문화관광이 지역의 자연환경을 보호하면서 도서연안의 경제적 활성화를 높이는 방향이 바람직 할 것이다.

생물다양성과 문화의 다양성은 상호 관계를 가지고 있다. 외부에서의 생물의 도입은 정착지의 생태적 환경뿐 아니라 인간의 문화적 환경도 바꾼다. 즉, 근해에서 원해, 그리고 원양으로 어로기술이 발달하면서 어촌의 해양문화와 어민의 생활도 많이 바뀌고 있다. 반도국가인 우리나라의 경우, 어촌과 포구는 도서해양을 통한 교류의 특성을 가지고 있는 관계로 외래 생물의 전파와 적응이 용이한 곳이다. 그럼에도 불구하고 과거 수 십, 수백년 동안 어민의 생활과 사회조직 속에 유지되어 온 어촌문화는 개발의 속도에 밀려서 빠르게 사라지고 있다.

이러한 시점에 자연환경과 생물자원과의 상호관계를 축으로 하여 사회적, 문화적 활동을 함께 전개할 필요가 있다. 최근 도시를 중심으로 <시민참여형조사연구>활동이나 <시민제안형공공사업>, <생물중심의 마을조성>등 자연보전에 관한 시민활동이 활발하게 진행되고 있다(脇田와 石原 1996; 김과 조 1998; 김과 김 2001). 그러나 이러한 일부 도시에서의 생물중심적인 활동에서는 아쉽게도 <문화의 다양성>은 배제되고 있는 것이 현실이다(Kiss 2004).

<생물다양성>과 마찬가지로 문화도 시스템 구조를 갖추고 있다. 도서해양시스템은 생물-자연-인간이 연쇄적으로 상호작용하며 창출해 낸 다양한 문화자원을 가지고 있다(農林水産技術情報協會 2000). 따라서 도서지역에서 주민들이 활동하면서 만들어내고 이용하고, 또한 유지해 온 많은 무형적 유형적 자원들이 <문화다양성>의 측면에서 주요한 재료가 될 것이다. 생태문화관광은 우리생활에서 오랫동안 <문화다양성>을 유지하도록 도와준 주요 생물자원에 대하여 생태문화적인 관점에서 의미를 찾고, 또한 도서지역환경자원으로 개발하는 것이다. 나아가서는 도서해양의 생물과 자연, 그리고 문화자원이 한반도의 중추적인 관광자원으로 활용될 수 있는 "생태문화컨텐츠"를 개발하는 것이다.

2) 자원의 확보

역사적 배경과 생물생태자원의 연결성을 고려한 생물과 문화요소의 발굴이 필요하다(小林 1986; 脇田와 石原 1996). 특히 우리나라 도서연안의 경우, 외국과의 무역이나 분쟁 등 교류가 매우 활발하게 있었던 지역으로서 중국과 일본, 그리고 동남아시아와 문화요소가 전파되어 우리나라에 적용될 수 있는 전초적인 거점 역할을 한 곳이다. 반도 국가의 특성상 외국의 많은 문화를 받아들일 수 있었던 도서연안지역의 문화자원을 발굴하여 우리나라의 자생적인 생활문화와 비교하는 것도 생태관광자원으로서 중요할 것이다. <표 2>는 도서지역에서 조사, 분석하여 생태관광을 위한 유형자원으로 이용할 수 있는 항목을 열거한 것이다.

<표 2> 도서연안지역 생태문화관광을 위한 지표 조사 내용 및 방법 사례

내용	항목	조사목표
▪주요 천연생물 ▪갯벌, 간석지, 하구에 대한 생물상	▪동식물 및 식생희귀종, 멸종위기종, 외래종 등 서식지 ▪도서별 생물자원 자료 조사	▪생물자원모니터링 자료 ▪대학 및 연구소 문헌자료 분석 공간적 분포도 제작 ▪생물의 이용 파악, 보전전략 수립
▪도서지역의 문화경관요소와 천연기념물	▪천연기념물, 마을숲, 당산숲, 어부림, 방풍림, 보호수	▪공간적 분포와 특성 분석 ▪생물상 조사 실시 ▪지속적인 생성과정, 관리상태 모니터링 ▪천연기념물의 장기적인 관리지침 개발
▪문화적 배경 및 특성을 파악	▪도서지역의 천연기념물과 내륙지역의 천연기념물	▪대조조사 실시 ▪도서와 내륙의 문화적 연계성 조사
▪국제교류	▪유사 항목의 관련 국가와 비교조사	▪생활문화의 국제적 전파과정 확인

주요 천연생물(동식물 및 식생)의 실상을 파악하기 위하여 기존 정부기관에서 조사하였던 생물자원모니터링 자료와 더불어 대학연구소와 국가연구기관에 소장하고 있는 문헌자료를 분석한다. 또한 서남해안의 경우, 갯벌, 간석지, 하구에 대한 생물상 조사를 실시하여 문헌자료와 비교 검토를 한다. 특히 주요 천연 생물(희귀종, 멸종위기종, 외래종 등)의 서식지를 파악하고, 공간적으로 분포를 명시하여 차후 이 생물의 이용 파악, 생태관광에 따른 훼손으로부터의 보전전략을 수립하는데 이용한다. 기타 생물자원 자료를 도서별로 조사하여 비교분석한다. 도서지역의 문화경관요소와 천연기념물(예. 천연기념물, 마을숲,

당산숲, 어부림, 방풍림, 보호수)의 공간적 분포와 특성을 분석하고, 생물상 조사를 실시한다. 특히 이 숲의 생성과정, 관리 상태를 지속적으로 모니터링을 하여 천연기념물들의 장기적인 관리지침을 개발한다.

문화적 배경 및 특성을 파악하기 위하여 도서지역의 천연기념물과 내륙지역의 천연기념물을 대조하여 도서와 내륙의 문화적 연계성을 조사한다(산림청 1999). 도서연안지역에서 일부 숲은 생태문화적으로 매우 중요한 의미를 가지고 있다(문화재청 2004). 마을의 안녕과 풍어를 기원하는 풍어제나 용왕제 등이 이 마을숲에서 진행되고 있으며(산림청 1995), 전통적인 어획법인 '독살'(해안 간석지에 돌을 쌓아 만든 원시적 수렵도구로 밀물과 썰물의 원리를 이용하여 물고기를 수확함)과 어부림(해안가나 섬 가장자리에 조성된 숲으로 해풍으로부터 어촌을 보호할 뿐 아니라 물고기를 모이게 하는 특성을 가지고 있다고 함)은 물고기의 서식지를 이용하기 위하여 고안된 전통적인 어로문화로서 생태문화적 관광자원으로서 가치가 매우 높다. 실제로 태안반도를 비롯하여 일부 서해안 어촌에서는 전통적인 마을숲과 독살을 이용한 농어촌체험마을과 생태관광사업을 진행 중에 있다(태안군농촌기술센터, 개별 통신). 도서지역의 자연형 해수욕장에는 광활하게 펼쳐진 모래사장과 더불어 소나무림이 병풍처럼 해수욕장을 감싸고 있다. 이 해안림의 수종은 지역에 따라 다르지만 주로 곰솔(전남, 전북)과 적송(태안반도 이북)으로 구성되어 있다(Choung and Hong 2006).

해안림은 바람을 막아줌으로서 사구의 유실을 예방할 뿐 아니라 사구식생이 번성할 수 있도록 도와주는 역할을 한다. 뿐만 아니라 해풍에 의한 농작물의 피해를 막고 마을 주민들에게 쉼터를 제공하고 있다. 전남의 일부 도서지역에서는 마을에 피해를 주는 강풍을 막는 돌담의 역할을 한다는 뜻으로 '우실(村垣)'이라고 부르기도 한다. 이러한 생태문화적 요소는 중국이나 일본, 동남아시아의 도서지역과 유연관계를 보이고 있다. 따라서 이 지역 도서에 대한 단계별 답사, 조사, 분석을 통하여 천연기념물과 생물다양성, 그리고 생활문화의 국제적인 전파과정을 살펴보고 생태관광을 위한 방문자 사전 교육자료로 활용하면 좋을 것이다.

3) 인문사회 인프라 조사

생태관광에 활용될 수 있는 도서연안지역의 제반 인문사회자원(산림과 토지의 이용유형, 주민참여도조사, 촌락 위치, 교통체계 등)을 검토함으로서 생태관광사업을 추진할 사회·환경 용량(socio-environmental capacity)을 평가한다. 우수한 생태관광자원이 있다고 해도 관찰하거나 체험할 수 있는 시설이 미비하거나 장소에 접근할 수 있는 교통체계가 미비할 경우, 우수한 생태계의 유지관리는 매우 힘들다. 따라서 생태계에 대한 훼손을 최소화 시킬 수 있는 상태에서 접근이 용이하도록 교통체계와 비포장 도로시설을 정비할 필요가 있다. 생태체험이나 관찰을 할 수 있는 장소에 접근하는 방법으로 자전거를 대여하는 것도 좋은 방안이다. 서해안의 고군산군도에서는 차량의 통행이 어려워 자전거로 섬을 일주한다. 물론 이 섬에서는 대규모의 차량을 수용할 도로용량이 부족한 것이 그 이유일 수 있겠으나 자전거를 이용함으로서 자연자원과 생태계에 미치는 인위적 영향을 최소화 할 수 있다.

우리나라 도서의 생산구조를 비교하면 농업과 어업을 병행하는 곳이 대부분이다(신 2001). 즉 농번기에는 농업 활동을 하면서 수시로 인근바다에서 어업활동을 한다(한국해양수산개발원 1999). 어종의 차이는 있겠지만 서해의 경우, 옹진군에서는 꽃게, 충청만이나 신안군에서는 농어, 병어, 조기와 민어 등이 계절 어종이 될 수 있다. 따라서 이러한 도서지역에서는 계절적인 농업과 어업의 병행활동이 생태관광을 하는 방문자들의 참여를 위축시킬 수 있다. 또한 방문자들에 의하여 주민의 생산 활동에 영향을 줄 수 있다. 예를 들면, 신안군 증도에는 국내최대 천일염생산의 염전이 있다. 또한 주변의 갯벌간석지는 다양한 염생식물과 더불어 갯벌어종인 장뚱어가 서식하고 있어서 많은 사람들이 이곳을 탐방하고 있다. 그러나 염전에서는 접근을 거부하거나 사진 촬영을 거부하는 경우가 있다. 또한 장뚱어가 있는 갯벌에서는 백합양식을 동시에 하고 있어서 갯벌체험이 어렵다. 이처럼 생태관광지역은 어떤 경우에 지역주민들의 경제생활과 밀접하게 연관된 장소와 겹치는 경우가 있다.

생태관광은 지역주민의 적극적인 참여와 협조가 없으면 불가능하다(脇田와 石原 1996; 황과 이 2000; 강 2001). 따라서 도서주민의 참여도를 높이고 방문자들과의 교류를 위한 사회적인 조정장치, 즉 주민교육이 필요하다. 인문사회조사에서 주민참여도 항목은 생태관광을 시행하기에 앞서 면밀하게 검토하고 분석해야 할 사전 조사 항목이다. 이러한 인문사회 자료는 생태관광시행 이전과 이후에 각각 수집하여 분석해야 하며, 또한 연도별로 지속적으로 분석하는 것이 주민의 참여 성향을 파악하는데 필요하다.

4. 사례 연구

1) 사례 조사 지역의 개황

우리나라의 서남해안은 해안선이 매우 복잡한 리아스식 지형을 가지고 있으며, 조수간만의 차에 의하여 광범위하게 조간대가 분포하고 있다. 조간대의 대표적인 생태계인 갯벌(간석지)은 다양한 패류와 어류가 많이 서식하는 곳이다. 또한 신안군을 비롯하여 서남해안에는 많은 섬들이 분포하고 있다. 이처럼 우리나라의 서남해안은 지형적인 특성, 간석지의 물리적 특성에 의하여 형성된 어장에 의하여 여러 곳에 다양한 규모의 포구가 형성되었고, 또한 크고 작은 어촌이 형성되어 왔다. 어촌에서는 풍어를 기원하고 마을의 안녕을 기원하는 풍어제와 당제가 바다와 숲에서 행하여져 왔다. 그러나 1960년대의 근대화와 더불어 어촌의 사회경제적 환경도 급격히 변하게 되었고 전통적인 풍습이 사라지게 되었다. 단절되어 온 어촌의 전통문화와 자연생태계를 연결시켜주는 생태문화적인 경관요소의 특성을 조사, 복원하여 어촌의 생태관광자원으로 개발하고 활용함으로서 도서연안지역의 생태문화의 네트워크를 구축할 필요가 있다.

2) 조사방법

서남해안의 주요 도서지역과 서해안의 주요 해안과 포구를 대상으로 자연자원 및 마을숲에 대한 지표조사를 실시하였다. 도서지역 조사지는 신안군의 임자면, 증도면, 지도면과 면 소재의 부속도서이다. 신안군 도서지역의 자연자원지표조사로서는 섬의 지리적 특성 및 형태, 지형과 기후, 주요 지역산물 및 보호수를 조사하였다. 전통 숲 조사에는 「도서연안 마을숲(노거수) 현황조사표」를 작성하여 숲의 성립배경과 관리상태, 그리고 생태문화적 특성을 마을 주민들의 협조로 작성하여 분석하였다.

3) 사례 조사 결과

<표 3>은 신안군 임자도, 증도, 지도의 자연 및 생태자원을 <지표조사>형태로 조사하여 정리한 것이다. 임자도와 증도는 무안군과 연결된 신안군 지도에서 20~30분 정도 선박을 이용하는 위치에 있으며, 임자도는 우리나라에서 제일 백사장의 길이가 긴 대광해수욕장(12km) 등 풍부한 해안자원을 가지고 있어 여름철에는 주 관광자원으로 활용되고 있다. 전장포항은 우리나라의 새우젓 가공 포구로서는 가장 규모가 큰 곳으로 주변에는 새우젓을 저장하였던 토굴이 남아 있다. 증도는 원래 99개의 작은 유무인도를 오랫동안 간척하여 형성된 섬이다. 염전이 발달하였던 증도는 아직도 국내 최대의 천일염을 생산하는 태평염전이 있으며 이 염전은 증도를 찾는 많은 관광객들의 중요한 문화자원으로 활용되고 있다. 최근 신안군에서는 증도를 다도해 섬 생태문화관광의 중심지로 개발하고 있다. 해송림이 울창한 우전리해수욕장을 비롯하여 서남해안 최고 수준의 휴양지인 "엘도라도 리조트"가 있다. 신안군 지도읍은 무안군과 현재 연육교로 연결되어 있어서 교통이 편리하다. 이 지역의 토양은 적색 토양을 나타내고 있으며 게르마늄 토질과 해양성 기후 때문에 양파와 마늘 등 밭작물이 잘된다. 신안군의 주요 도서의 특성을 정리하면 간척에 의한 경관변화가 크게 두드러진다. 불편한 교통 때문에 식량의 공급이 어려웠던 상황에서 간척은 도서 주민들에게 매우 중요한 사회경제적 인프라를 제공하였다. 매립된 토지에서 벼농사와 염전 활동을 통하여 식량을 해결하고 소득을 창출하였다. 그러나 소금의 수입, 어장의 변화, 농업의 쇠퇴, 섬 인구감소 등 신안군 도서지역의 사회경제적 환경은 급변하고 있다. 예전의 전통적인 토지이용과 어촌 문화는 급변하는 어촌사회 변화에 의하여 쇠퇴하거나 전환되고 있다. 거의 모든 서남해안 포구의 노거수를 비롯한

전통 마을숲은 소실되거나 황폐되고 있다. 매립이나 간척 등의 요인도 있겠지만 대부분의 전통숲의 쇠퇴는 풍어제나 당제 등 전통문화가 쇠퇴하면서 숲을 관리할 관리주체가 없어지기 때문이다. 대략 30-40년까지 당숲이 있어서 당제나 풍어제를 지냈으나 마을 주민이 노령화되고 또한 어장이 쇠퇴하면서 어촌 소득이 줄어들면서 풍어제를 지속할 경제적 기반이 상실된 것이 큰 원인이다. 또한 1970년대 이후부터 신흥종교가 지역에 들어오면서 의도적으로 당숲을 벌목하거나 고사시켜 소멸시킨 사례가 많다. 해안숲의 경우는 답압의 영향이 크다. 임자도 대광해수욕장, 증도 우전리해수욕장, 무안군의 홀통, 톱머리, 조금나루해수욕장 등 소규모의 해수욕장 해송림은 잘 보전되어 분포하고 있다. 그러나 상대적으로 많은 관광객들이 찾는 해수욕장의 경우, 시설물의 설치, 관광객에 의한 답압에 의하여 해송의 뿌리가 노출되거나 해안숲의 특성인 띠형(strip type) 숲이 단절되고 있다. 전반적으로 서남해안 지역의 전통 마을숲의 상태는 숲에 대한 전통문화가 소실되면서 숲 생태계의 유지 기작도 매우 열악한 상황에 놓여있다. 최근 문화재청(2005)을 비롯하여 환경단체에서 마을숲을 비롯하여 도서생태문화에 관심을 갖고 자원을 발굴하여 지원하려는 노력을 하고 있다. 그러나 당숲이나 어부림, 해안림 등과 같이 인간생활과 매우 밀접하게 관여되어 온 전통경관요소는 단순히 자연생태계 보전차원에서 숲만을 보호한다고 하여 해결되는 문제가 아니며 오히려 전통문화도 함께 복원되어야 진정한 마을숲의 생태적 기능이 회복되는 것이다.

우리나라 도서의 경관생태학적 특성은 도서민의 생활문화인 농어업과 밀접한 관계가 있다. 풍어제를 비롯하여 다양한 마을의 민속도 생활 속의 경관자원의 활용방법과 관계가 깊다. 어구의 발달, 수렵의 방법, 어장(갯벌)의 활용도 이제는 자연자원과 관련된 전통문화경관이다. 최근 태안반도를 비롯하여 일부 서남해안 어촌마을에서는 갯벌

지역의 자연과 문화자원을 활용한 관광사업인 어촌생태체험마을을 시행하고 있다. 그러나 대부분이 마을의 소득을 올리기 위한 이벤트적 특성이 강하며 많은 참여자를 유치하기 위하여 전형적인 어촌의 경관 및 생태계를 훼손하는 경우가 많이 발생되고 있다. 이러한 문제점의 발생은 그 지역의 문화와 생태자원을 통합적으로 관리할 수 있는 전문가-주민참여관리시스템이 부재하고 또한 지속적인 생태계 모니터링이 준비되어 있지 않는 것이 원인이 된다. 도서 및 해안지역의 생태관광은 가족단위의 소규모 인원을 대상으로 하여 도서생태계가 훼손되지 않는 범위에서 생태체험과 휴양을 취하는 방안으로 체계가 수립되는 것이 바람직 할 것이다. 이번 서남해안 도서 및 연안지역 사례조사에서는 주로 생태자원, 특히 전통 마을숲과 해안숲에 대한 문화적 특성과 생태적 관리 상태에 초점을 두었으나 생태관광의 주요한 자연자원으로서 생물상과 식생, 그리고 그들과 연결된 생태문화적 경관요소는 향후 서남해안을 비롯하여 우리나라의 도서연안관광자원개발에서 장기적인 연구 모니터링과 보전전략이 필요할 것이다.

〈표 3〉 서남해안 주요 도서(임자도, 증도, 지도)의 자연 및 생태자원

임자도 자원목록

구분		자원명	주소(위치)	규모 및 설명
섬의 모습	위치와 지리	전남 신안군 임자면	E126°6' N35°5'	사양토질이어서 들깨가 많이 난다하여 임자도라 지음.
	모양과 형태	신안군 최북단	목포에서 40.3km² 지도에서 해상 2.5km²에 위치함	면적 39.18km² 해안선 56.5km²
지형과 기후	유명산	대둔산	임자면 이흑암리	319m., 지도읍에서 가장 높은 산.
	해안지형	리아스식 해안 사빈해안	동서쪽 북서쪽	동서쪽의 톱니모양의 절벽과 북서쪽의 단조로운 해수욕장
	유명섬	수도	지도와 임자도 사이	면적:1.45km²
		재원도	임자도의 북단	임자도에서 1.1km 면적:3.03km²

섬의 생태적 특성 활용과 지역 활성화   325

지역 산물	토양	적색토 게르마늄 사양토	임자도 전지역	임자도 전지역
	기후	해안성 기후	서해안 기후	평균온도 약22도
	산림	소나무·참나무 혼합림	대둔산일대	대둔산일대와 그 밖의 해수욕장
	특산물	새우젓	전장포와 하우리	전국어획량의 약 60%으로 생산
	수산물	민어, 농어, 병어, 새우	임자도 근해	병어 223톤 민어 298톤 농어 149톤 새우 1,990톤
	농산물	쌀, 양파, 고추, 마늘 등	임자도 전지역	기타}소금:32,000톤
보호수	노거수	임자 패길마을 노거수(소나무)	임자 패길마을 동산	소나무 1수
		임자면 농협 노거수	임자면 진리	벚나무 1수
		임자면 파출소 노거수	임자면 진리	팽나무 1수
		임자 부동마을 노거수	임자면 부동리 173번지	은행나무 2수
		임자 부동마을노거수	임자면 부동리	동백나무 1수
		임자 면사무소노거수	임자면 진리 466-2	팽나무 1수
		임자 대길리 노거수	임자도 대길리 마을	이팝나무 2수
		임자 이흑암리 노거수	임자도 이흑암리	은행나무 2수
	숲	재원도 당숲	임자도 재원리 마을	팽나무 7수
		재원도 陳씨 선산	임자도 재원리	동백나무 8수
		임자도 용난굴해수욕장 방풍림	임자도 이흑암리	소나무 (흑송)군락

증도 자원목록

구분		자원명	주소(위치)	규모 및 설명
섬의 모습	위치와 지리	전남 신안군 북쪽 해상에 위치	E126°8 N35°8	면적:33.58km² 인구:2,432명(2001)
	모양과 형태	옛날부터 섬 전체가 물이 없다 하여 시리섬이라 불렀으며, 전증도와 후증도가 연륙되면서 증도라 하였다.	목포에서 49.4Km, 지도에서 해상3Km 지점에 자리잡음	유인도 8개와 무인도 91개로 형성되어 있다
지형과 기후	유명산	곽대봉(돈대봉)	증동리	해발 134.4m
	기암 괴석	나박바우	증동리	광암 어귀에 있는 납작한 바위
	기암 괴석	호랑이 바위	증동리	산 중턱에 있는 바위

		병풍도	증도면 병풍리	면적 2.5km
		화도	증도면 부속섬	증도 최남단에서 노두길이용해서 접근
	유명섬	기점	병풍도의 부속섬	병풍도와 이어진 섬
		도덕도	증도면 방축리	면적:0.11km 송, 원대의 보물이 도덕도 앞바다에서발견
	토양	황토층 게르마늄 토양	증도 전지역	간척이 많이 됨
	기후	서안 해양성 기후	증도 전지역	
지역 산물	특산물	우리나라 최대 소금 생산지	태평염전 및 기타염전	우리나라 최대규모
	노거수	증도 우전리 노거수	증도 우전리	당제나 풍어제를 지내지 않음
보호수	방풍림	증도 우전리 솔밭	증도 우전리	곰솔군락
	당숲	병풍도 당숲	증도면 병풍리 (병풍도)	마을회관앞 당숲 당제를 지내지 않음

지도 자원목록

구분		자원명	주소(위치)	규모 및 설명
섬의 모습	위치와 지리	신안군 북쪽,	E126°19' N35°2'	지도읍의 주도(主島)
	모양과 형태	간척하여 하나의 섬으로 됨	군청과의 거리 58.4km²	면적 60.27km²
지형과 기후	유명산	삼암봉(196m)	지도읍 감정리 일대	해발 196.2m
	해안 지형	해식애	지도읍 해안지대	
	유명섬	사옥도(沙玉島)	지도읍 부속도서	면적 10.95km²
		어의도(於義島)	지도읍 어의리	면적 1.6km². 해식애가 발달함.
		송도(松島)	지도읍 부속도서	면적 2.4km²
		대포작도(大包作島)	지도읍 대포작도리	면적 0.76km²
		선도(蟬島)	지도읍 선도리	면적 5.26km². 매미모양의 섬
		율도(栗島)	지도읍 태천리	면적 0.52km². 밤모양의 섬.
	토양	적색 토양층 게르마늄 토질	지도 전지역	
	기후	서안해양성기후	지도 전지역	
	산림	소나무(곰솔) 참나무혼합림	삼암봉 일대	곰솔군락이 뛰어남
지역 산물	특산물	농산물: 참께, 대파, 쌀, 보리, 유체. 작약. 입담배,	지도내륙지역 지도해안지역	간석지를 개간하여 염전이 있음.

		수산물: 농어, 민어, 병어, 김, 천일염		
보호수	마을 보호수	느티나무	지도읍내양리 1122 번지	수령 321년 수관이 좋음
	당산 나무	팽나무	지도읍 읍내리 산140 번지	수령 317년
	마을 보호수	팽나무	지도읍 태천리	수령 211년

5. 결론

　우리나라 도서연안의 생태관광은 단순히 생물생태적인 관찰과 체험으로 관광을 하는 것으로는 그 기반 인프라가 매우 부족한 상황이다. 따라서 대상 도서가 확보하고 있는 역사와 문화자원 등 유형·무형의 자원을 활용하거나 그 연관성을 발굴하여 생태관광과 접목시켜서 발전시키는 것이 바람직하다. 이러한 다양한 각도에서 생태관광자원을 확보하려면 자연자원기초조사와 자원탐사에 민속, 사회환경, 생활사 등 자연사 연구와 협조할 수 있는 전문가가 필요할 것이며 그들에 의하여 조사항목이 선정될 필요가 있다.

　생태학 전문가에 의하여 생물다양성과 특수지형 등 도서지역의 생태자원에 관한 조사가 이루어 진 후 자연사 전문가와 인문사회 전문가들과 논의하여 생태관광에 필요한 적합한 장소를 평가할 수 있는 잠재적 평가도를 작성할 필요가 있다. 여기에서는 토지이용도, 식생도 및 자연경관평가도를 제작하거나 활용한 후 지리정보시스템(GIS)을 이용하여 공간생태적 특성을 분석하면 생태관광에 적합한 장소가 추출될 것이다(Nakagoshi and Hong 2001).

　생태관광의 목표에 따라서 대상 도서를 선정한 후 다양한 각도의 기초조사에 의하여 도서 인문사회 인프라 및 관광자원의 구축상태를 파악하여 투어방법을 계획한다(Weaver 2005). 생태관광의 바람직한 지침은 기본적으로 현 지역에서 얻을 수 있는 자원을 충분히 활용하여 체험하고 생활하는 것이다. 즉, 도서주민의 적극적인 협조와 공동체 활동(보여주고, 느끼고, 배워가는 그린투어를 위한 주민과의 협조)을 통하여 섬의 생태자원을 체험해 감으로서 진정한 생태관광을 경험하게 되어 도시-농촌-도서에서의 Blue-Green-Human Networks가 창출될 것이다. 이와 같은 주민참여형 생태관광(community-based ecotourism)의 성공을 위해서는 도서지역의 특성을 이해하고 제한된 자원을 최대한 활용하며 주민활동에 적극적으로 협조하는 방문자의 도서생활에 대한 이해 자세도 필요하다(Mitchell and Reid 2001; Kiss 2004).

도서의 생물생산자원은 매우 제한적이다. 또한 육상생태계와는 달리 도서생태계는 고립성과 개방성의 생태적 특성을 모두 가지고 있다. 이러한 요인 때문에 방문자들에 의한 외래종의 도입으로 인하여 도서의 안정된 생태계가 훼손되는 경우를 많이 볼 수 있다(Gössling 1999). 도서 생태계는 육상생태계와는 달리 외부 교란에 매우 민감하게 반응한다. 방문자들에 의하여 도입되는 외래생물(외래식물 및 애완동물 등) 및 질병(소나무 재선충)의 전파는 지속가능한 생태관광을 저해하는 환경문제를 유발하기 때문에 입도 전에 신중하게 관리해야 할 것이다. 현재 우리나라에는 도서의 이용, 개발, 보전에 관한 관련 법률이 14가지가 있다(환경부 2005). 도서의 생태관광은 이들 법률과 모두 관계가 있다. 도서의 생물다양성과 문화를 이용한 생태관광사업을 원활하게 수행하기 위해서는 도서 관련 법률의 일관적 적용 및 도서관련 행정조직의 통합적 운영이 요구된다(Patterson et al. 2004).

참고문헌

강신겸, 2001,「생태관광개발에서의 지역주민 참여 - 강화군 장화리를 중심으로」『한국공원휴양학회지』3.
김남조, 조광익, 1998,「지속가능한 관광개발과 지역주민참여」『정책연구보고서』98-04, 한국관광연구원, 서울.
김동렬, 김성일, 2001,「생태관광 지표개발과 평가에 관한 연구」『한국공원휴양학회지』3.
문화재청, 2005,『마을숲 문화재 자원조사 연구보고서 Ⅲ - 전라남도 도서지역』
산림청, 1999,『녹색관광과 산촌활성화』
산림청, 1995,『한국의 전통 생활 환경보전림』, 임업연구원
신순호, 2001, 60,「도서지역의 주민과 사회 - 완도지역을 중심으로」, 경인문화사.
이상춘, 여호근, 최나리, 2004,『해양관광의 이해』, 백산출판사.
이후석, 2001,『생태관광』, 백산출판사.
최승담, 박기홍, 1996,『국민관광지표개발』, 한국관광연구원.
최태광, 2001,『생태관광론』, 백산출판사.
한국농촌연구원, 1997,『어촌지역 관광개발에 관한 연구』, 한국농촌연구원.
한국해양수산개발원, 1999,『우리의 연안습지: 갯벌』, 해양수산부, 한국해양연구소.
해양수산부, 2001,『갯벌생태관광 시범운영』.
해양수산부, 2002a,『한국의 해양문화 2 - 서해해역(상)』, 목포대학교 도서문화연구소.
해양수산부, 2002b,『한국의 해양문화 3 - 동남해역(상)』, 목포대학교 도서문화연구소.
홍선기, 박정원, 양효식, 2006,「생태관광자원으로서 도서지역 곰솔의 생태적 특성 - 전라남도 신안군 증도 - 」『도서문화』28.
홍선기, 강신규, 김재은, 노백호, 노태호, 이상우, 2007,『경관생태계 - 환경영향평가를 위한 생태계 공간분석법』, 라이프사이언스, 서울.
환경부, 2005,『도서·연안지역 자연환경보전 방안에 관한 연구』, 한국환경정책평가연구원.
환경부, 2000,『자원유형별 생태관광 추진전략 수립연구』.

황기형, 이승우, 2000, 『주민참여에 의한 어촌관광개발 활성화 방안 연구』, 한국해양수산개발원, 서울.

今村 奈良臣・向井 淸史・千賀 祐太朗・佐藤 常雄, 1995, 『地域資源の保全と創造-景觀をつくるとはどういうことか』, 農文協.

大塚 柳太郎・口藏 幸雄・門司 和彦, 1978, 「トカラ列島平島における漁活動と食生態人類科學」『九學會連合報 31 - 奄美 その3』.

小林 茂, 1986, 「南西諸島の環境利用と伝統文化」水津一朗先生退官記念事業會, 『人文地理學の視因』, 大明堂.

武內 和彦・鷲谷いずみ・恒川篤史, 2001, 『里山の環境學』, 東京大學出版會.

駄田井 正・西川 芳照, 2003, 『グリーンツーリズム-文化經濟學からのアプローチ』, 創成社.

農林水產技術情報協會, 2000, 『農產漁村と生物多樣性』, 家と光協會.

柳 哲雄, 1998, 『瀨戶內海の自然と環境』, 神戶新聞總合出版センター.

脇田武光・石原照敏, 1996, 『觀光開發と地域振興-グリーンツーリズム解說と事例』, 古今書院.

Abel, T., 2004. Ecosystems, sociocultural systems, and ecological economics for understanding development: The case of ecotourism on the island of Bonaire, N.A. University of Florida, PhD Thesis 2004.

Choung, H.L. and Hong, S.K., 2006. Distribution patterns, floristic differentiation and succession process of *Pinus densiflora* forest in South Korea: A perspective from nation-wide scale". *Phytocoenologia* 36(2): 213-229.

Gössling, S., 1999. Ecotourism: a means to safeguard biodiversity and ecosystem functions. *Ecological Economics* 29:303-320.

Hakim, L., Hong, S.-K., Kim, J.-E. and Nakagoshi, N., 2007. Nature-based Tourism in Small Islands Adjacent to Jakarta City, Indonesia: A case study from Seribu Island. *Journal of Korean Wetlands Society* 9: (in press)

Hong, S.-K., Koh, C.-H., Harris, R.R., Kim, J.-E., Lee, J.-S. and Ihm, B.-S., Land Use in Korean Tidal Wetlands: Impacts and Management Strategies. *Environmental Management* (in press)

Hong, S.-K., Nakagoshi, N., Fu, B. and Morimoto, Y., 2007. *Landscape Ecological Applications in Man-Influenced Areas: Linking Man and Nature Systems.* Springer, Dordrecht. 535p.

Kiss, A., 2004. Is community-based ecotourism a good use of biodiversity conservation funds? *Trends in Ecology and Evolution* 19:232-237.

Mitchell, R.E. and Reid, D.G., 2001. Community Integration: Island Tourism in Peru. *Ann. Tourism Res.* 28:113-139.

Nakagoshi, N. and Hong, S.K., 2001. Vegetation and landscape ecology of East Asian Satoyama. *Global Environmental Research* 5: 171-181.

Patterson, T., Gulden, T., Cousines, K. and Kraev, E., 2004. Integrating environmental, social and economic systems: a dynamic model of tourism in Dominica. *Ecological Modelling* 175:121-136.

Weaver, D.B., 2005. Comprehensive and minimalist dimensions of ecotourism. *Ann. Tourism Res.* 32:439-455.

WTO, 1992. *Agenda 21 for the travel and tourism industry.*

Wunder, S., 2000. Ecotourism and economic incentives- an empirical approach. *Ecological Economics* 32:465-479.

Zhao, B., Kreuter, U., Li, B., Ma, Z., Chen, J., and Nakagoshi, N., 2004. An ecosystem service value assessment of land-use change on Chongming Island, China. *Land Use Policy* 21:139-148.

영산강 하류지역에 있어서 포구의 기능과 역할
― 무안 옹기마을(석정포)를 중심으로 ―

문 병 채

1. 들어가며

1) 연구배경 및 목적

江은 인간의 삶의 공간을 형성하는 중요한 자연적 요소이다. 이러한 관점에서 강이 인간의 삶의 공간을 어떻게 형성시켜 왔는가를 고찰해보는 것은 매우 의미 있는 일이 아닐 수 없다.

한반도 서남해 주민들에게 중요한 영향을 끼쳐 온 영산강은 이런 견지에서 중요한 의미를 담고 있는 강이라 볼 수 있고 연구적 가치가 큰 강이다. 영산강은 저지대(평야)를 흐르는 관계로 '강폭이 넓고 흐름이 완만'하여 일찍이 해상과 내륙을 연결하는 문화이동로로 중요한 역할을 수행해 왔다. 도한 영산강은 고대문화권 형성과 더불어 포구와 나루가 잘 발달한 하천 중의 하나였다. 특히 포구(나루터)는 '물질문화와 정신문화가 끊임없이 교류'하는 곳으로 문화형성에 큰 영향을 주었던 공간이었다. 이러한 배경에서, 영산강을 중심으로 펼쳐졌던 고대 문화권의 형성과 특성을 이해하는데 영산강 포구(나루)터의 기능과 역할들을 더듬어 볼 필요가 있다.

2) 연구내용 및 방법

본고에서는 영산강 고대 문화권의 형성에 있어서 영산강 포구(나루)와 기능변화가 어떻게 작용했고 영향을 미쳐왔는가를 알아보았다. 그리고 이를 위해 다음과 같은 사항들이 연구되엇다. 첫째는 영산강 본류와 지류들의 역할과 기능이다. 둘째는 영산강에 널려있는 여러 포구와 나루터들의 역할과 기능에 관한 규명이다. 셋째는 영산강 주변의 간척사업과 그 결과 변하게 된 자연경관의 변화이다.

이들 연구를 위해 사용된 연구방법은 GIS(지리정보시스템)를 이용한 시뮬레이션 기법을 활용하였다.

2. 영산강 본류(지류)의 역할과 기능

1) 영산강 북쪽 지류

남창천 : 승달산에서 발원하여 일로를 걸쳐 남악으로 흐르는 하천이다. 과거 감돈저수지(감돈마을)까지 영산강물에 잠긴 곳이다. 옛 포구로는 해창, 장항포, 용포, 극포, 맥포, 남창 등이 있었다. 이곳은 1단계(장항포 간척)과 2단계(하구언)에 의해 육지화된 곳이다.

함평천 : 무안천과 엄다천, 그리고 함평천 등 3지류가 형성되어 있는 곳이다. 무안천은 도산마을(만곡리 도산저수지)에서 발원하여 무

안읍 북단을 걸쳐 학교철교에서 엄다천·함평천과 합해져 사포나루로 흘러 드는 하천이며, 대표적인 무안포구가 있었다. 무안포구는 무안군청 서족 원두골(불무교 부근), 무안들판까지 영산강 물에 잠긴 곳이다.

엄다천은 함평 엄다면 만흥리 국산저수지에서 엄다를 걸쳐 학교철교 부근에서 함평천과 합류하여 삿포나루로 흘러 드는 하천이었다. 함평천과 더불어 큰 내해를 이룬 곳이었다.

함평천은 함평 신광면 원산리 덕동에서 발원하여 대동저수지와 함평읍을 걸쳐 사포나루로 흘르드는 상당히 큰 하천이다. 하폭이 넓고 흐름이 완만한 '내해'에 가까운 하천이었다(포구 발달 미약). 목포를 중심으로 한 서남해 도서지역과 나주 간을 큰 단절 역할을 하고 있다. 함평읍 북쪽 4km까지 넓은 들판이 모두 영산강물에 잠겼었다.

고막원천 : 장성 삼서면 유평리 유평저수지(태청산)에서 발원하여 월야, 나산, 고막원을 걸쳐 석관정나루로 흘러들었던 하천이다. 하폭이 좁고 물살이 비교적 센 하천이었다(포구 발달). 옛 포구로는 광진과 고막이 있었다. 특히 이곳에는 고대문화권이 형성되었는데, 예덕리고분과 고막원 등이 이를 대변해 주고 있는 곳이다.

2) 영산강 남쪽 지류

만봉천 : 나주 금정면 남송리 국사봉에서 발원하여 세지를 걸쳐 영산포 아래 영산강으로 흘러 드는 하천이다. 말(馬)이 건널 수 없을 정도의 넓고 깊은 하천이었다(현 공용터미널-석기내). 현 국도23호선을 따라 옛길이 형성됨. 봉황과 세지가 발달하게 되었다.

삼포천 : 신북 용산리에서 발원하여 반남들판과 남해포를 걸쳐 몽탄나루 밑쪽으로 흘러 드는 하천이다. 반남고분을 중심으로 한 고대문화권 지역의 젖줄이나 교통로로의 기능을 수행했던 하천이다. 남해포

와 도포는 고대문화권의 최대 관문이엇던 곳이다.

　영암천 : 영암 학송리 불티재에서 발원하여 영암읍을 돌아 덕진, 해창, 도포, 두원포를 걸쳐 영산강으로 유입된 하천이다. 특히 상대포(학산천)는 내륙(육지)지방과 해양을 연결시키는 고대시대 최대의 관문 역할을 하였다.

3) 하천의 영향

　고대에 하천은 지리적으로 공간을 양분시키는 기능을 해 왔다. 영산강도 예외는 아니었다. 영산강 하류는 크게 북쪽 3 하천(남창천, 함평천, 고막원천)과 남쪽 3 하천(영암천, 삼포천, 만봉천)이 그것이다. 이들은 각기 유영을 형성하고 나름대로의 생활권과 문화권을 형성시켜왔다. 결론적으로 하천이 고대 인간의 삶에 끼친 영향을 크게 끼쳐왔던 것이다. 고대 생활권에 끼친 영향을 보면 고대문화권 형성이 그것이다.. 하천 유역을 따라 문화가 형성되었던 것이다. 실예로 고막원천(예성리고분), 문평천(복암리고분), 삼포천(반남고분) 등이 그것이다. 따라서 상대포(영암)가 상대적으로 중요한 항구가 되었던 것이며, 영산강과 함류점의 상하 두 곳에 나루(혹은 포구)가 발달한 경우가 많았던 것도 이런 맥락이다. 즉, 함평천(사포나루), 고막원천(석관정나루), 만봉천(영산포나루), 삼포천(몽탄나루) 등이다.

3. 포구(나루)의 역할과 기능

1) 포구의 개념

　포구에는 해상포구와 강상포구로 구분된다. 포구는 물질문화와 정신문화가 끊임없이 교류하는 공간이다. 평야지대를 흐르는 관계로 강폭이 넓고 흐름이 완만하며 포구가 많은 영산강은 일찍이 해상과 내륙을 연결하는 문화이동로 역할을 하는 地中海였다.

2) 포구와 나루의 분포

영산강 하류의 주요 포구로는 영산포, 구진포, 중천포, 사포, 대굴포, 신설포, 북석포, 석정포, 남해포, 도포, 상대포 등이 대표적이었다. 또한 주요 나루로는 동말나루, 서촌나루, 터진목나루, 사암나루, 석관정나루, 뒷구지나루, 자구리나루, 몽탄나루, 소댕이나루, 주렁나루, 생기미나루 등이었다. 아래 그림은 이들의 지리적 위치를 기하학적으로 나타낸 것이다.

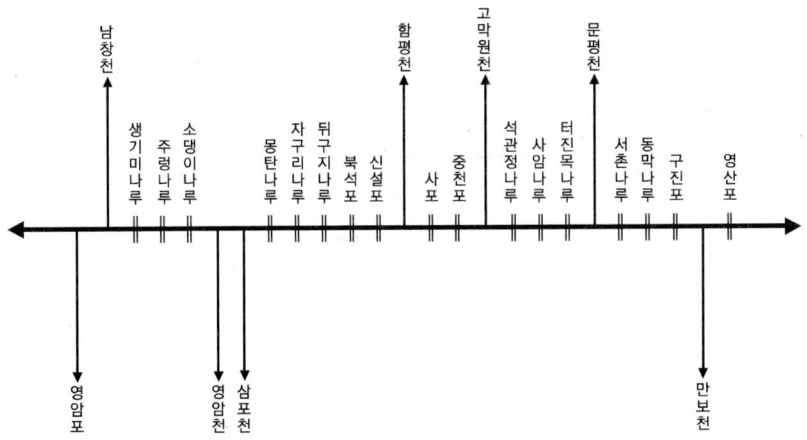

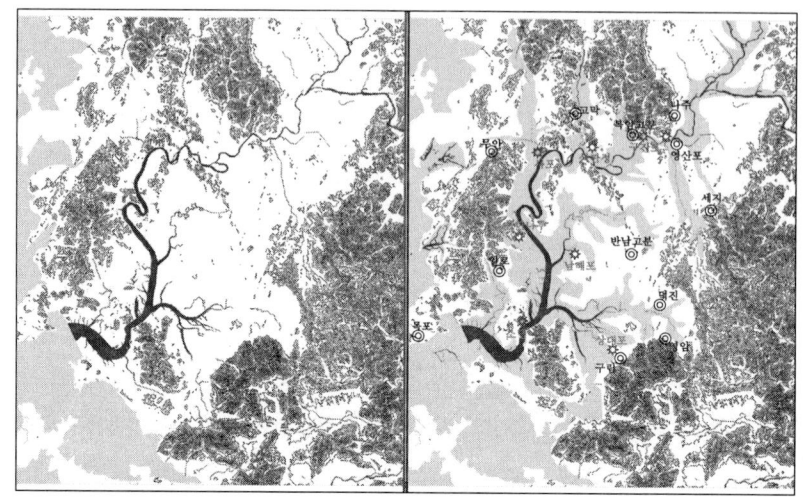

4. 간척과 자연경관의 변화

1) 간척과 기술과 역사

간척사업은 크게 3가지 면의 변화를 가져왔다. 첫째는 육지영역 확대이다. 육지영역의 공간확장을 위한 물박이 공사(간척사업)였던 것이다. 둘째는 물길과 뱃길이 막히면서 옛 포구가 사라진 점이다. 포구의 소멸은 주민 삶의 방식의 변화를 가져왔다. 셋째는 자연생태계의 변화를 가져온 점이다. 그리고 이러한 생태계 변화 역시 인간의 삶의 방식 변화를 가져왔다. 어업 위주가 농업위주로 바뀐 거시 대표적이다.

이곳 영산강 하류지역의 간척의 기원은 매우 오랜 역사를 갖고 있다. 우리나라 논농사 기원은 B.C 1세기경으로 추정(『삼국사기』에 벽골제에 대한 기록)하고 있다. 우리나라 간척의 기원은 고려 고종 22년에 몽고병의 침입을 피하여 강화로 천도한 후 해상 '방어목적'으로 연안

제방을 구축한 것이 시초로 알려지고 있다. 농지조성 목적의 간척은 고려 고종 35년에 몽고 병란시 식량 조달을 위하여 병마판관 金方慶이 평안북도 안주(청천강 하구)의 갈대섬에 제방을 축조한 것이 시초였다. 외국에서의 간척은 간척입국을 자랑하는 네덜란드에서 절대 부족한 국토면적을 확장하기 위하여 10세기경에 시작한 것이 최초이며, 일본에서는 우리보다 약 49년 후인 1284년(肥後國大慈寺文書 : 1284년, 肥前國高成寺文書 : 1288년)에 처음 시작된 것으로 기록되어 있다.

시공장비의 변천을 보면, 1950년대 이전의 운반장비는 軌條人力土運車 및 우마차, 손수레에 의존하였다. 1960년대에는 인력시공으로부터 동력을 이용한 시공으로 전환되었고 이에 따라 기관차에 의한 기계화 시공이 시작(남양, 아산 및 삽교천 방조제를 완성)되었다. 1980년대는 대형덤프트럭(12-15톤)과 준설선 등을 이용한 육상 및 해상 동시작업(영산간 및 대호 등 국제적 규모의 간척 사업)이 행해졌다. 1990년대는 시공장비의 대형화와 다종의 건설장비가 개발 보급되어 난공사인 시화방조제 및 영산강Ⅲ지구, 새만금방조제의 끝막이를 성공시켰다.

2) 간척에 의한 영산강 하류지역의 경관변화

간척에 의한 영산강 유역의 경관변화는 크게 3차례에 의해 이루어졌다. 첫째는 영산강 상류에 대규모 다목적 댐 건설(장성댐, 담양댐, 대초댐)이었다. 4개의 큰 다목적 댐 축조는 수량을 크게 감소시켰으며 그 결과 많은 갯벌이 육지화 되었다. 둘째는 하천제방(보통 하천 양안에 둑을 쌓음) 축조이다. 큰 본류는 물론이고 소하천까지 하천 양안에 제방을 축조하여 많은 갯벌(습지)이 육지화 되었고, 하천의 직강화는 하천 흐름을 빠르게 하여 유량 감소를 가져왔다. 그 결과 획기적인 수리시설 확장(보와 저수지 등 축조)이 이루어져 최근 50년에 80%에 이른

천수답이 수리안전답화 되었다. 마지막으로 큰 경관의 변화를 가져오게 된 것은 영산강 하구언 축조이다. 영산강 하구언 축조는 1978.1.20~1980.11.13에 이루어졌는데 이 제방의 축조는 결정적으로 마지막 간척지마저도 없애버렸던 것이다. 즉, 간척의 마지막 완성품이었고 가장 큰 경고나의 변화를 가져왔던 것이다.

아래 지도들은 그도안 있었던 간척의 결과 변한 경관의 변화를 지역별로 그린 것이다.

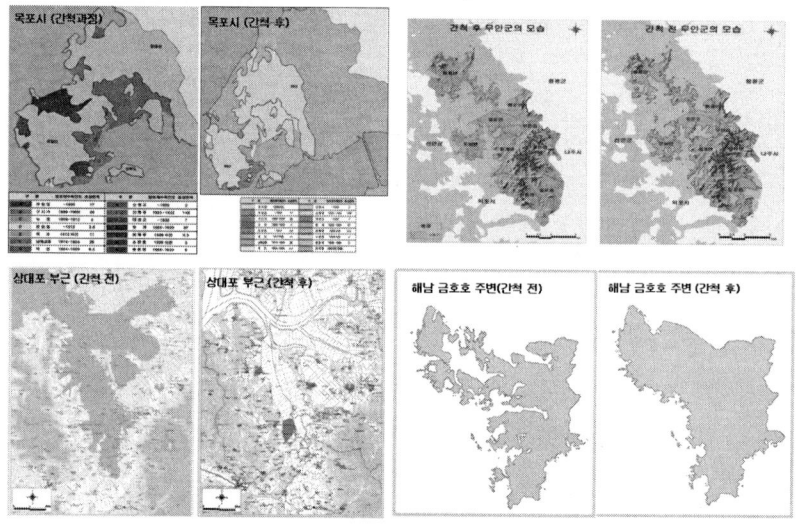

5. 사례연구 : 무안 옹기마을(석정포)의 기능과 역할

1) 환경여건 분석

(1) 마을의 성격

신창(점등)마을은 행정구역상 무안군 몽탄면 몽강리의 몽강1리[1])의

3개 자연부락(상몽탄, 장실, 신창) 중의 하나에 해당되었다. 현재는 15가구 정도가 거주하고 있으나, 과거에는 50여 가구가 입지해 옹기를 굽는 상당히 번성했던 곳이었다. 타성받이(혼성받이)들이 옹기장사를 하며 살았던 전형적인 하층민 마을의 성격이다. 토속적인 민속과 서민의 놀이문화가 성행했던 마을이었던 것으로 여겨지는 마을이었다.

(2) 마을의 입지특성

첫째는 옹기제작의 적지였다. 일반적으로 옹기 빚는 마을들이 바람을 최대한 막을 수 있는 지형조건 관계상 옹기처럼 움푹 들어간 지형조건이 잘 입지[2])하고 있는 경향에서 볼 때, 점등마을은 옹기를 빚기에는 아주 좋은 지형적 조건을 지닌 곳이라 할 수 있다.

둘째는 수송의 요충지적 위치였다. 서남해 도서(섬)와 영산강을 끼고 있었으며, 옹기제작에 필요한 조건(대토, 물, 땔감)의 수송 이점을 구비(교통의 결절 + 원료산지 인접)하고 있는 지리적 위치에 있었다.

셋째, 옹기 재료(질이)와의 관계에 있어서도 좋은 위치에 있었다. 옹기제조에 사용된 흙인 '질이(점토, 고령토)'는 점성이 강한 끈적끈적한 찰흙(점성이 강해야 하는 이유는 800℃이상 구어도 흘러내리지 않아야 하는 이유가 제일 큼)가 사용되었다. 그런데 이곳은 수송이 편리한 인근에서 고품질 재료(질이)가 생산되는 곳이었다. 즉, 노르스름한 빛깔부터 검은 빛깔까지 다양한 색상을 지니나 밝은 색일수록 가치가 있

---

1) 행정구역상으로 몽강리는 몽강1리(상몽탄, 장실, 신창)와 몽강2리(언동, 청수동)으로 구성되어 있음
2) 과거 옹기를 굽는 집들은 대게 매우 가난했으며, 따라서 빚은 옹기를 말릴 수 있는 공장이나 밀폐된 공간(바람막이 된 공간)이 거의 없어 바람이 통한 곳에서 말리다 보니 흙먼지가 날아와 빚어 놓은 옹기에 붙을 경우 상품가치가 떨어지거나 쓸모없는 물건이 되기 때문에 가능한 바람이 불지 않은 지형(옹기 모양의 움푹 들어간 골짜기)에 옹기마을이 잘 입지했던 것으로 보임.

는데, 이것이 이곳에서 생산되었다. 찰진 것과 그렇지 않는 것이 함께 한 곳에서 생산되어 동시 채취가 가능했다. 원료산지(매장지)가 바닷가에 인접(현재는 간척으로 내륙 깊숙한 곳)한 관계로 수송이 매우 편리했다. 참고로 '질이' 산지[3]와 수송항으로 나주 동강면 장동리(용동마을)[4] =>장동포, 대전리(수문마을) =>수문포 등의 위치에 있었다.

넷째, 경제성 있고 질 좋은 옹기생산이 가능했다. 이곳에서 생산된 옹기는 풍만하고 넉넉한 형태, 흑갈 혹은 황갈색 유색의 자연스러움과 자유로운 수화문이 돋보였다. 거친 흙을 적당히 조절하여 사용하기 때문에 구울 때 여드름 자국 같은 기포덩어리가 생겨 일종의 숨구멍 역할을 수행[5]해 주기 때문에 발효식품의 숙성을 잘 돕고, 내용물의 방부성을 높여줬다. 또한 이곳 옹기는 실생활에 쓰이는 생활용기 중심으로 제작되었다. 특히 '유약'[6]을 전혀 사용하지 않기 때문에 건강에 좋은[7] 옹기를 생산했던 것도 큰 경쟁력 이었다.

---

[3] 이 외에도 전남 해안지역에 있는 질 좋은 유명 산지로는 강진만(남포), 해남(산이, 황산) 등임
[4] 현재 '문화재보호구역'으로 지정되어 있어서 채굴을 금지하고 있음.
[5] 기포로 생긴 숨구멍이 공기는 받아들이되 물은 통과시키지 않는 역할을 수행. 참고로 瓷器는 체로 걸른 흙을 사용한 관계로 입자가 골라 구울 때 기포가 생기지 않음.
[6] 화공약품인 "유약"을 바르면 낮은 온도에서도 구워낼 수 있기 때문에 경제적이나 유약에 중금속 납(Pb) 성분이 들어 있어 음식물을 부패시키고 몸에 해로움을 줌.
[7] '한국화학시험연구원' 시험결과(1999.11.06) 인체에 해로운 중금속인 납(Pb), 카드늄(Cd), 비소(As) 등이 모두 불검출로 나옴.

영산강 하류지역에 있어서 포구의 기능과 역할   343

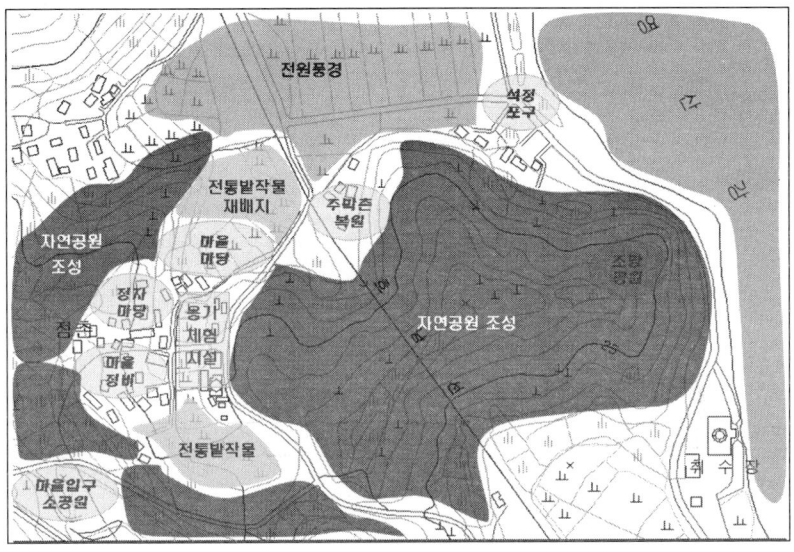

2) '석정포' 입지와 기능

(1) 입지특성

석정포(무안)는 사포(함평), 중천포(고막원), 영산포(나주)와 더불어 영산강 4대 포구 중 하나였을 만큼 아주 번성했던 포구로 여겨졌고(특히, 옹기의 최대 적출항), '영산강의 중간기착지'로 영산강을 오르내리는 뱃사공과 상인들의 중간 휴식처 역할을 했던 절대적 중요 거점(목포와 영산포의 중간지점에 위치)이었다.

또한, 옹기 제품과 원료 수송의 요충지였다. 옹기 원료(질이, 점토, 고령토) 산지였던 나주 동강(장동마을, 수문마을)이 바로 강 건너편에 위치, 영산강을 따라 도서(다도해)까지 연결되는 제품수출에 유리한 수상교통의 잇점을 지니고 있었다.

그리고 또 한가지 장점은 마을에서 외따로 떨어진 위치로 치안(경찰서, 치소)으로부터 멀어 도박이나 술주정 등이 가능했던 별천지였으며, 강물 범람을 피할 수 있는 지형조건(앞산), 인근 도시(일로나 무안)까지 직선로로 연결된 근거리 연결의 산길 구비 등 천혜의 포구 입지조건을 지니고 있었다. 그리고 풍류와 휴식을 즐길 수 있는 '풍광(경관) 좋은 위치'(현재도 전망이 좋은 곳으로 선정되어 있음)있었다.

(2) 포구기능

석정포는 옹기와 원료(점토) 수송기점 및 적치와 하치장 기능을 수행하였다. 뿐만 아니라 뱃사공과 상인들의 중간 기착지(휴식) 및 도예가 들과의 만남의 장소였으며, 포구촌(4~5가구)이 형성될 정도로 매우 번화했던 포구주막촌 기능을 수행하였으며, 인근 여러 '나루터'와는 다른 공간기능을 수행[8]한 포구기능을 수행한 곳이었다.

3) 석정포의 번영과 쇠퇴

(1) 마을의 '옛 경관'

과거 마을 입구까지 영산강 물이 찰랑찰랑 했다(경작지 없음, 농사 불가능). 앞 들판은 모두 간척지 였다(영산강 하구언 축조와 함께 농경지화 됨). 약곡천 깊숙히(사천리까지) 영산강 물이 들어 옴- 옹기마을은 구 철도길 밑에 까지 영상강 물이 흘렀들었었다. 당산을 제외하고 주변 산이 거의 민둥산(장작가마 영향) 이었다. 옹기가마터와 30여 채의 초가집, 석정포(선착장) 포구와 주막촌, 끊어질 듯 이어지는 산모퉁이로 놓인 황토 오솔길(소달구지길) 들이었다. 옛 모습을 그림으로 그려 복원하여 관광자원화가 필요한 곳이다.

(2) 마을의 번영과 쇠퇴

이 마을은 삼국시대부터 그릇 굽는 이들이 살기 시작했던 것으로

---

8) 도진촌(나루터)는 강을 사이에 두고 양쪽 거주민의 교류에 목적을 두고 형성·발달한 공간인 반면, 포구촌은 특정 상품이나 큰 고을의 인적 물적 수송을 목적으로 형성·발달된 공간이라 볼 수 있음. 일반적으로 포구가 도진촌보다 큰 것이 보통임.

알려지고 있는 곳이다[9]. 지형조건(옹기제작조건)과 포구(석정포)를 기반으로 형성되어 영산강 서쪽 도시들(몽탄, 일로, 무안, 청계 등과 섬 지역(서남해 다도해) 옹기수요에 대응하여 발달했다. 조선시대에는 석정포가 영산강변의 최대 옹기 적출항으로 자리매김. 해상교통의 발달과 더불어 판매권이 넓혀졌었다. 일제시대에는 전국적 상권을 갖는 최대 번성기를 맞이햇다. 철도와 자동차 교통 등장으로 육상수송로 발달(즉, 수로 중심에서 육로 중심으로 수송수단이 바뀌게 됨)되는 계기가 되었다. 상권의 급격한 확대는 몽탄역을 이용하여 목포역에 하차하여 배로 섬 지역 주민들에게 뿐만 아니라 서울까지 이어지는 전국적 상권을 확보하게 되면서였다. 상권 확대로 전북 김제, 강진 등에서까지 대토(점토)를 가져오게 되었으며, 이때 50여 가구 이상이 옹기생산에만 전업[10]이 이루어지기도 하였다. 해방 후에는 공업화에 밀려 3D 업종으로 전략함과 동시에 급속한 쇠퇴를 가져왔다. 이촌향도에 의한 기능인의 감소, 대규모의 기계화된 옹기생산자가 출현 했던 것이다. 그 결과 1970년대까지 7~8가구가 옹기·자기를 생산 했으나, 현재 옹기 3가구(자기 1가구)가 명맥을 이어가고 있다.

---

[9] 무안군지 참조.
[10] 도예가 홍순탁씨 면담자료 참조.

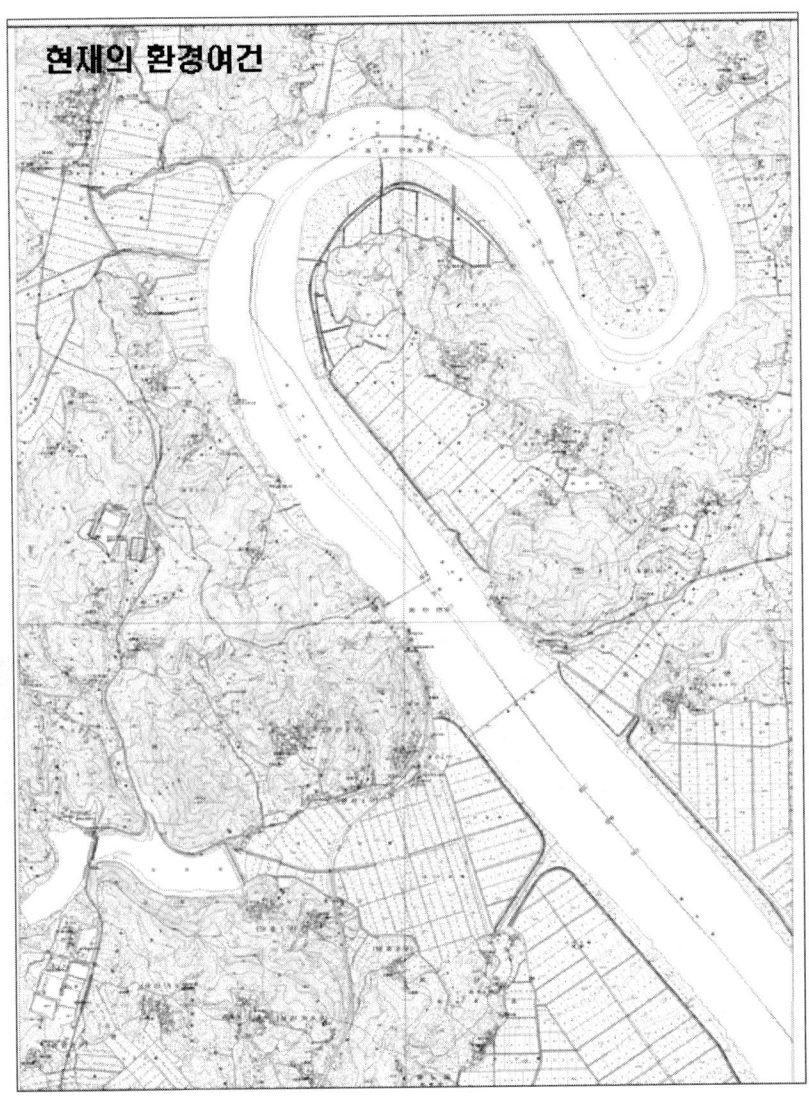

현재의 환경여건

348 제3장 포구와 생활

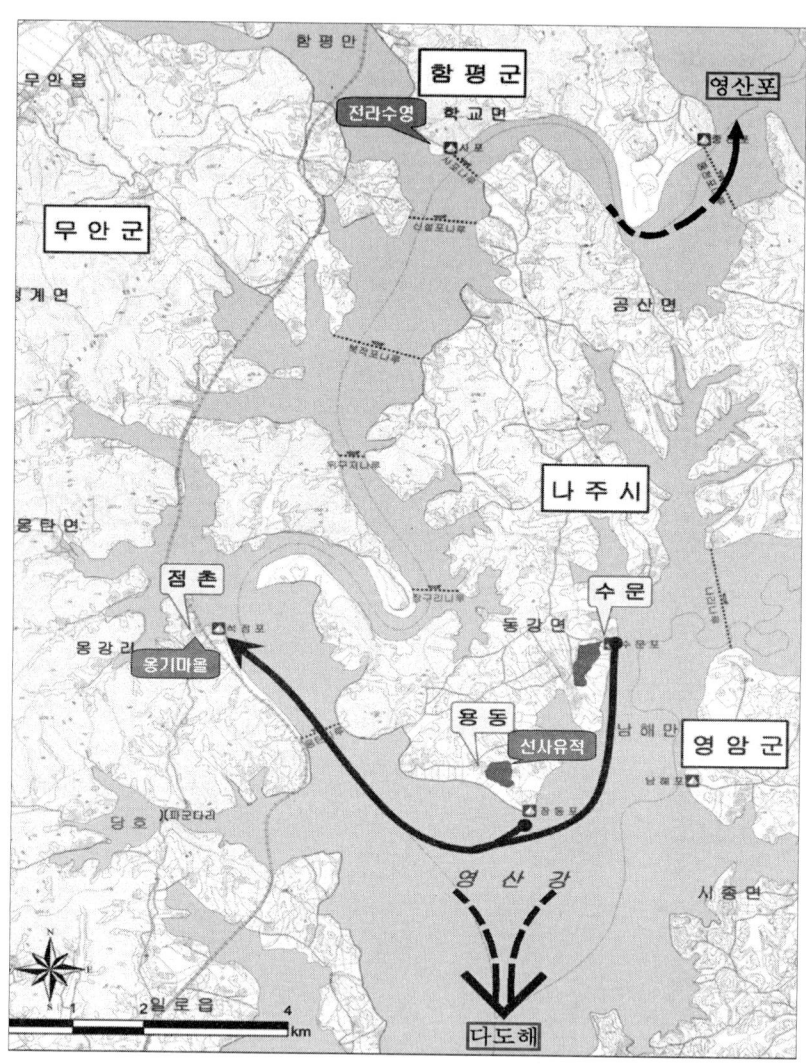

과거의 환경여건

찾아보기

可佳島　8
가도패총　279
간척　322, 338
간척사업　334
간척지　235
강남성　153
강남통상론　132
江都　99
강변　292
강상포구　336
강화 진위대　249
강화도　247
鎧馬塚　23
개양할미　34
개혁당　251
갯벌 간석지　314
갯벌　310
거점포구　5
巨次島　7
경관 변화　300
경관림　288
경관생태학연구　299
경관자원　323
계급적 갈등　209
鷄林　33
계몽운동　247
계절풍　114
고고학적 조사　275
古群山　157

고군산군도　277, 298, 319
고대문화권　333
고려도경　6, 9, 16
고막원천　336
孤雲井　13
庫員等第　73
高移島　6, 7, 36
고점점　10
고종　254
고창군　295
古泰安城　94
곰솔　318
공간구조　66
空島政策　140
공산주의사상　217
공산주의자　210
관광자원　287
關防機能　142
館舍　17
관음신앙　32, 35
관장목　81, 88
官廳島　14
교육계몽활동　256
교통림　288
구림　11, 12, 33
구림촌　8, 11
丘草島　6, 7
국립해양유물전시관　13
국민개병　260
국제교역　131
국제항구　12
군곡리패총　3

350 찾아보기

군사림 *288*
군사적 준비 *266*
군사훈련 *263*
군산도 *11*
군산시 *296*
掘浦漕渠 *89*
권두영 *219*
근대도시 *40*
근초고왕 *4*
근현대사 *246*
금강하구역 *275*
기독교 전도활동 *223*
기독교 *267*
기독교도 *247*
김가기 *8*
김정희 *178*
김제군 *296*

녹청자 *12*
농경지 방풍림 *291*
농민운동 *208*
농민운동사 *207*
농어촌체험마을 *318*

다차원·충위적 갈등구조 *209*
당산 *290*
당제 *321*
唐浦 *12, 33*
대광해수욕장 *322*
大同民友會 *218*
대영산도 *17*
대한자강회 *253, 262*
대한제국 *259*
댐 건설 *339*
도기 *12*
도서 생태계 *328*
도서·연안 *134*
島嶼林 *299*
도서생태계 *312*
도서생태문화 *323*
도서의 이차식생 *299*
島嶼政策 *142*
도서주민 *320*
도서해양관광 *313*
도서해양문화 *312*
도선국사 *33*
도시 *40*
도초도 *12, 34, 160*
도초도 소작쟁의 *229*
독립운동 *223*
독립자금 *226*

나루터 *333*
羅州 *159*
나주 동강 *344*
羅州牧 *143*
낙월도 *11*
難行梁 *81*
男歸女家 *23*
南桃浦 *146*
南蠻 *145*
내만성패총 *276*
내지 *54*
노거수 *322*
노래섬패총 *278*
路允迪 *9*
녹지 *302*

찾아보기

독살 318
돌격대 265
동명왕편 28
동암묘 34
銅製馬形劍把頭飾 23
등주 9
띠형 숲 294

問情別單 139
문화다양성 311, 316
문화생물 286
문화의 다양성 316
문화자원 310
문화적 수용용량 313
민족적 갈등 209
민족해방운동 209
민주화운동 246

마로산성 31
馬步神 24
馬社神 24
馬信仰 21
馬神祭 24
馬祖神 24
馬形帶鉤 23
萬機要覽 123, 144
만봉천 336
滿洲保民會社 212
매향비 33
面等第法 73
面里制 141
沔川山城 48
명주 9
목포 213
목포시민상 243
목화장사 225
无心寺禪院 18
무안군 291, 296
무장현 45
문명개화 249
문순득 123, 134
문재철 208, 209
問情記 123

박복영 209, 219
박순동 219
박혁거세 23, 27, 33
방어시설 65
방조림 292
방풍림 288, 291
백마 27, 29
백산도 10
백산학원 231
백포만 3
白華山烽燧 94
법성포 315
別離 174
並生之仁 113
병인양요 249
보길도 297
보병대 264
보안림 288
보창학교 250
보해림 288
복건성 153
봉황성 154
不肯車後 198

352 찾아보기

부안군　296
불납동맹　229
비금도 수도　13
비금도　12, 33, 160
비변사　139
備邊司謄錄　139
비보림　288
비오톱　301

사도세자　34
事目　139
使行　148
사회·환경 용량　319
사회주의　246
사회진화론　267
산동성　153
산성　41, 77
山城入堡　42
삼국지　3
삼층석탑　18
삼포천　336
상대포　11, 32
상라봉　17, 31
상라산성　18, 35
상산봉　14
相地　56
생물과 문화의 다양성　310
생물다양성　310
생산림　288
생업의 변화　277
생태계　310
생태계 파괴　286
생태관광　309, 320

생태문화　285
생태문화관광　311
생태문화네트워크　312
생태문화컨텐츠　316
생태민속　287
생태적 특성　294, 309
생태투어　311
徐兢　5, 9, 10, 16
서남해안　77
서낭당　25
瑞東寺　13
舒川城　48
서태석　209
석우망년록　169
선녀와 나무꾼　30
先牧神　24
船稅　149
仙王山　14
선정　54
設邑論議　142
設鎭　142
섬 주민　192
섬사람　192
성벽　66
성안마을　81
성종　52
성황림　288
세곡선　81
세종　51
세토내해　312
所斤浦　95
所斤浦鎭　94
소금　233
소영산도　17
소작료　235
소작인　209, 215

찾아보기 353

소작인회　207
소작투쟁　208
蘇泰縣　91
솟대신앙　32
송기숙　219
송환　114
수경재해외적독　185
水軍鎭　142
수도　34
수류　278
수성당　34
수위　277
水車製造法　129
蓴城鎭　94
蓴城鎭城　92
蓴堤　85, 94
順治年間　144
숲　286
始林　33
시마네현(島根)　151
식도　11
식생도　302
신동아　220
神木　288
신미양요　249
신석기시대　277, 278
神樹　288
神乘物　26 27
身役　149
新增東國輿地勝覽　45, 70
新津島　95
실학사상　132

아기장수 설화　29
아사동맹　208
雁島　6
安島　7
安眠開鑿　90
안좌도　12, 33, 160, 297
안좌도 금산　13
安恒梁　84
安行渡　84
安行梁　84
안흥량　81
安興梁戍　97
安興城　83
安興鎭　81, 83
알지　33
岩泰島　207, 219
암태도소작쟁의　207
양반사족　75
어로 행위　276
어로도구　275
어로문화　318
어류　278
魚付林　288, 291, 318
어염　140
漁場稅　149
어촌　315
어촌문화　287
엔닌　5, 7, 16
여자강습원　227
譯官　145
역사림　288
연변 고을　78
연안항로　4

354 찾아보기

연육교 *322*
연해 *54*
연해지역 *78*
염생식물 *315*
염전 *320*
영광군 *294*
영산강 *333*
예술 *187*
枝斤伊浦鎭 *96*
五島列島 *151*
옹관고분 *4*
옹관고분사회 *4*
옹기 원료 *344*
옹기마을 *340*
옹기제작 *341*
옹성 *63*
왜구 *52, 113*
倭船 *113*
외양성패총 *276*
要兒梁戌 *94*
龍馬 *29*
우석 *192*
우실 *291*
牛耳島 *11, 12, 34, 35, 154*
우이도 진리 *13*
又海岳庵稿 *182*
웃다리장사 *234*
월남촌 *8*
월서 *10*
월출산 *31, 33*
위도 *11, 34, 297*
圍籬安置 *173*
琉球國 *115*
유네스코 *310*
유배 *123, 170*
유배문화 *195*

유배생활 *167, 174*
유배여정 *170*
유배지 *169*
유신언 *7*
乙卯倭變 *113*
읍동마을 *5, 16, 17, 31, 35*
읍성 축조 *45*
읍성 *39*
의무교육 *260*
의무교육조례대요 *262*
蟻項漕渠 *90*
異國 *137*
異國人 *140*
이규보 *28*
이동휘 *247*
利用厚生學派 *132*
이중환 *5, 8*
인문사회자원 *319*
日本 *145*
일본국 *114*
일본제국주의 *245*
日省錄 *153*
一心會 *223*
임자도 *34, 153, 172, 298, 322*
입당구법순례행기 *5, 16*
入島由來 *140*
입지 *54*
입지의 조건 *58*

苔官 *144*
자산어보 *193*
자연 *187*
자연생태계 *338*

찾아보기　355

自然神　288
자연유물　275
자연자원관리　285
자은도 소작쟁의　229
慈恩島　153
잠두의숙　250
장니　28
장뚱어　320
장보고　3, 5, 12
長沙邑城　43
장산도　160
장영　7
在遠島　153
재원도　297
저서생물　315
적산 막야구　8
적산포　6, 8
적송　318
전남지역 농민운동　215
傳墨卿　9
전통마을림　287
전통문화경관　323
전통숲　286
절강성　154
절도 정배지　172
정약전　123, 134
貞元銘 古碑　33
定海縣　8, 17
諸島面　141
제우교도　212
제주 표류인　113
조경림　288
조기　315
조동걸　219
潮流　87, 151
조선독립운동자　212

조선사회운동자동맹　228
조선왕조　248
조선왕조실록　170
조선총독부　208, 287
朝鮮の林藪　288
조수간만　320
漕運路　82
趙熙龍　167
주민참여형 생태관광　328
朱俊錫　196
죽도　10
죽막동　31, 34
中國　145
중세 지방도시　39
甑島　146, 298, 322
증도갯벌　315
증보문헌비고　51
智島　34, 145, 322
지도읍　297
지리정보시스템　327
지속가능한 경관시스템　300
지속가능한 관광　309
지역 활성화　309, 311
지역생활문화　285
지주　207, 209
鎭管體制　93
珍島　146
鎭守の森　287
질이　342

찰흙　341
천마도　23
天馬思想　27, 28

천마총　23, 28
천연기념물　313
천일염　315, 320
천황봉　31, 33
철기시대　277, 280
鐵馬　15, 18, 21, 36
鐵馬信仰　15, 21, 22, 23, 32, 35
철새　315
청동기시대　277, 279
靑銅製馬　23
청해진　3, 4, 5, 32
초기청자　12
초주　7
최승우　8
최치원　8, 13, 14, 34
최치원전　14
축성　60
출항　149
治所　39
친영혼　23
친일파　232
七山海　157

탐라도　7
태안　81
태안반도　314, 318
택리지　5, 8, 13, 16, 159
택지지　11
토지　233
토지 모자이크　300
土地稅　149
토지이용　285
토지회수투쟁　217

특정도서　312

波知島　95
波知島營　94
팔금도　12, 33, 160
八道修城使　57
패류　278
패총　275
패총현황　276
패치형 숲　294
포구　315
포병대　264
漂流　112, 131, 137
漂流記　120, 137
漂流民　137
표류인　113
표류인 송환　113
표류체험　124
漂舟錄　128
표착　131, 150
표해록　121, 138
표해설화류　124
풍수학　55
풍어제　287, 321
필리핀　123

荷衣島　154
하천변　292
하천제방　339
下苔島　154

학교 교육　*266*
학무회　*261*
학파농장　*12*
한국사회주의운동인명사전　*216*
한일관계사　*137*
檻車押送　*172, 173*
함평군　*296*
함평천　*335, 336*
항해　*149*
해난사고　*152*
海東諸國紀　*120*
海路　*87, 139, 156*
海流　*114, 151*
解慕漱　*28*
海防　*82, 142, 231*
海防體制　*142*
해산물　*140*
해상관광　*312*
해상교통로　*5*
해상포구　*336*
해안림　*318*
해안방풍림　*291*
해안생물문화　*299*
해안선　*320*
해양 경쟁력　*311*
해양국가　*310*
海洋史觀　*111*
海洋性　*111*
해양신앙　*32*
해양자원　*310*

해양통상　*132*
해양통상론　*132*
海衣稅　*149*
海賊　*148*
향토교육　*231*
향토교육가　*231*
향화인　*118*
헬리오스　*28*
戶口總數　*141*
湖南廳事例　*41*
호안림　*288*
戶役　*149*
紅衣島　*8*
洪在郁　*196*
화구암난목　*179*
花亭島　*97*
환경의 변화　*277*
荒唐船　*92, 142*
黃茅島　*6*
凰城　*144*
황성신문　*253*
황해권　*314*
황해횡단항로　*4*
黃喜　*48*
횡혈식석실분　*4*
흑산　*10*
黑山島　*5, 8, 10, 11, 16, 17, 31, 35, 154, 193*
흑송　*292*
홍양현　*45*

필자 소개 (가나다순)

강봉룡 목포대학교 역사문화학부 교수(1세부과제 책임연구자)
고석규 목포대학교 역사문화학부 교수
김건수 목포대학교 역사문화학부 교수
김경옥 목포대학교 도서문화연구소 연구교수
김재은 목포대학교 도서문화연구소 공동연구원
문병채 목포대학교 도서문화연구소 공동연구원
이기훈 목포대학교 역사문화학부 교수
정병준 이화여자대학교 인문대 사학과 교수
홍선기 목포대학교 도서문화연구소 연구교수

해로와 포구

▮초판발행 : 2010년 6월 30일
▮재판발행 : 2011년 10월 10일
▮집필자 : 강봉룡·고석규·김건수·김경옥·김재은
　　　　　문병채·이기훈·정병준·홍선기
▮발행처 : 경인문화사
▮발행인 : 한정희
▮편　집 : 신학태 문영주 김지선 정연규 안상준
▮주　소 : 서울시 마포구 마포동 324-3
▮전　화 : 02-718-4831~2
▮팩　스 : 02-703-9711
▮홈페이지 : www.kyunginp.co.kr ｜ 한국학서적.kr
▮이 메 일 : kyunginp@chol.com
▮등록번호 : 제10-18호(1973.11.8)

ISBN : 978-89-499-0736-9 93910
ⓒ 2010, Kyung-in Publishing Co, Printed in Korea
※ 파본 및 훼손된 책은 교환해 드립니다.
값 22,000원